普通高等院校"十二五"规划教材

基于 MATLAB 和 Pro/ENGINEER 的机械优化设计

主编　史丽晨　郭瑞峰

参编　关红明　王义　刘波　同志学

国防工业出版社

·北京·

内容简介

本书介绍了优化设计的基本理论、常用方法和优化工程软件应用方法。全书在基本优化理论阐述的基础上，着重于各种优化算法的MATLAB的实现。同时通过大量的机械优化设计实例的建模、求解过程的分析，力求使读者掌握机械优化设计的MATLAB编程方法和Pro/ENGINEER优化分析方法。本书内容选择上注重工程实用性和操作可行性，以达到提高读者分析问题和解决问题的能力。

本书可作为高等院校机械工程及相关专业的本科生、研究生教材，也可作为工程技术人员进行优化设计的参考书，同时也可用作MATLAB和Pro/ENGINEER爱好者的入门参考书。

图书在版编目(CIP)数据

基于MATLAB和Pro/ENGINEER的机械优化设计/史丽晨，郭瑞峰主编. —北京:国防工业出版社,2011.8(2017.4重印)
普通高等院校"十二五"规划教材
ISBN 978-7-118-07561-8

Ⅰ.①基... Ⅱ.①史...②郭... Ⅲ.①机械设计:计算机辅助设计-软件包,MATLAB-高等学校-教材②机械设计:计算机辅助设计-应用软件,Pro/ENGINEER-高等学校-教材 Ⅳ.①TH122

中国版本图书馆CIP数据核字(2011)第159923号

※

国防工业出版社出版发行
(北京市海淀区紫竹院南路23号 邮政编码100048)
涿中印刷厂印刷
新华书店经售
*

开本 787×1092 1/16 **印张** 15 **字数** 342千字
2017年4月第1版第3次印刷 **印数** 5501—7500册 **定价** 32.00元

国防书店:(010)88540777 发行邮购:(010)88540776
发行传真:(010)88540755 发行业务:(010)88540717

前　　言

机械优化设计是20世纪60年代发展起来的一门新学科,它将最优化原理和计算机技术应用于设计领域,为工程设计提供了一种重要的科学设计方法,并广泛应用于各个工业部门。机械优化设计通过对机械零部件乃至机械系统的优化设计,确定机械产品的最佳参数以及结构尺寸,从而提高产品的设计水平,获得显著的技术和经济效益,增加产品的竞争力。机械优化设计是机械类专业学生的一门必修课。通过本课程的学习,读者会树立机械优化设计的基本思想,掌握优化设计的基本方法,获得机械优化设计的实践能力。机械优化设计也是现代工程技术人员应该掌握的一门先进技术。本书最大的特点是可操作性强,书中附有大量的程序与建模实例,读者通过对程序的模拟运用,以及建模过程的分析了解,可以提高运用工程设计软件解决工程实际问题的能力。

本书内容主要分为5个部分:

(1) MATLAB软件基础及其优化工具箱介绍。

(2) 优化设计的基础知识、数学基础,包括优化设计的数学模型、函数的梯度、海赛矩阵、极值条件等,并附有大量的MATLAB算法实现的M文件。

(3) 常用的优化设计方法及MATLAB优化函数的实现,分为一维、多维无约束和有约束以及多目标优化问题的介绍。所有优化方法都有自编的M文件,并介绍了MATLAB优化工具箱中优化函数的使用方法。

(4) 建模过程中应注意的事项,模型分析的基本知识,并有大量的机械零部件的优化建模以及MATLAB优化实现程序。

(5) Pro/ENGINEER软件基础及优化分析。

此外,为便于读者加深理解和巩固所学内容,每章后附有习题,习题尽量贴近机械领域,提高读者的实际应用能力。全书注重优化设计的实用性和技术应用性,充分体现了现代设计思想和理念。

本书是根据作者长期教学和实践经验,结合当前本学科技术研究水平的现状和发展趋势编写的。全书共分9章,绪论以及第2、3、6章由西安建筑科技大学史丽晨编写,第1、4章由中北大学王义编写,第5章由中北大学刘波编写,第7章由西安建筑科技大学关红明编写,第8章由西安建筑科技大学郭瑞峰编写,第9章由西安建筑科技大学史丽晨、同志学编写。

由于作者水平有限,加之时间仓促,书中难免有不妥之处,敬请读者指正。

作者

目　录

绪 论

一、概述

作为一名产品设计师,希望自己所设计的产品具有较好的使用性能、较低的成本、较环保的效果等。但是在产品设计时,设计师多数是在参照同类产品的基础上,综合考虑强度、刚度、稳定性等因素,不断反复试算修改得到最终方案的。整个设计过程是人工试凑和定性分析比较的过程,得到的是有限方案中较好的方案,而不是一切方案的“最优设计方案”。

优化设计是在计算机技术广泛发展基础上发展起来一种现代设计方法。它将数学规划的基本原理以及计算机技术用于设计领域,为工程设计提供一种重要的技术方法。该方法的基本思想是,根据最优化原理和方法,以人机配合的方式或“自动探索”方式,在计算机上进行半自动或自动设计,以选出在现有工程条件下的最佳设计方案的一种现代设计方法。其基本特征:①设计思想是最优化设计;②设计手段是电子计算机及计算程序;③设计方法采用最优化数学方法。

二、机械优化设计

优化设计就是如何从众多满足设计要求的可行方案中找出达到预期目标的最优方案。用数学语言表达,就是求某些变量的函数在一定条件下的极值问题。

机械优化设计就是选择并确定设计参数,在规定的各项设计限制条件下,使机械设计的某项或某几项设计指标获得最优值。也可以理解为,在给定设计要求下,寻求工程机械产品、零部件的最好设计方案、最好设计参数或最好结构尺寸。可见,机械优化设计的实质是将机械产品设计中的实际问题转化为数学问题,用数学求极值的原理进行求解。求解过程中的反复迭代计算过程,可以借助于计算机来完成。这样就可以借助于计算机,从大量可行设计方案中寻找一种最优的设计方案。

优化方法不仅用于产品结构的设计、工艺方案的选择,也用于运输路线的确定,商品流通量的调配、产品配方的配比等。目前,优化方法在机械、冶金、石油、化工、电机、建筑、宇航、造船、轻工等部门都已得到广泛应用。

三、机械优化设计发展概况

1. 数学规划方法是最早的优化设计

最优化方法是一门古老而又年轻的科学,这门学科的源头可以追溯到法国数学家拉格朗日关于一个函数在一组等式约束条件下的极值问题。开始用于解决最优化问题的数学方法仅限于古典的微分法和变分法。结构优化是数学规划方法最早应用的领域,并成为优化设计中求优化问题的理论基础。20 世纪 60 年代初电子计算机的引入,使得在数学规划基础上发展起来的最优化设计成为一种有效的设计方法,它不仅可以使得设计周期大大缩短,计算精度显著提高,并且可以解决传统方法所不能解决的比较复杂的最优化设计问题。

2. 机械领域中优化设计的发展概况

(1) 机械优化设计开展较早的领域是机械学领域。如门座式起重机连杆变幅机构的设计,过去均用作图法,精度和设计水平低,应用优化后,设计性能指标得到较大提高。

(2) 机械优化设计比较易于实现的是机械零部件方面的优化设计,如轴结构、弹簧结构等优化设计。例如,对简单结构进行优化,比传统方法可节料 7% 左右;对稍复杂的可节料 20% 左右;单级圆柱齿轮减速器用优化设计可减小体积 10% ~25%。

(3) 机械结构参数和形状的优化设计是近年来发展的重要内容之一。例如,高速内燃机配气凸轮,过去用双圆弧曲线,丰满系数大,但最大正、负加速度变化剧烈,造成冲击、振动和噪声大。采用高次多项式凸轮,用复合形法优化后,在最大负加速度不超过原有数值和丰满系数及最小曲率半径不小于原有数值的情况下,加速度曲线变化平滑,减少了冲击、振动和噪声,减小了接触应力,延长了寿命。任何一部机器都是由某些专用构件和典型零件组合而成的,其中存在大量的依靠接触和挤压传递载荷进行工作的零部件,如轧辊、齿轮传动的齿轮,滚动轴承的滚子与滚道,这些零件的寿命大多与其接触面上的挤压和接触应力的大小有关。若改变这些零件的接触面形状,其应力大小分布也会随之改变。于是如何通过合理的构件形状去改善构件的力学性能,就成为优化结构领域的一个重要研究课题。

(4) 机械优化设计中亟待解决领域。在多目标决策问题、动态系统、随机模型、整机优化等领域,机械优化设计方法都还有待深入和完善。

第1章　优化设计的数学模型

数学模型是将工程问题转化为数学问题的前提条件，本章主要介绍优化设计的数学模型所设计到的基本概念，以及一些基本性质。

1.1　优化设计的数学模型

机械优化设计实质是将工程实际问题转化为数学模型，用数学规划的方法，辅以计算机手段，求取最优方案。下面以机械中弹簧优化设计为例说明机械优化设计中的数学模型。

【例1－1】　最小质量压簧设计。如图1－1所示弹簧，已知最大工作载荷 $P=5\text{kg}$，最大工作变形 $\lambda=12\text{mm}$，压并高度 $H_b\leqslant 50\text{mm}$，压簧内径 $D_1\geqslant 20\text{mm}$，弹簧总圈数 $5\leqslant n\leqslant 20$。

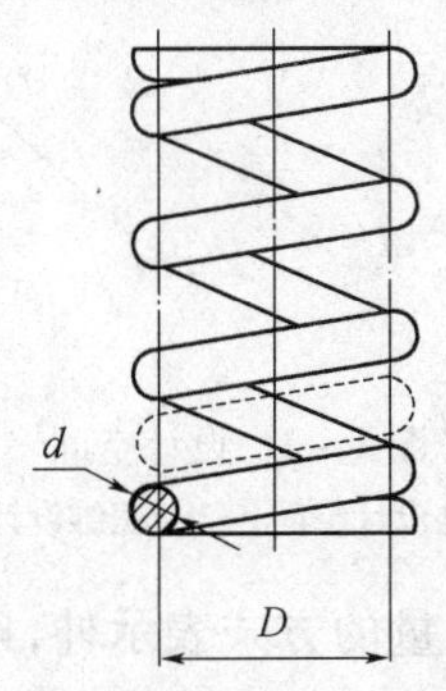

图1－1　弹簧优化设计问题

解　对于一个弹簧，需要确定的结构参数有弹簧簧丝截面直径 d、弹簧的中径 D 和弹簧的总圈数 n。

设计指标要求质量最小，因此得

$$\min W=\pi Dn\frac{\pi d^2}{4}\rho$$

此外，设计还要受到一些限制条件。

(1) 最大工作负荷下不被破坏：$\dfrac{8kPD}{\pi d^3}\leqslant[\tau]$

式中 $$k=\frac{4D/d-1}{4D/d-4}+\frac{0.615d}{D}$$

(2) 压并高度要求：　$H_b=nd\leqslant 50$

(3) 内径要求：　$D_1=D-d\geqslant 20$

(4) 最大变形量：　$\lambda=\dfrac{8PD^3n}{Gd^4}=12$

（5）弹簧圈数：　　　　　　　　$5 \leqslant n \leqslant 20$

（6）簧丝截面尺寸：　　　　　　$3 \leqslant d \leqslant 10$

（7）弹簧中径要求：　　　　　　$20 \leqslant D \leqslant 50$

求解上述问题，实质就是求优选一组设计参数 d、D、n，使所追求的指标——弹簧的质量达到最小，且必须满足一系列对参数选择的限制条件。可见，一个优化问题包含了三要素，即设计变量、目标函数和约束函数。下面对这几个基本概念加以介绍。

1.1.1　设计变量

在设计过程中进行调整和优选，并最终确定的各项独立参数称为设计变量，如上例中弹簧的簧丝直径 d、弹簧的中径 D 以及弹簧的圈数 n。在优化设计中还有一类参数，可以根据设计要求事先给定，如上例中弹簧材料的密度 ρ、弹簧材料的切变模量 G，这类参量称为设计常量。

设计变量是一组相互独立的参数，通常用列向量 $\boldsymbol{x}$ 表示一组设计变量，即

$$\boldsymbol{x} = [x_1, x_2, \cdots, x_n]^{\mathrm{T}} \tag{1-1}$$

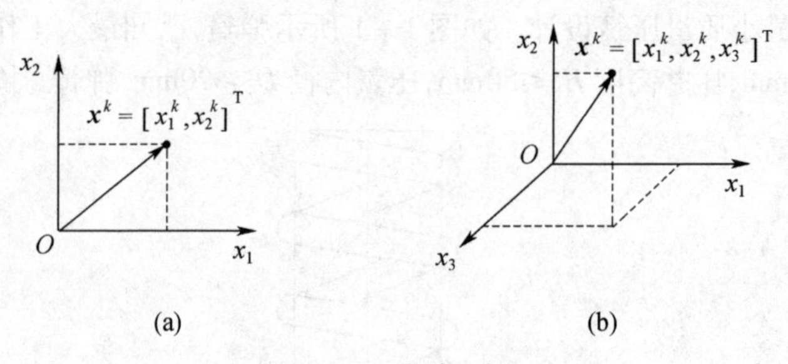

图 1-2　设计空间

（a）二维设计空间；（b）三维设计空间。

设计方案除可以用式(1-1)向量的方式表示外，还可以用设计空间中的点来表示，因此又可以称为设计点。设计空间是指以 n 个独立变量为坐标轴组成的 n 维欧氏空间。例如，二维问题的一个设计方案对应着二维平面上的一个点 $\boldsymbol{x}^k = [x_1^k, x_2^k]^{\mathrm{T}}$，三维问题的设计方案则是在三维空间中的一个点 $\boldsymbol{x}^k = [x_1^k, x_2^k, x_3^k]^{\mathrm{T}}$，如图 1-2 所示。

设计变量的个数称为优化问题的维数。维数越高，设计模型越精确，但是求解越复杂，因此在建立优化模型时，基本原则是在满足精度要求下，尽可能简化模型。对机械优化设计来说，低于 10 维问题的称为小型优化问题；10 维 ~ 50 维的称为中型优化问题；高于 50 维的称为大型优化问题。

1.1.2　目标函数

在设计中，设计者总是希望所设计的产品具有最好的使用性能、最小的制造成本和最大的经济效益等。在机械优化设计中，可将所追求的设计指标用设计变量的函数形式表达出来。即目标函数是设计中预期要达到的目标，表示为各设计变量的函数表达式，即

$$f(\boldsymbol{x}) = f(x_1, x_2, \cdots, x_n) \tag{1-2}$$

在优化设计中，用目标函数值的大小来衡量设计方案的优劣，故目标函数又称评价函

数。为了算法和程序的统一,以及考虑 MATLAB 优化工具箱中库函数的使用方式,目标函数统一为求最小值,即 $\min f(\boldsymbol{x})$。

目标函数和设计变量之间的关系可以用曲线或曲面表示,如图 1-3 所示。例如,一维设计变量与目标函数之间的关系可以用二维平面上的一条曲线表示;二维设计变量与其目标函数之间的关系则可以用三维空间的曲面表示;n 维设计变量与目标函数之间的关系则是$(n+1)$维空间的超越关系。

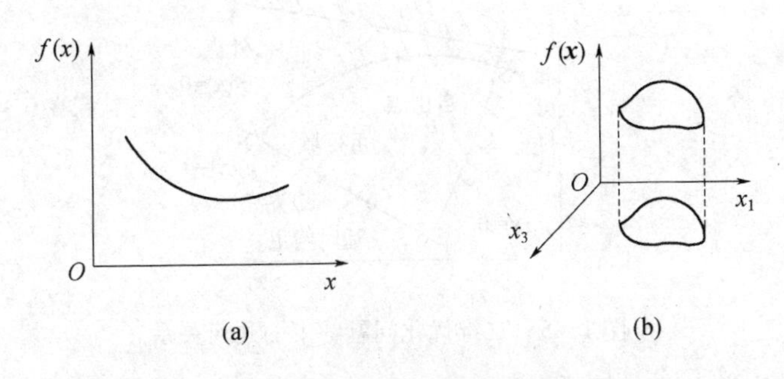

图 1-3 目标函数与设计变量之间的关系

(a) 一维优化问题;(b) 二维优化问题。

在设计空间中的每一个点对应着一个目标函数值,具有相同目标函数值的点集在设计空间内形成一个曲面或曲线,这就是目标函数的等值线或等值面。图 1-4 是求最小值的二维优化问题的等值线示意图。从图上可以看到,等值线是一组近似的同心近似椭圆线族,中心点 $\boldsymbol{x}^*$ 是函数值最小点。所以优化问题的也可以理解为求一组椭圆线族的中心点。离中心点越近的等值线的目标函数值越小,反之离中心点越远的等值线的目标函数值越大。

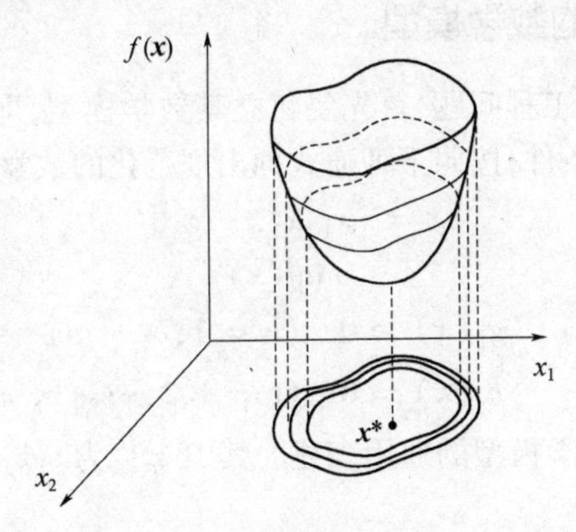

图 1-4 二维优化问题的等值线

1.1.3 约束条件

设计空间是所有设计方案的集合,但这些设计方案有些是工程上所不能接受的(例如,重量为负值,强度过低等)。如果一个设计满足所有对它提出的要求,就称为可行设计;反之,则称为不可行设计。因此,在设计过程中,为了得到可行的设计方案,必须根据实际要求,对设计变量的取值加以限制,这些限制条件称为约束条件,即一个可行设计必须满足的限制条件称为约束条件。凡满足所有约束条件的设计点，它在设计空间中的活动范围称为设计可行域。

在设计可行域内部的称为自由点（又称内点）。在设计可行域外部的点是非可行点（又称外点）。在设计约束线或约束面上的点称为边界点，此时这个设计约束又称为起作用约束，或适时约束，如图1－5所示。

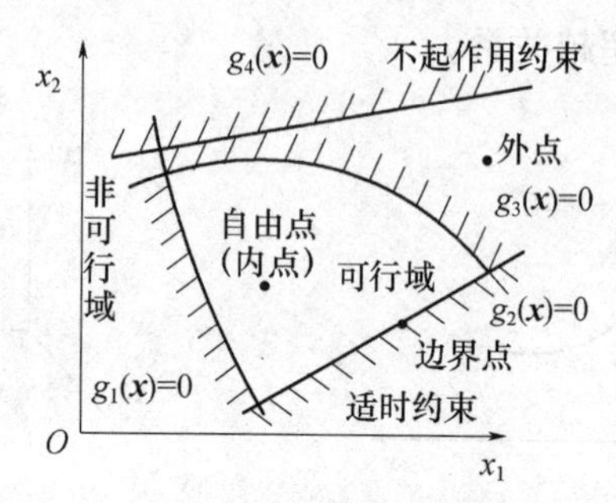

图1－5　二维优化问题约束的几何关系

约束条件的分类方法如下：

按约束函数的形式分为等式约束和不等式约束；

按约束函数的意义分为性能约束和边界约束。性能约束指的是针对性能要求而提出的限制条件，如强度条件、刚度或稳定性条件等。边界约束则是对设计变量取值范围加以限制的条件。在本章例题的约束条件中，第(1)条至第(4)条是性能约束，而第(5)条～第(7)条则是边界约束。通常说来，边界约束函数形式要简单明了，又称为显式约束，它的作用是缩小变量的搜索区域，提高搜索速度。性能约束函数形式多为隐式，因此又称为隐式约束。

1.1.4　优化问题的数学模型

要解决机械优化设计工程问题，首先要建立其数学模型，即选取合理的设计变量，列出目标函数，并给定约束条件，按照下列通式列出规范化的数学模型：

$$
\begin{aligned}
\boldsymbol{x} &= [x_1, x_2, \cdots, x_n]^{\mathrm{T}} \\
&\min f(\boldsymbol{x}) \\
\text{s.t.}\quad g_u(\boldsymbol{x}) &\geqslant 0 \quad (u = 1,2,\cdots,p) \\
h_v(\boldsymbol{x}) &= 0 \quad (v = 1,2,\cdots,q < n)
\end{aligned}
\tag{1-3}
$$

上式就是优化设计数学模型的通用表述。其中s.t.为subjected to的缩写，是受制于的意思。

优化问题可以按照不同方法进行分类：

按有无约束条件分为无约束优化问题和有约束优化问题。

按目标函数和约束函数的形式可以分为线性规化问题和非线性规划问题。当目标函数和约束函数都为线性函数时，称为线性规划问题。若只要有一个函数为非线性形式，则称为非线性规划问题。在非线性规划问题中，当目标函数为二次函数时，称为二次规划问题。线性规化问题和二次规划问题在求解方法上比较成熟。

按目标函数的个数分类，若目标函数只有一个则称为单目标问题，当目标函数有两个及两个以上时称为多目标问题。

按设计变量的形式分，若设计变量中有要求取整数或离散值的，称为离散变量优化问题；否则，称为连续变量优化问题。

1.2 最优化问题的几何解释

约束优化问题的最优方案，可以想象为在设计空间内可行域中目标函数值最小的那一点。优化问题的几何解释就是在几何图形中将上述要素表示出来。

以二维问题为例，图 1-6 中给出了不同类型优化问题的几何解释。由图 1-6(a)中可以看出，目标函数和约束函数都是线性函数，约束最优解存在于约束可行域与等值线的某一交点上 $\boldsymbol{x}^*$。图 1-6(b)是非线性规划问题，无约束最优解在可行域内，因此无约束优化问题和约束优化问题的最优解是同一点 $\boldsymbol{x}^*$。图 1-6(c)也是非线性规划问题，很明显，等值线的中心在约束可行域范围之外，因此约束最优点 $\boldsymbol{x}^{*\prime}$ 与无约束最优点 $\boldsymbol{x}^*$ 不重合。约束最优点位于等值线和约束面的切点上。

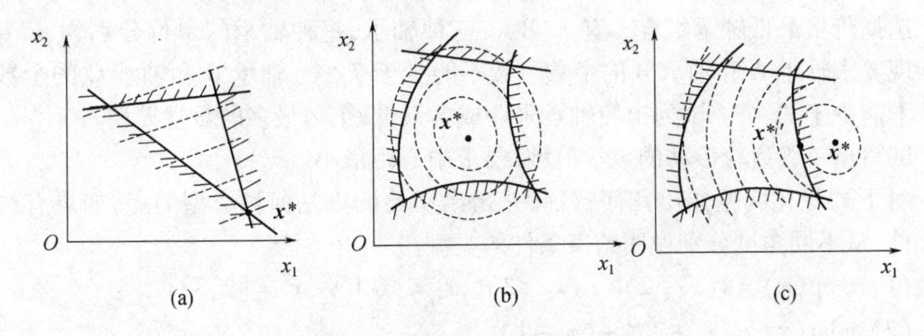

图 1-6　不同类型优化问题的几何解释

(a) 线性规划问题；(b)、(c) 非线性规划问题。

优化问题是比较抽象的，如果能用几何解释加以说明，就形象具体得多，容易理解。多维优化问题的几何解释，可以借助于二维优化问题的几何解释加以拓展想象。

习　题

1-1　机械优化设计数学模型的一般格式如何？机械优化设计的三要素是什么？

1-2　如 1-7(a)所示，将一块 30cm × 40cm 的金属薄板制成图 1-7(b)所示的梯形槽，当斜边长 x 和倾角 α 为多大时，所做的槽容积最大。试列出该问题的数学模型。

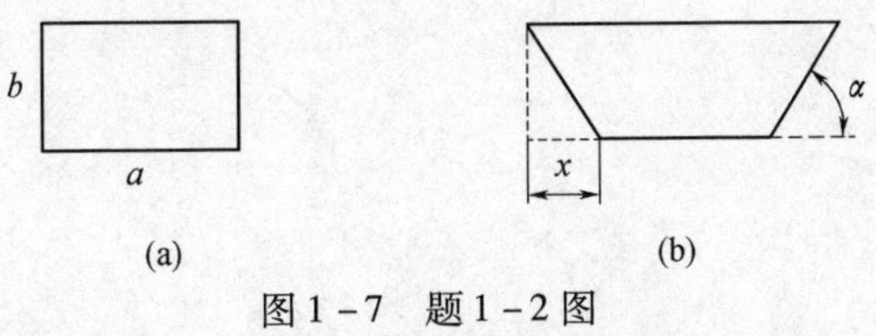

图 1-7　题 1-2 图

(a) 30cm × 40cm 的金属薄板；(b) 梯形槽截面。

1-3 有一块边长10cm的正方形纸板，四角截去一个小方块做一个无盖的盒子，试确定四个小方块的边长，以使做成的盒子具有最大的容积，要求容器的高度不得低于2cm。试列出该问题的数学模型。

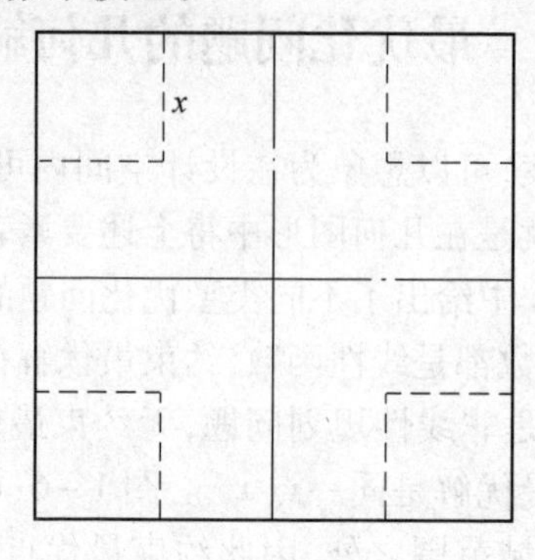

图1-8 题1-3图

1-4 选择价格最低轴承组合。有A、B、C三种轴承，每种轴承的单价分别为p_1、p_2、p_3。现要求轴承A和轴承B的个数总数不能少于T_1个，轴承B和轴承C的个数总数不能少于T_2个。试列出使轴承采购成本最低、个数最多的数学模型。

1-5 试写出一级齿轮传动的数学模型，要求中心距最小。

1-6 对下列优化问题作出几何解释，并指出所给的点是何种类型的点，如果有约束条件，从不同角度分别说明约束条件的类型。

(1) $\min f(\boldsymbol{x})=4(x_1-2)^2+(x_2-3)^2$，$\boldsymbol{x}^1=[6,0]^{\mathrm{T}}$，$\boldsymbol{x}^2=[2,3]^{\mathrm{T}}$

(2) $\min f(\boldsymbol{x})=(x_1-2)^2+(x_2-1)^2$

$$\text{s.t.}\quad g_1(\boldsymbol{x})=x_2-x_1^2\geqslant 0$$

$$g_2(\boldsymbol{x})=2-x_1-x_2\geqslant 0$$

$\boldsymbol{x}^1=[3,3]^{\mathrm{T}}$，$\boldsymbol{x}^2=[1,1]^{\mathrm{T}}$

第2章 优化设计 MATLAB 软件基础

2.1 MATLAB 特点

MATLAB 名字由矩阵(Matrix)和实验室(Laboratory)两个英文单词的前三个字母组合而成,是美国 MathWorks 公司用 C 语言开发出来的强大的数学软件,用于算法开发、数据可视化、数据分析以及数值计算和交互式环境。它所附带的几十种面向不同领域的工具箱,可以方便地实现数值分析、数据处理、优化计算、信号分析、图形绘制、场景渲染、系统仿真等工作,因此 MATLAB 逐步成为现代工程技术人员需要掌握的一种重要计算机分析软件。

MATLAB 在科研和工程领域广受欢迎,是因为它有着如下强大的优势:

(1) 强大的数值运算功能。MATLAB 包含了 600 多个工程中要用到的数学运算函数,可以方便地实现用户所需的各种计算功能。函数中所使用的算法很多是科研和工程计算中的最新研究成果,而且经过了各种优化和容错处理。工具箱中许多高性能的数值计算方法,可以解决实际应用中的许多数学问题,如数值积分问题、优化问题等。

(2) 出色的图形处理功能。MATLAB 语言具有出色的绘图功能,具有一系列简单明了、功能齐全的绘图命令,可以绘制一般的二维图形和三维图形,还可以绘制工程特性较强的特殊图形。同时,MATLAB 的图形用户界面(GUI)还可以实现交互式地操作。

(3) 方便的程序环境。MATLAB 语言是基于流行的 C/C + +语言,而且更加简单,更加符合科技人员对数学表达式的书写格式。它可以在运行环境中直接操作,也可以先编写程序文件(M 文件)然后再运行。

(4) 丰富的工具箱。在许多专门的领域,MATLAB 都有该领域专家开发的功能强大的模块和工具箱。用户可以直接应用工具箱,而不必自己编写代码。用户也可以自己定义函数,建立自己的工具箱。

(5) 友好的工作平台。MATLAB 用户界面接近 Windows 的标准界面,人机交互性强,操作简单。

2.2 MATLAB 系统介绍

2.2.1 MATLAB 启动和退出

如果计算机中已经安装有 MATLAB 软件,启动的主要方法有以下 3 种:

(1) 双击桌面上 MATLAB 的快捷方式图标。

(2) 选择【开始】/【程序】/【MATLAB】命令。

(3) 在“我的电脑”窗口或从【开始】/【我最近的文档】子菜单中打开一个 MATLAB

的 M 文件。

退出 MATLAB 方法主要由以下 4 种：

（1）单击 MATLAB 主界面右上角的☒按钮。

（2）选择【File】/【Exit MATLAB】命令。

（3）按 Ctrl + Q 键。

（4）在命令框中输入“exit”或“quit”命令。

2.2.2 MATLAB 工作界面

MATLAB 启动后，系统进入 MATLAB 工作界面（图 2-1）。

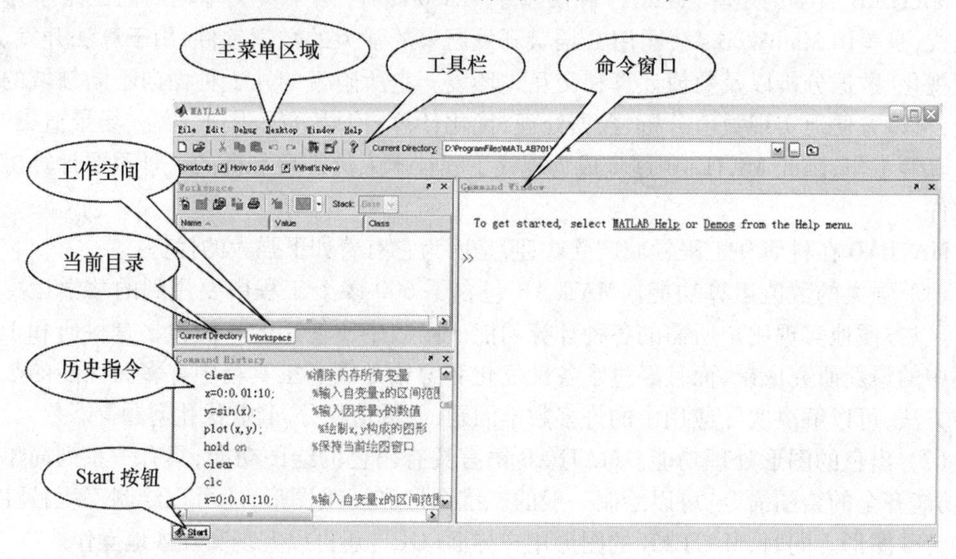

图 2-1 MATLAB 主界面

1. 主菜单区域

位于界面上方，包含 File、Edit、Debug、Desktop、Window 和 Help 共 6 个菜单项，可以实现 MATLAB 有关文件、编辑、调试等大多数功能。

2. 工具栏

位于菜单区域下方。其中“Current Directory”用于设置当前路径。

3. 命令窗口（Command Window）

默认状态下该窗口位于 MATLAB 界面的右侧，它是进行各种 MATLAB 操作的最主要的窗口，用于输入命令、函数、表达式、变量等信息，并显示除图形外所有运算结果。窗口中“> >”是运算提示符，表示 MATLAB 处于准备状态。

4. 工作空间（Workspace）

默认状态下该窗口位于 MATLAB 界面左上方，它显示 MATLAB 在内存空间中所有变量的名称、大小、类型、字节数等，可以对这些数据进行观察、编辑、提取、保存或删除。

5. 当前目录（Current Directory）

默认状态下该窗口位于 MATLAB 界面左上方，与 Workspace 位于同一区域。通过点击“Current Directory”和“Workspace”按钮，实现两个窗口的切换。“Current Directory”中显示当前目录下的文件名、文件类型等，可以对它们直接进行复制、运行、打开等操作。

6. 历史指令（Command History）

默认状态下该窗口位于 MATLAB 界面左下方，它用于记录已经运行过的命令、函数、表达式、数组等信息。用户可以对这些历史记录进行选择、复制、重复运行等。

7. "Start"按钮

点击位于主窗口左下方的"Start"按钮，会弹出一个菜单，其中列出了系统中安装的所有产品目录，如各种程序、函数、工具箱和帮助文件等，可以双击鼠标启动相应选项。

以上为 MATLAB 主窗口的组成。其中 Command Window 是用户与电脑交互的主要界面，在其中，用户可以输入命令、进行操作、记录结果。

以上所介绍的每个窗口的右上角都有一个 ↗ 按钮，其功用是将该窗口脱离主界面，成为独立窗口，如 Command Window 和 Command History 窗口独立出来，如图 2－2 所示。

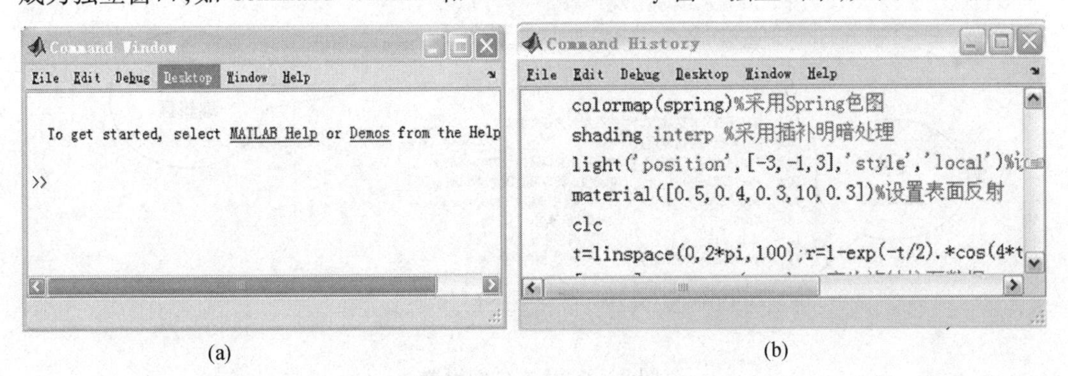

(a) (b)

图 2－2 MATLAB 独立窗口

(a) 独立的 Command Window 窗口；(b)独立的 Command History 窗口。

若希望独立窗口回到主界面，只需要单击独立窗口右上角的 ↘ 按钮即可。

2.2.3 Command Window 中常用指令

表 2－1 列出了 MATLAB 中常用的指令及一些快捷操作方式。

表 2－1 MATLAB 中常用指令及一些快捷操作方式

指令	含义	键名	作用
cd	设置当前工作目录	↑	前寻式调回已输入的指令行
clf	清除图形窗口	↓	后寻式调回已输入的指令行
clc	清除指令窗中显示的内容	←	在当前行中左移光标
clear	清除 MATLAB 工作空间保存的变量	→	在当前行中右移光标
dir	列出指定目录下文件和子目录清单	Esc	清除当前行的全部内容
edit	打开 M 文件编辑器		

2.2.4 M 文件编辑器

MATLAB 除了在 Command Window 中直接进行交互式操作之外，还可以在 M 文件编辑器中进行文件编程。将 MATLAB 语句按特定的顺序组合在一起,就是 MATLAB 程序,也称为 M 文件,文件名的后缀为.m。

启动 M 文件编辑器有三种方式:

(1) 在 MATLAB 主界面的菜单栏中选择【File】/【New】命令;

(2) 单击 MATLAB 工具栏上的 🗋 的图标;

(3) 在"我的电脑"窗口打开一个 MATLAB 的 M 文件。

启动后 M 文件编辑器如图 2-3 所示。

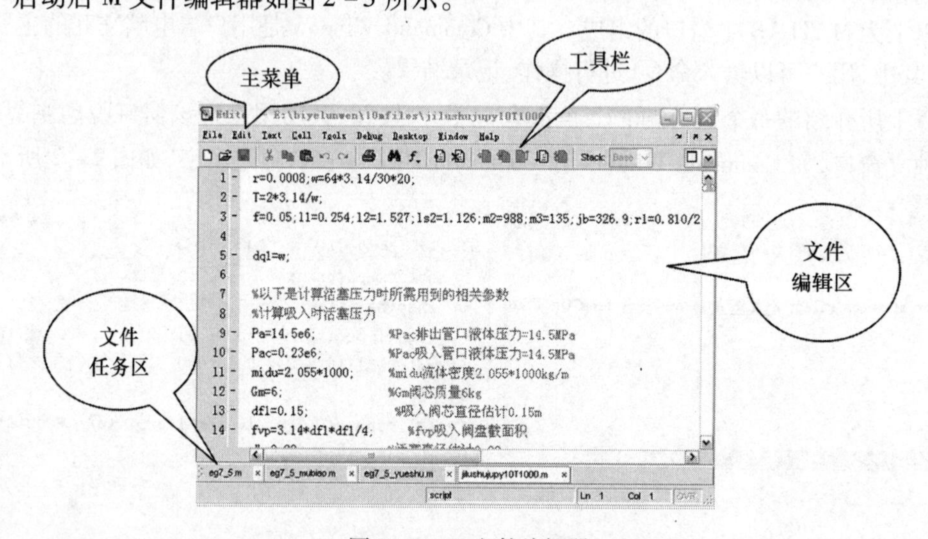

图 2-3 M 文件编辑器

M 文件编辑器一般为独立窗口,也可通过右上角的 ↘ 按钮,使 M 文件编辑器融入 MATLAB 主界面中。M 文件编辑器各组成部分简要介绍如下:

1. 主菜单

主菜单可以实现文件、编辑、调试等 9 类功能。

2. 工具栏

工具栏显示主要命令的快捷方式。

3. 文件编辑区

文件编辑区是 M 文件编写的主要工作区域,它由以下三部分组成:

(1) 最左边是行号区;

(2) 屏幕最大的空白域是写程序的区域;

(3) 在这两个区域中间有一个窄区域,可显示短横线"-"。如果显示了"-",则说明该行的语句是可执行语句,这一行在程序调试时可设置断点;如没有"-",则说明该行的程序语句是非执行语句,即空行、注释行、函数定义行等。

4. 文件任务区

在文件编辑器最下面,显示同时打开的文件名称。通过单击按钮,可以使其中某个文件为当前文件。

编写的 M 文件,可以在 MATLAB 主界面的 Command Window 中通过输入文件名而运行。需要注意的是,要使运行的 M 文件所在的目录为当前目录,否则 MATLAB 无法识别。

2.3 MATLAB 计算基础

首先以一个简单的例子开始 MATLAB 的使用说明。

【例 2-1】 求$[12+2\times(7-4)]\div 3^2$的算术运算结果。

解 首先打开 MATLAB 主界面,并在主界面中输入表达式的语句,回车后便得运算结果,如图 2-4 所示。

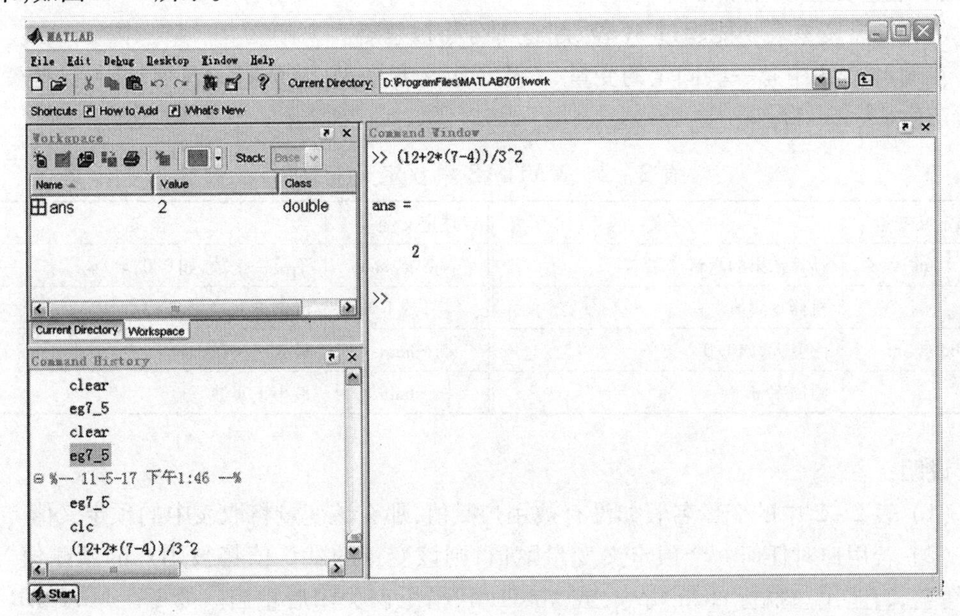

图 2-4 例 2-1 图

说明:

(1) 在 MATLAB 的 Command Window 中输入语句,执行结果也显示在该窗口中。

(2) “>>”是指令输入提示符。

(3) MATLAB 的运算符(如 +、- 等)都是各种计算程序中常见的符号。

(4) MATLAB 中所有录入字符、符号等,都必须在英文状态下录入,否则 MATLAB 不能识别。

(5) 本例计算结果显示中的“ans”是英文“answer”的缩写,其含义是“运算答案”。它是 MATLAB 的一个默认变量。

(6) 可以观察到在 Workspace 区域显示了内存当前的变量名称、值及类型。

(7) 可以观察到在 History Directory 区域显示了执行该指令的时间。

(8) MATLAB 中的所有命令都必须在英文状态下输入,包括标点符号。

(9) 在全部键入一个指令行内容后,必须按下回车键,该指令才会被执行。

2.3.1 MATLAB 中的变量

变量是数值计算的基本单元,与一般的程序设计语言不同,MATLAB 不要求事先对变量进行定义,也不需要事前对变量的类型进行声明,MATLAB 根据变量值或对变量的操作自动识别变量类型。

在 MATLAB 中变量类型有四类,即双精度(Double)、字符串(Char)、元胞数组(Cell Array)和构架数组(Structure Array)。对变量命名应遵循以下规则:

(1) 变量名、函数名对字母大小写敏感。如 myvar 和 Myvar 是两个不同的变量;sin 是 MATLAB 定义的正弦函数名,但 SIN、Sin 则是两个变量名。

(2) 变量名的第一个字符必须是英文字母,其余可以由英文字母、数字和下划线组成,但不能包含空格、标点。

(3) 通常变量名不能超过 31 位,超过部分将被忽略。

在 MATLAB 中有一些固定的变量,又称预定义变量,每当 MATLAB 启动时,这些变量就被产生(表 2-2)。

表 2-2 MATLAB 中预定义变量

预定义变量	含义	预定义变量	含义
ans	计算结果的默认变量名	NaN 或 nan	不是一个数,如 0/0,∞/∞
eps	机器零阈值	i 或 j	虚单元 $i=j=\sqrt{-1}$
Inf 或 inf	无穷大,如 1/0	realmax	最大正实数
pi	圆周率 π	realmin	最小正实数

说明:

(1) 表 2-2 中的变量名假如没有被用户赋值,那么该变量将取表中的预定义值。

(2) 若用户对任何一个预定义变量赋值,则该变量的默认值将被用户的新赋值"临时"覆盖,直至用户执行 clear 指令,或 MATLAB 指令窗关闭后重启。如 i 在 MATLAB 中表示虚数单位,但也通常作为变量使用。

(3) 在 IEEE 算法规则中,是允许除以 0 的。它不会导致程序执行的中断,只是在给出警告信息的同时,用一个特殊名称(如 Inf、NaN)记述。

2.3.2 运算符和表达式

MATLAB 中的算术运算符及表达式见表 2-3。

表 2-3 MATLAB 中运算符和表达式

	数学表达式	MATLAB 运算符	MATLAB 表达式
加	a+b	+	a+b
减	a-b	-	a-b
乘	a×b	*	a*b
除	a÷b	/或\	a/b 或 b\a
幂	a^b	^	a^b

说明:

(1) 所有运算都定义在复数域上。

(2) MATLAB 用左斜杠或右斜杠分别表示"左除"或"右除"。对标量,二者作用没有区别;但对矩阵,“左除”和“右除”得到的结果完全不同。

(3) MATLAB 书写表达式的规则与“手写算式”几乎完全相同。

① 表达式由变量名、运算符和函数名组成;

② 表达式按照与常规相同的优先级自左至右执行运算;

③ 表达式运算优先级:指数 > 乘除 > 加减。

书写表达式时,赋值符“ = ”和运算符两侧允许有空格,以增加可读性。

2.3.3 数组

1. 数组的建立

数组的建立有以下几种方法:

(1) 逐个元素输入法。

(2) 冒号法:x =[初始量:步长:终止量]。

(3) 特殊用法:主要是特殊矩阵的产生,见表 2 -4。

表 2 -4 特殊矩阵的产生方式

函数	功能	函数	功能
zeros(n)	产生 $n\times n$ 维全 0 数组	ones(n)	产生 $n\times n$ 维全 1 数组
zeros(m,n)	产生 $m\times n$ 维全 0 数组	ones(m,n)	产生 $m\times n$ 维全 1 数组
rand(n)	产生 $n\times n$ 维均匀分布随机数组	eye(n)	产生 $n\times n$ 维数组,其中对角线上为 1,其余为 0
rand(m,n)	产生 $m\times n$ 维均匀分布随机数组	eye(m,n)	产生 $m\times n$ 维数组,其中对角线上为 1,其余为 0
rand	产生一个随机数		

【例 2 -2】 生成数组 $\boldsymbol{x}$,其中 $\boldsymbol{x}=\begin{bmatrix}1 & 2 & 3\\ 2 & 3 & 4\\ 2 & 4 & 5\end{bmatrix}$。

解 图 2 -5 为在 Command Window 窗口中输入的语句,有三种输入方法。

说明:

(1) 直接输入矩阵时,矩阵元素用空格或逗号分隔;矩阵行用分号分隔;整个矩阵放在[ ]内。

(2) 第 3 种输入方法中,“回车”符用来分隔矩阵中的行,直至遇到“]”才确认矩阵输入完毕。这种输入法是为了视觉习惯。较大矩阵多用此法。

(3) 在 MATLAB 中不必实现对矩阵维数做任何说明,存储将自动配置。

【例 2 -3】 生成数组 $\boldsymbol{x}$,其中 $\boldsymbol{x}=[1,2,3,4,5]$。

解 在 Command Window 中输入以下语句:

```
x =[1:1:5]
```

运行结果是

```
x =
1  2  3  4  5
```

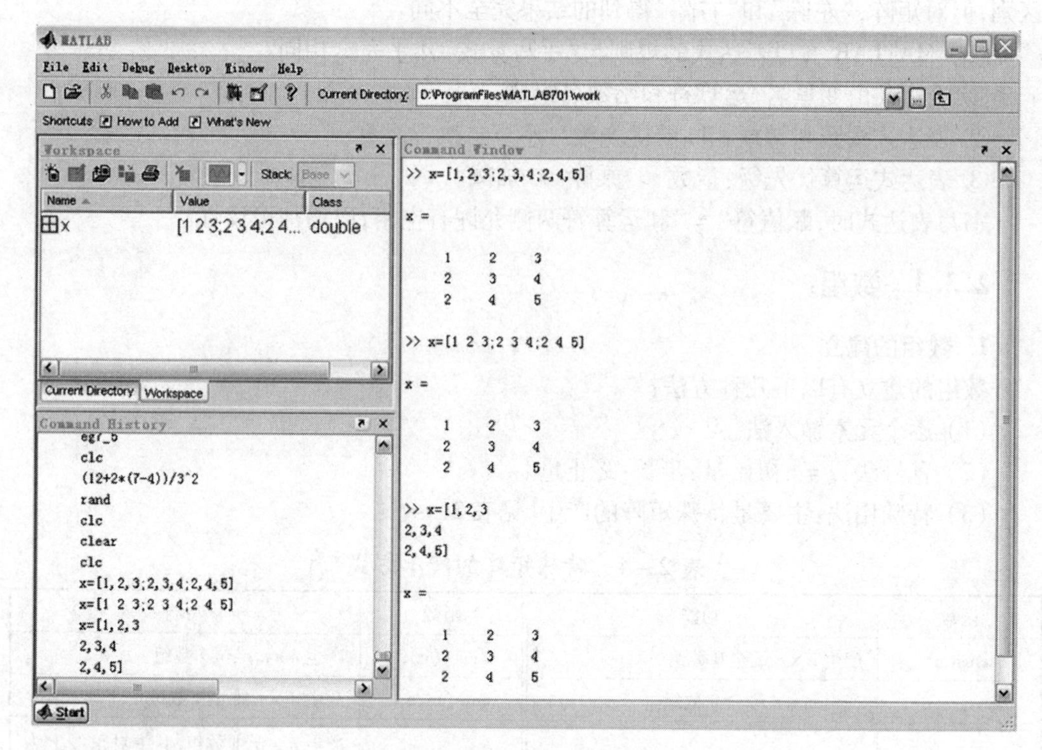

图2-5 例2-2图

说明：

（1）当步长为1时，可省略，因此也可以写成“x=[1：5]”；

（2）方括号可以省略，因此也可以写成“x=1：5”。

2. 数组的引用

当需要引用数组中某一个或某几个元素时，可采用以下五种格式中的任一种：

- x(n)　　　　　引用一维数组中的第n个元素
- x(n1:n2)　　　引用一维数组中的第n1至n2个元素
- x(m,:)　　　　引用二维数组中的第m行所有元素
- x(:,n)　　　　引用二维数组中的第n列所有元素
- x(m,n1:n2)　　引用二维数组中的第m行中的n1至n2个元素

【例2-4】 二维数组 $\boldsymbol{x}=[1\ 2\ 3;2\ 3\ 4;2\ 4\ 5]$，求 $\boldsymbol{x}(2,2:3)$。

解　x(2,2:3)提取的是第二行第2个~第3个数，并组成数组，因此结果是

```
ans =
3 4
```

3. 数组运算和矩阵运算

从外形和数据结构上看，二维数组和矩阵没有区别。但矩阵作为一种变换或映射算子的体现，有着明确且严格的数学规则。而数组运算是MATLAB软件所定义的规则，其目的是为了数据管理方便、操作简单和执行计算的有效。运算符前加“.”，表示该运算为数组运算。表2-5列出了数组运算和矩阵运算对比。

表 2-5 数组运算和矩阵运算对比

数组运算		矩阵运算	
指令	含义	指令	含义
t+A	标量 t 分别与 **A** 的元素之和		
t -A	标量 t 分别与 **A** 矩阵的元素之差		
t. *A	标量 t 分别与 **A** 矩阵的元素之积	t *A	标量 t 分别与 A 每个元素之积
t./A, A.\t	t 分别被 **A** 矩阵的元素除	t*inv(A)	**A** 矩阵逆乘 t
A.^n	A 矩阵的每个元素自乘 n 次	A^n	**A** 矩阵为方阵时,自乘 n 次
t.^A	以 t 为底,分别以 A 矩阵的元素为指数求幂值	t^A	**A** 矩阵为方阵时,标量的矩阵乘方
A+B	对应元素相加	A+B	矩阵相加
A-B	对应元素相减	A-B	矩阵相减
A. *B	对应元素相乘	A*B	内维相同矩阵的乘积
A./B	**A** 矩阵的元素被 **B** 矩阵的对应元素除	A/B	**A** 矩阵右除 **B** 矩阵
B.\A	**A** 矩阵的元素被 **B** 矩阵的对应元素除	A\B	**A** 矩阵左除 **B** 矩阵

【例 2-5】 已知 $\boldsymbol{A}=\begin{bmatrix}1&2&3\\4&5&6\end{bmatrix}$,$\boldsymbol{B}=\begin{bmatrix}1&2\\3&4\\5&6\end{bmatrix}$,$\boldsymbol{C}=\begin{bmatrix}6&5&4\\3&2&1\end{bmatrix}$,分别求 $\boldsymbol{AB}$、$\boldsymbol{A}.*\boldsymbol{B}$、$\boldsymbol{AC}$、$\boldsymbol{A}.*\boldsymbol{C}$。

解 $\boldsymbol{AB}$ 和 $\boldsymbol{AC}$ 是矩阵相乘,$\boldsymbol{A}.*\boldsymbol{B}$ 和 $\boldsymbol{A}.*\boldsymbol{C}$ 是数组运算。

(1) $AB=\begin{bmatrix}1&2&3\\4&5&6\end{bmatrix}\begin{bmatrix}1&2\\3&4\\5&6\end{bmatrix}=\begin{bmatrix}22&28\\49&64\end{bmatrix}$

(2) 在 MATLAB 的 Command Window 中输入

A. *B

运行结果

```
??? Error using = = > times
Matrix dimensions must agree.
```

可见 $\boldsymbol{A}$、$\boldsymbol{B}$ 不是同维数组,无法进行数组运算。

(3) 在 MATLAB 的 Command Window 中输入

A*C

运行结果

```
??? Error using = = > mtimes
Inner matrix dimensions must agree.
```

因为 $\boldsymbol{AC}$ 是矩阵运算,同时 $\boldsymbol{A}$ 和 $\boldsymbol{C}$ 的内维数不同,因此无法进行矩阵运算。

(4) $A.*C$ 是数组乘,是数组中对应元素相乘。

$$A.*C=\begin{bmatrix}1&2&3\\4&5&6\end{bmatrix}\begin{bmatrix}6&5&4\\3&2&1\end{bmatrix}=\begin{bmatrix}1\times6&2\times5&3\times4\\4\times3&5\times2&6\times1\end{bmatrix}=\begin{bmatrix}6&10&12\\12&10&6\end{bmatrix}$$

说明：

(1) 数组“乘除、乘方、转置”运算符前的小黑点绝对不能遗漏，否则不按数组规则运算进行。

(2) 在执行数组与数组之间的运算时，参与运算的数组必须同维，运算所得结果数据也总与原数组同维。

2.4 MATLAB 绘图基础

MATLAB 有着出色的图形功能，它提供了一些灵活的二维图形和三维图形绘制函数，可以将数学函数、计算数据和仿真结果直观地显示出来，使得工程问题一目了然。

2.4.1 二维图形的绘制

基本二维绘图指令是 plot，其基本调用格式有以下几种：

- plot(X,'s') 以向量 X 下标为横坐标，元素值为纵坐标画连续曲线
- plot(X,Y,'s') 以 X、Y 为横纵坐标画连续曲线
- plot(X1,Y1,'s1',X2,Y2,'s2',…) 在同一图中绘制多条曲线
- plot(X,'s','LineWidth',2) 连续曲线线宽为 2

说明：

(1) 's'用来指定线型、色彩、数据点形。默认时为 MATLAB 默认值。

(2) 曲线线型、色彩设置值见表 2-6。

表 2-6 曲线线型、色彩设置值

线型	符号	-		:		-.		--	
	含义	实线		虚线		点画线		双画线	
色彩	符号	b	g	r	c	m	Y	k	w
	含义	蓝	绿	红	青	品红	黄	黑	白

(3) 数据点型。表 2-7 给出了部分基本的数据点型的表达方式。

表 2-7 数据点型设置值

符号	含义	符号	含义	符号	含义
.	实心黑点	d	菱形符	<	朝左三角形
+	十字符	o	空心圆圈	>	朝右三角形
*	“*”形符	^	朝上三角形	V	朝下三角形

【例 2-6】 作出函数 $y=\sin x$ 在区间[0,10]上的图形。

解 在 MATLAB 的 Command Window 中逐行输入以下命令：

```
clear                  % 清除内存所有变量
x=0:0.01:10;           % 输入自变量 x 的区间范围(自变量数值)
```

```
y = sin(x);              % 输入因变量 y 的数值
plot(x,y);               % 绘制 x、y 构成的图形
```

指令输入结束后,弹出图形界面框,如图 2-6 所示。

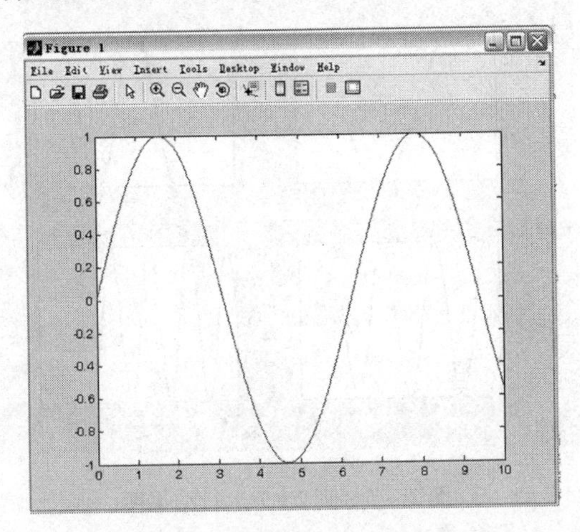

图 2-6　例 2-6 运行结果图

说明:

(1) MATLAB 图形窗口用于显示用户所绘制的图形,只要执行了任意一种绘图命令,图形窗就会自动产生。

(2) 以上语句中,每行中"%"表示注释说明,其后语句为非执行语句。

2.4.2　多重子图窗口的建立

在图形窗口中如果要同时建立几个子图,则需要用到多重子图窗口的指令,常用的调用格式如下:

```
subplot(m,n,k)          使(m×n)幅子图中的第 k 幅成为当前图
```

【例 2-7】　在同一图形窗口,不同坐标系中分别作出 $y=\sin x, y=\sin 2x, y=\sin 3x, y=\sin 4x$ 在 $x\in[0,2\pi]$ 的图形。

解　在 MATLAB 的 Command Window 中逐行输入以下命令:

```
clear                                              % 清除内存所有变量
x = (0:0.01:2) * pi;                               % 确定自变量 x
y1 = sin(x);y2 = sin(2 * x);y3 = sin(3 * x);y4 = sin(4 * x) ; % 求应变量
subplot(2,2,1);plot(x,y1)                          % 第 1 个子图中做 x - y1 图形
subplot(2,2,2);plot(x,y2)                          % 第 2 个子图中做 x - y2 图形
subplot(2,2,3);plot(x,y3)                          % 第 3 个子图中做 x - y3 图形
subplot(2,2,4);plot(x,y4)                          % 第 4 个子图中做 x - y4 图形
```

运行结果如图 2-7 所示。

说明:

(1) 多子图的序号编排原则是,左上方为第一幅,向右向下依次排号。

(2) subplot 产生的子图彼此独立,所有的绘图指令都可以在子图中运用。

(3) 在使用 subplot 之后,如果再想画整图形,那么应先使用 clf 指令。

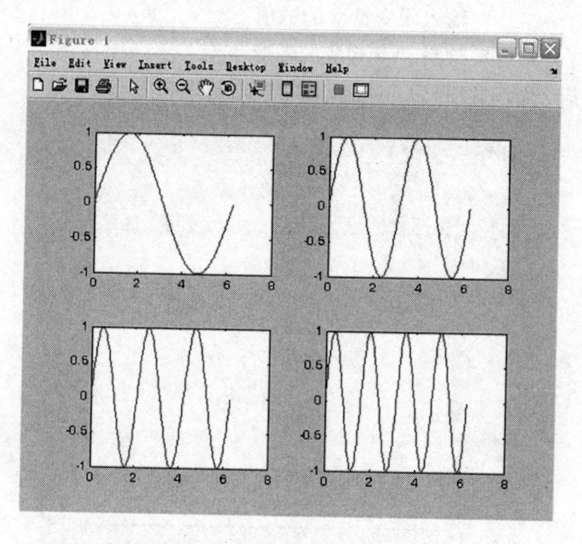

图 2-7　例 2-7 运行结果图

2.4.3　三维图形的指令

1. 三维线图指令 plot3

有如下两种典型格式:

- plot3(x,y,z,'s')　　　　　　　　　绘制以 x、y、z 为坐标值的一条三维曲线
- plot3(x1,y1,z1,'s1',x2,y2,z2,'s2',…)绘制多条三维曲线

说明:s 用于指定线型、色彩、数据点型,具体见 2.4.1 节。

【例 2-8】　绘制下面函数式表示的三维曲线图。

$$\begin{cases} x = 5(\cos t + t\sin t) \\ y = 5(\sin t - t\cos t) \qquad (0 \leqslant t \leqslant 10\pi) \\ z = 3t \end{cases}$$

解　在 MATLAB 的 Command Window 中逐行输入如下程序:

```
t=(0:0.05:10)*pi;                        % 对自变量 t 进行赋值
x=5*(cos(t)+t.*sin(t));                  % t.*sin(t)必须为数组乘
y=5*(sin(t)-t.*cos(t));
z=3*t;
plot3(x,y,z,'b-')
```

运行结果如图 2-8 所示。

2. 三维网格图和曲面图

1)三维网格图用 mesh 指令

基本格式如下:

- mesh(Z)　　　　　以 Z 矩阵列、行下标为 x、y 轴自变量画网线图
- mesh(X,Y,Z)　　　最常用的网格图调用格式
- mesh(X,Y,Z,S)　　最完整调用格式,画由 S 指定用色的网线图

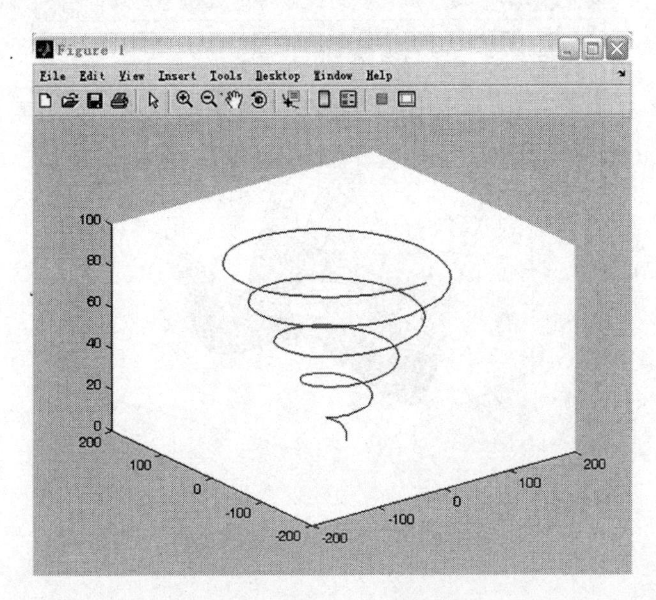

图 2-8　例 2-8 运行结果图

2）三维曲面图用 surf 指令

基本格式如下：

- surf(Z)　　　　　　% 以 Z 矩阵列、行下标为 x、y 轴自变量画曲面图
- surf(X,Y,Z)　　　　% 最常用的曲面图调用格式
- surf(X,Y,Z, S)　　% 最完整调用格式，画由 S 指定用色的曲面图

3）绘制三维网格图/曲面图的步骤

(1) 确定自变量 x、y 的取值范围和取值间隔，语句如下：

$$x = x1:dx:x2;\ y = y1:dy;y2;$$

(2) 利用 MATLAB 指令产生"格点"矩阵，语句如下：

$$[X,Y] = meshgrid(x,y);$$

(3) 计算平面格点的函数值：Z = f(X,Y)。

(4) 调用指令，绘制三维网格图/曲面图。

【例 2-9】　画出函数 $z=(6+2\cos x)\cos y(0\leqslant x,y\leqslant 2\pi)$ 的三维曲面图。

解　在 MATLAB 的 Command Window 中逐行输入以下程序

```
x = (0:0.1:2) * pi;                 % 确定自变量 x 的取值
y = x;                              % 确定自变量 y 的取值,其值与 x 相同
[X,Y] = meshgrid(x,y);              % 生成 x-y 坐标"格点"矩阵
Z = (6 + 2 * cos(X)) .* cos(Y);     % 求应变量 Z 的值,必须用点乘运算
surf(X,Y,Z);                        % 画 X,Y,Z 的三维曲面图
colormap(hot)                       % 对三维图形着色
```

运行结果如图 2-9 所示。

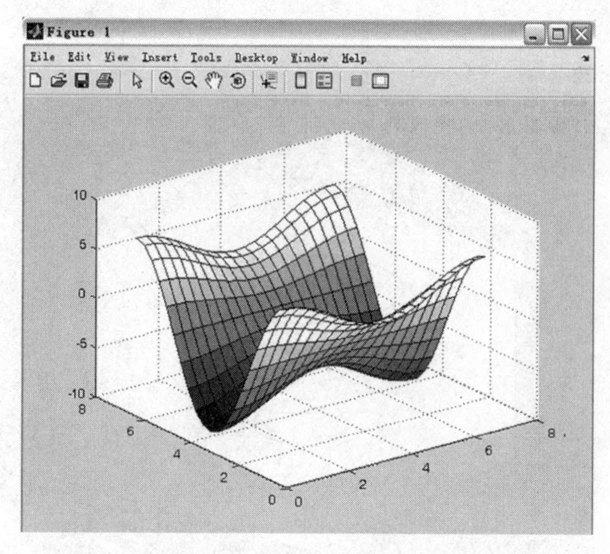

图 2-9 例 2-9 运行结果图

2.5 MATLAB 程序基础

MATLAB 的程序除了在 Command Window 中输入,还可以在文件编辑器中录入,保存为 M 文件。本节的例题都是在文件编辑器中录入,以方便反复使用。程序编写的格式、语法、句法等,无论在文件编辑器中还是在 Command Window 中,都是一样的,通用的。

2.5.1 M 文件类型

MATLAB 中文件分为脚本文件(Script File)和函数文件(Function File)。

1. 脚本文件

对于一些简单的问题,从 Command Window 中直接输入指令,不会感觉到复杂。但一旦问题变得复杂,指令增多,不断重复计算的发生,如果还在 Command Window 中反复输入指令,就显得繁琐。此时脚本文件的优势就显现出来了。

脚本文件是一系列 MATLAB 命令语句按顺序组成的命令序列的集合,没有输入参数,也没有返回参数,其功能是执行一系列命令。运行时在 Command Window 中输入文件名即可。

脚本文件运行后,所产生的所有变量都保存在 MATLAB 的 Workspace 中,只有执行 clear 指令,或退出 MATLAB 时,这些变量才会被清除。

【例 2-10】 编写一个脚本文件,执行以下命令。随机产生 20 个数,在坐标系中标识出这 20 个点,并用直线依次连接它们。

解 打开 M 文件编辑器,在其中编写文件,如图 2-10(a)所示。

编写完成后,该文件以"eg2_10. m"保存。然后进入 MATLAB 主界面,在 Command Window 中输入文件名,并回车。

```
eg2_10
```

程序运行,得到图形如图 2-10(b)所示。

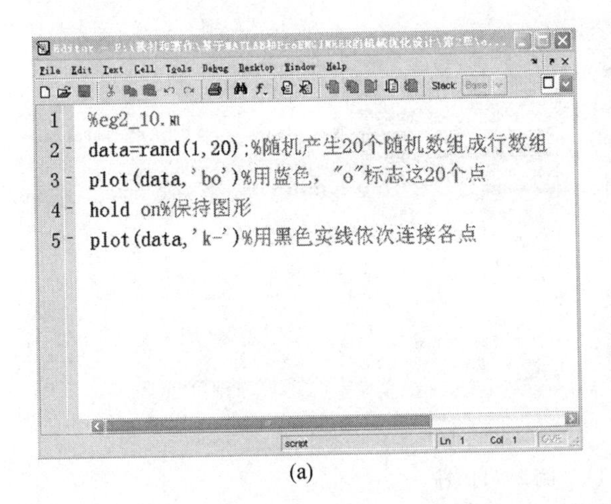

(a)

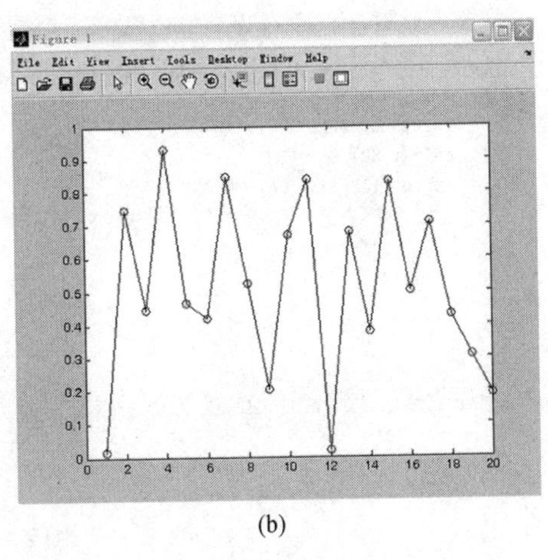

(b)

图 2-10　例 2-10 图

(a) M 文件编辑器编写文件；(b) 运行结果。

说明：

(1) 脚本文件名与内置函数及工具箱函数不应重名，与脚本文件及工作空间中的变量也不应重名。

(2) 脚本文件调用方法是，在 MATLAB 命令窗口直接输入文件名。

2. 函数文件

函数文件也是实现一个独立功能的代码集合，与脚本文件不同的是，函数文件需要输入参数，返回输出参数。其运行必须通过语句调用。

函数文件的第一个可执行语句必须是函数定义语句，格式为

function [输出参数] = 函数名(输入参数)

函数文件运行时，MATLAB 为它专门开辟了一个函数工作空间，函数文件中所有的变量都保存在该空间中。当执行完函数文件最后一条指令返回主文件时，函数工作空间所有的变量就立即被清除。因此当程序运行结束后，函数文件中的变量在 Workspace 中是没有记录的。

【例 2-11】　编写一个函数文件，可以将输入的华氏温度转化为摄氏温度，转化公式为 $c=5(f-32)/9$。并运行求取华氏 70℉时，摄氏温度是多少。

解　打开 M 文件编辑器，在其中编写文件，如图 2-11(a)所示。

编写完成后，该文件以"eg2_11.m"保存。然后进入 MATLAB 主界面，在 Command Window 中输入函数名及输入参数值，并回车。运行过程及结果如图 2-11(b)所示。

说明：

(1) 在函数文件 eg2_11.m 中，函数定义语句是"function c = eg2_11(f)"。其中输入参数是"f"，输出参数是"c"，函数名是 eg2_11。在运行时，调用语句是"eg2_11(70)"，其中输入参数是"70"。调用语句要严格遵守函数定义格式，特别是输入、输出参量的类型、个数等。本例定义输入参数是一个，所以调用时输入参数也必须是一个。

(2) 函数名和所存 M 文件名应同名。若函数文件名与函数名不同，MATLAB 在调用时将以函数文件名为准，忽略函数名。

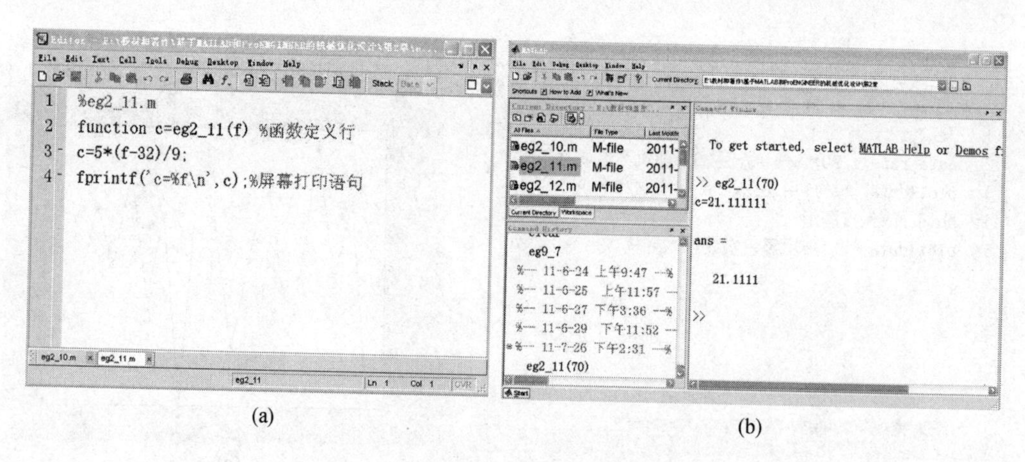

(a)　　　　　　　　　　(b)

图 2-11　例 2-11 图

(a) M 文件编辑器编写文件；(b)运行结果。

（3）输出参数为一个变量时，可以不用方括号，直接写变量名；输出参数为多个变量时，必须用方括号。

（4）输入参数多于一个时，用逗号分隔。

2.5.2　M 程序基本控制流

MATLAB 语言是基于 C/C++语言的，因此语法特征与 C/C++语言相差不大。下面介绍 MATLAB 提供的基本控制流结构以及部分指令。

1. for 循环结构

```
for i = 循环初值:步长:循环终值
        循环体
end
```

说明：步长为 1 时可省略。

2. while 循环结构

```
while (条件)
        循环体
end
```

说明：当条件表达式值为真(非 0)时，执行循环体，直至条件为假时，结束循环。

3. if-else-end 分支结构

```
if (条件)
        语句组 1
else
        语句组 2
end
```

【例 2-12】　随机产生 20 个均匀分布的伪随机数，求出其中最大值和最小值。

解　在 M 文件编辑器中编写 M 文件如下：

```
% 文件名 eg2_12.m
```

```
a=rand(1,20);                          % 产生1×20随机数组a
amin=a(1);                             % 将a(1)赋值给记录最小值的变量amin
amax=a(1);                             % 将a(1)赋值给记录最大值的变量amax
for i=1:19                             % 循环比较,求数组中的最大值和最小值
    if a(i+1)>amax                     % 求大分支
       amax=a(i+1);
    end                                % if语句结束
    if a(i+1)<amin                     % 求小分支
    amin=a(i+1);
    end                                % if语句结束
end                                    % 循环结束
fprintf('amax=%f\namin=%f\n',amax,amin);% 屏幕打印
```

在 MATLAB 主界面的 Command Window 中输入:

```
eg2_12
```

运行结果如下:

```
amax=0.950129
amin=0.018504
```

说明:若选择条件更多时,采用如下结构。

```
if (条件1)
  语句组1
elseif (条件2)
  语句组2
……
else(条件k)
  语句组k
end
```

4. switch - case 结构

```
switch  开关表达式
    case  常量表达式1
      语句组1
    case 常量表达式2
      语句组2
    ……
    otherwise
      语句组k
end
```

说明:

(1) 当遇到 switch 结构时,MATLAB 将表达式的值依次和各个 case 后面的检测值进行比较。若比较结果为假,则取下一个检测值再来比较,而一旦比较结果为真,MATLAB 将执行相应的一组命令,然后跳出该结构。若所有结果都为假,则执行 otherwise 后面的

指令。

（2）MATLAB 的 switch 指令不同于 C/C + + 语言的 switch 指令。当 MATLAB 检测到某个检测值和表达式的值相等，将执行相应的一组命令，执行完毕，自动跳出 switch 结构，而无需使用 break 指令。

5. 控制流的其他常用指令

1）return 指令

return 指令的作用是终止程序运行。

2）input 指令

input 的调用格式：

- v = input('message')　　　　将用户键入的内容赋给变量 v
- v = input('message','s')　　　将用户键入的内容作为字符串赋给变量 v

该指令将“控制权”暂时交给用户。用户通过键盘输入数字、字符串或表达式，并经过回车把键入的内容输入工作空间，同时把“控制权”交还给 MATLAB。需要说明的是，语句中的‘message’是要在屏幕上显示的提示信息，不可省略。

3）keyboard 指令

（1）当程序遇到 keyboard 时，MATLAB 将“控制权”交给键盘，用户可以从键盘输入各种合法的 MATLAB 指令，只有当用户使用 return 指令结束输入后，“控制权”才交还给程序。

（2）与 input 的区别在于：它允许输入多个 MATLAB 指令，而 input 只能输入赋给变量的值，即数值、字符串或元胞数组等。

【例 2－13】 从键盘键入百分制学生成绩，通过程序判断其成绩为五级制哪个档，并屏幕打印结果。

解 在 M 文件编辑器中编写 M 文件如下：

```
% 文件名 eg2_13.m
x = input('请输入学生成绩:');                    % 键盘输入成绩
y = floor(x/10);                                 % 朝负无穷方向取整
switch y
    case 9
        f = '优';
    case 8
        f = '良';
    case 7
        f = '中';
    case 6
        f = '及格';
    otherwise
        f = '不及格';
end                                              % switch - case 语句结束
fprintf('学生成绩为% d\n 其等级为% s\n',x,f);   % 屏幕打印
```

在 MATLAB 主界面的 Command Window 窗口输入：

eg2_13

运行结果如下：

请输入学生成绩:84

学生成绩为 84

其等级为良

2.5.3 MATLAB 中标点符号的含义

在 MATLAB 中，各种标点符号有着不同的作用和意义（表 2－8），使用时一定要注意。

表 2－8 MATLAB 中的标点符号

名称	标点	作用
空格		①输入变量之间的分隔符； ②同一行数组元素之间的分隔符
逗号	,	①输入量之间的分隔符； ②同一行数组元素之间的分隔符； ③两条指令之间的分隔符，且前一条指令的计算结果要显示
黑点	.	①数值中的小数点； ②数组运算符——点运算符的组成部分
分号	;	①不显示计算结果指令的“结尾”标志； ②数组行与行之间的分隔符
冒号	:	①用于生成一维数组； ②在数组引用中，表示某行、某列或某维上的全部数据
注释号	%	表示注释说明语句，在其之后与其同行的部分是非执行语句
单引号对	''	字符串标识
圆括号	()	①表示引用数组中的数据元素； ②函数指令输入参量列表时用
方括号	[]	①输入数组时用； ②函数指令输出参量列表时用
下连符	_	可参与变量名、函数名、文件名的构成
续行号	…	由三个以上连续黑点组成，表示下一行是本行的继续
“At”号	@	①放在函数名前，形成函数句柄； ②放在目录名前，形成“用户对象”类目录

需要强调的是，所有的符号必须在英文状态下输入。

2.6 MATLAB 优化工具箱基础

优化计算在工程实际中应用广泛,MATLAB 提供了功能强大的优化工具箱(Optimization Toolbox),位于安装目录下 Toolbox 子目录的 optim 目录之下,用于解决函数的极值问题以及设计参数的优化问题,主要包含以下几类问题:

(1) 求解无约束条件非线性极小值的优化问题;

(2) 求解约束条件下非线性极小值的优化问题;

(3) 求解二次规划和线性规划问题;

(4) 非线性最小二乘逼近和曲线拟合问题;

(5) 求解非线性方程组;

(6) 求解约束条件下线性最小二乘优化问题;

(7) 求解复杂大规模优化问题。

表 2-9 给出了常用的优化函数,具体使用方法可见相关章节。

表 2-9 常用优化函数

基本函数	功能	相关章节
x = fminbnd(fun,x1,x2)	求解单变量极小值优化问题	4.5
x = fminunc(fun,x0,options)	求解简单的无约束极小值优化问题	5.8.1
x = fminsearch(fun,x0,options)	求解较为复杂的无约束极小值优化问题	5.8.2
x = fmincon(fun,x0,A,b)	求解约束非线性极小值优化问题	6.5.1
x = linprog(f,A,b,Aeq,beq)	求解线性规划问题	6.5.2
x = quadprog(H,f,A,b)	求解二次规划问题	6.5.3
x = fminimax(fun,x0)	求解多目标优化问题	7.4.1
x = fgoalattain(fun,x0,goal,weight)	求解多目标优化问题	7.4.2

如果使用 MATLAB 优化工具箱中的优化函数,在数学模型建立时,一定要遵照各优化函数所要求的模型形式建立。这些模型有以下共性:

(1) 目标函数是求极小值;

(2) 约束条件非正性,即都要写成"约束函数式≤0"的形式。

习 题

2-1 简述 MATLAB 的特点。

2-2 试用不同的方法在 MATLAB 中建立下列矩阵:

(1) $\boldsymbol{x}^1 = [2.3, 4.3, 6.3, 8.3, 10.3]^T$

(2) $\boldsymbol{x}^2 = \begin{bmatrix} 2.31 & 5.00 & 3.80 \\ 4.96 & 7.28 & 4.92 \\ 3.00 & 4.00 & 1.13 \end{bmatrix}$

2-3 在 MATLAB 中(10,20)区间生成三个随机的数组,即数组 A(5×4)、数组 B(5×4)、数组 C(5×4),试问在 MATLAB 中 AB、AC、BC 的运行结果分别是什么?

2-4 用 MATLAB 在(-2π,2π)区间内绘制 $y=\sin 2x+\cos 4x$ 的曲线。

2-5 已知 $x\in(-5,5)$,$y\in(-5,5)$,在同一图形窗口的不同坐标系中分别绘制函数 $z=x^4-2x^2y+x^2+y^2-2x+5$ 的三维曲面和三维曲线图。

2-6 编写一个函数文件,随机产生 n 个数,在坐标系中标识出这 n 个点,并用直线依次连接它们,其中 n 由 MATLAB 的 Command Window 中键入。

第3章 优化设计的数学基础

3.1 多元函数的方向导数、梯度和海赛矩阵

3.1.1 函数的方向导数

方向导数是指函数在某特定方向上的变化率,如图3-1所示。

设函数$f(x_1,x_2)$在点$\boldsymbol{x}^k$的某一邻域$U(\boldsymbol{x}^k)$内有定义,则函数在点$\boldsymbol{x}^k$沿方向$\boldsymbol{S}$的方向导数为

$$\frac{\partial f}{\partial \boldsymbol{S}}=\lim_{\rho\to 0}\frac{f(x_1^k+\Delta x_1,x_2^k+\Delta x_2)-f(x_1^k,x_2^k)}{\rho} \tag{3-1}$$

式中 $\rho=\sqrt{\Delta x_1^2+\Delta x_2^2}$。

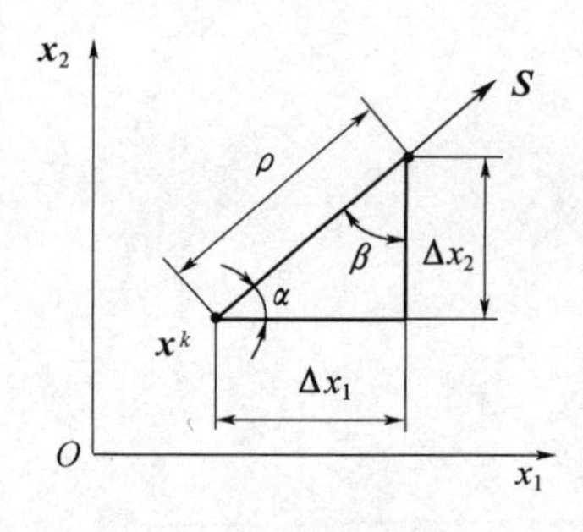

图3-1 方向导数示意图

设方向$\boldsymbol{S}$与坐标轴x_1、x_2之间的夹角分别为α和β,则函数沿$\boldsymbol{S}$的变化率还可表示为

$$\frac{\partial f}{\partial \boldsymbol{S}}=\frac{\partial f(x_1^k,x_2^k)}{\partial x_1}\cos\alpha+\frac{\partial f(x_1^k,x_2^k)}{\partial x_2}\cos\beta \tag{3-2}$$

依此类推,对n维可微函数$f(x_1,x_2,\cdots,x_n)$,在点$\boldsymbol{x}^k$处的方向导数可表示为

$$\frac{\partial f}{\partial \boldsymbol{S}}=\sum_{i=1}^{n}\frac{\partial f(\boldsymbol{x}^k)}{\partial x_i}\cos\theta_i(i=1,2,\cdots,n) \tag{3-3}$$

式中 θ_i——方向$\boldsymbol{S}$与各个坐标方向的夹角。

3.1.2 函数的梯度

函数$f(\boldsymbol{x})$在点$\boldsymbol{x}^k$沿不同方向的变化率是不同的,其中变化最快的方向是梯度方向。

以二元函数$f(x_1,x_2)$为例,其沿方向$\boldsymbol{S}$的方向导数可以依据式(3-2)改写成矩阵相乘的形式,即

$$\frac{\partial f(x^k)}{\partial S} = \frac{\partial f(x_1^k,x_2^k)}{\partial x_1}\cos\alpha + \frac{\partial f(x_1^k,x_2^k)}{\partial x_2}\cos\beta = \left[\frac{\partial f(x_1^k,x_2^k)}{\partial x_1} \quad \frac{\partial f(x_1^k,x_2^k)}{\partial x_2}\right]\begin{bmatrix}\cos\alpha\\ \cos\beta\end{bmatrix} \tag{3-4}$$

式中　$\boldsymbol{S} = [\cos\alpha \quad \cos\beta]^{\mathrm{T}}$，是单位向量。

令

$$\nabla f(\boldsymbol{x}^k) = \left[\frac{\partial f(x_1^k,x_2^k)}{\partial x_1} \quad \frac{\partial f(x_1^k,x_2^k)}{\partial x_2}\right]^{\mathrm{T}} \tag{3-5}$$

该向量与方向 $\boldsymbol{S}$ 无关，称为函数 $f(\boldsymbol{x})$ 在点 $\boldsymbol{x}^k$ 的梯度，记为 $\mathrm{grad}f(\boldsymbol{x}^k)$。

同理，对于 n 维函数 $f(x_1,x_2,\cdots x_n)$，在点 $\boldsymbol{x}^k$ 处其梯度向量为

$$\nabla f(\boldsymbol{x}^k) = \left[\frac{\partial f(\boldsymbol{x}^k)}{\partial x_1},\frac{\partial f(\boldsymbol{x}^k)}{\partial x_2},\cdots,\frac{\partial f(\boldsymbol{x}^k)}{\partial x_n}\right]^{\mathrm{T}} \tag{3-6}$$

单位梯度向量是梯度向量与其模的比值：$\dfrac{\nabla f(\boldsymbol{x}^k)}{\|\nabla f(\boldsymbol{x}^k)\|}$。

梯度的模是梯度向量中所有分量的平方和的开方，即

$$\|\nabla f(\boldsymbol{x}^k)\| = \sqrt{\left(\frac{\partial f(\boldsymbol{x}^k)}{\partial x_1}\right)^2 + \left(\frac{\partial f(\boldsymbol{x}^k)}{\partial x_2}\right)^2 + \cdots + \left(\frac{\partial f(\boldsymbol{x}^k)}{\partial x_n}\right)^2} \tag{3-7}$$

函数的梯度在优化设计中具有重要的作用，它有以下几个性质：

（1）函数的梯度方向 $\nabla f(\boldsymbol{x}^k)$ 是函数值上升最快的方向，这是函数的局部性质。注意到在计算函数在某点 $\boldsymbol{x}^k$ 处的梯度 $\nabla f(\boldsymbol{x}^k)$ 时，需要代入 $\boldsymbol{x}^k$ 点的坐标进行计算，因此不同的点，得到的方向是不相同的。

（2）函数的负梯度方向 $-\nabla f(\boldsymbol{x}^k)$，是函数在该点函数值下降最快的方向，又称最速下降方向。函数值变化方向如图 3－2 所示。

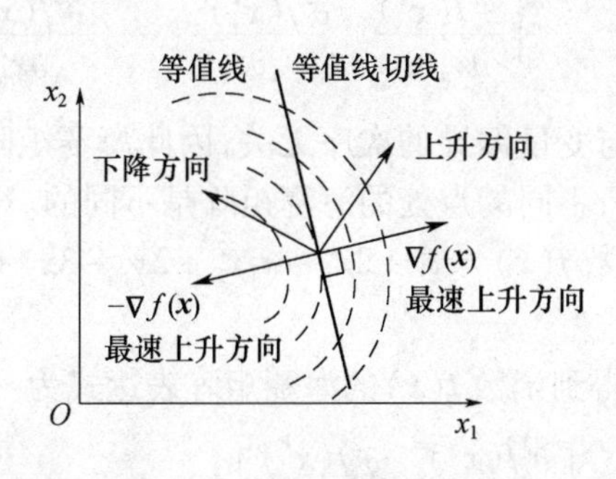

图 3－2　函数值变化方向

（3）函数的梯度方向 $\nabla f(\boldsymbol{x}^k)$ 与过 $\boldsymbol{x}^k$ 的等值线（或等值面）的切线正交，如图 3－2 所示。

【例 3－1】　求二维函数 $f(\boldsymbol{x}) = x_1^3 + 2x_1^2 - x_1x_2^2 + 2x_1 - 3x_2 + 3$ 在点 $\boldsymbol{x}^1 = [1,1]^{\mathrm{T}}$ 和点 $\boldsymbol{x}^2 = [4,2]^{\mathrm{T}}$ 处的梯度及梯度的模。

解　由式(3－5)可以求得函数 $f(\boldsymbol{x})$ 的梯度表达式为

$$\nabla f(\boldsymbol{x}) = \begin{bmatrix} \dfrac{\partial f}{\partial x_1} \\ \dfrac{\partial f}{\partial x_2} \end{bmatrix} = \begin{bmatrix} 3x_1^2 + 4x_1 - x_2^2 + 2 \\ -2x_1x_2 - 3 \end{bmatrix}$$

将点代入,求得 $\boldsymbol{x}^1$ 和 $\boldsymbol{x}^2$ 点处的梯度分别为

$$\nabla f(\boldsymbol{x}^1) = \begin{bmatrix} 3x_1^2 + 4x_1 - x_2^2 + 2 \\ -2x_1x_2 - 3 \end{bmatrix}_{x^1} = \begin{bmatrix} 3 \times 1^2 + 4 \times 1 - 1^2 + 2 \\ -2 \times 1 \times 1 - 3 \end{bmatrix} = \begin{bmatrix} 8 \\ -5 \end{bmatrix}$$

$$\nabla f(\boldsymbol{x}^2) = \begin{bmatrix} 3x_1^2 + 4x_1 - x_2^2 + 2 \\ -2x_1x_2 - 3 \end{bmatrix}_{x^2} = \begin{bmatrix} 3 \times 4^2 + 4 \times 4 - 2^2 + 2 \\ -2 \times 4 \times 2 - 3 \end{bmatrix} = \begin{bmatrix} 30 \\ -19 \end{bmatrix}$$

由式(3-7)求得 $\boldsymbol{x}^1$ 和 $\boldsymbol{x}^2$ 点处梯度的模分别为

$$\| \nabla f(\boldsymbol{x}^1) \| = \sqrt{\left(\frac{\partial f(\boldsymbol{x}^1)}{\partial x_1}\right)^2 + \left(\frac{\partial f(\boldsymbol{x}^1)}{\partial x_2}\right)^2} = \sqrt{8^2 + (-5)^2} = 9.4340$$

$$\| \nabla f(\boldsymbol{x}^2) \| = \sqrt{\left(\frac{\partial f(\boldsymbol{x}^2)}{\partial x_1}\right)^2 + \left(\frac{\partial f(\boldsymbol{x}^2)}{\partial x_2}\right)^2} = \sqrt{30^2 + (-19)^2} = 35.5106$$

3.1.3 函数的海赛矩阵

设 n 维函数 $f(\boldsymbol{x})$ 在 $\boldsymbol{x}^k$ 点二次可微且连续,则称其二阶偏导数矩阵为 $f(\boldsymbol{x})$ 在 $\boldsymbol{x}^k$ 点处的海赛(Hessian)矩阵,表示如下:

$$\boldsymbol{H}(\boldsymbol{x}^k) = \begin{pmatrix} \dfrac{\partial^2 f(\boldsymbol{x}^k)}{\partial x_1^2} & \dfrac{\partial^2 f(\boldsymbol{x}^k)}{\partial x_1 \partial x_2} & \cdots & \dfrac{\partial^2 f(\boldsymbol{x}^k)}{\partial x_1 \partial x_n} \\ \dfrac{\partial^2 f(\boldsymbol{x}^k)}{\partial x_2 \partial x_1} & \dfrac{\partial^2 f(\boldsymbol{x}^k)}{\partial x_2^2} & \cdots & \dfrac{\partial^2 f(\boldsymbol{x}^k)}{\partial x_2 \partial x_n} \\ \vdots & \vdots & & \vdots \\ \dfrac{\partial^2 f(\boldsymbol{x}^k)}{\partial x_n \partial x_1} & \dfrac{\partial^2 f(\boldsymbol{x}^k)}{\partial x_n \partial x_2} & \cdots & \dfrac{\partial^2 f(\boldsymbol{x}^k)}{\partial \boldsymbol{x}_n^2} \end{pmatrix} \tag{3-8}$$

因为二阶偏导数数值与变量偏导的次序无关,因此海赛矩阵 $\boldsymbol{H}(\boldsymbol{x}^k)$ 是一个实对称矩阵。同样,对于同一个函数,不同的点处的海赛矩阵是不同的。

【例 3-2】 求二维函数 $f(\boldsymbol{x}) = x_1^3 + 2x_1^2 - x_1x_2^2 + 2x_1 - 3x_2 + 3$ 在点 $\boldsymbol{x}^1 = [1,1]^{\mathrm{T}}$ 和点 $\boldsymbol{x}^2 = [4,2]^{\mathrm{T}}$ 的海赛矩阵。

解 由式(3-8)可以得到函数 $f(\boldsymbol{x})$ 的海赛矩阵表达式为

$$\boldsymbol{H}(\boldsymbol{x}^k) = \begin{bmatrix} \dfrac{\partial^2 f(\boldsymbol{x}^k)}{\partial x_1^2} & \dfrac{\partial^2 f(\boldsymbol{x}^k)}{\partial x_1 \partial x_2} \\ \dfrac{\partial^2 f(\boldsymbol{x}^k)}{\partial x_2 \partial x_1} & \dfrac{\partial^2 f(\boldsymbol{x}^k)}{\partial x_2^2} \end{bmatrix} = \begin{bmatrix} 6x_1 + 4 & -2x_2 \\ -2x_2 & -2x_1 \end{bmatrix}$$

将点代入,求得 $\boldsymbol{x}^1$ 和 $\boldsymbol{x}^2$ 点处的海赛矩阵分别为

$$\boldsymbol{H}(\boldsymbol{x}^1) = \begin{bmatrix} 6x_1 + 4 & -2x_2 \\ -2x_2 & -2x_1 \end{bmatrix}_{x^1} = \begin{bmatrix} 6 \times 1 + 4 & -2 \times 1 \\ -2 \times 1 & -2 \times 1 \end{bmatrix} = \begin{bmatrix} 10 & -2 \\ -2 & -2 \end{bmatrix}$$

$$H(x^2) = \begin{bmatrix} 6x_1+4 & -2x_2 \\ -2x_2 & -2x_1 \end{bmatrix}_{x^2} = \begin{bmatrix} 6\times4+4 & -2\times2 \\ -2\times2 & -2\times4 \end{bmatrix} = \begin{bmatrix} 28 & -4 \\ -4 & -8 \end{bmatrix}$$

3.1.4 函数梯度以及海赛矩阵的 M 文件

用 MATLAB 求梯度以及海赛矩阵，主要用到两种求导函数，即 diff 函数和 jacobian 函数。

1. diff 函数

调用格式：dy = diff(f,v,n)

其中 dy——输出参数，是符号表达式；

f——被求导的函数，是符号表达式；

v——指定的求导自变量，是符号变量；

n——求导的阶数，为一阶时可省略。

2. Jacobian 函数

调用格式：jacobian(f,v)

其中 f——被求导的函数，是符号表达式；

v——指定的求导自变量，是符号变量。

需要说明的是，该命令运行的结果给出的是雅可比矩阵。

【例 3-3】 写出例 3-1 和例 3-2 求梯度向量以及海赛矩阵的 M 文件。

解 在文本编辑器中编辑 M 文件如下：

```
% 文件名 eg3_3.m
syms x1 x2                                   % 定义符号变量
f = x1^3 + 2 * x1^2 - x1 * x2^2 + 2 * x1 - 3 * x2 + 3    % 定义二维函数
                                             % 计算函数的一阶偏导数
dx1 = diff(f,x1);                            % 计算函数 f 对 x1 的一阶偏导数
dx2 = diff(f,x2);                            % 计算函数 f 对 x2 的一阶偏导数
                                             % 计算函数的二阶偏导数
dx1x1 = diff(f,x1,2);                        % 计算函数对 x1 的二阶偏导数
dx1x2 = diff(dx1,x2);                        % 计算函数对 x1、x2 的二阶偏导数
dx2x1 = diff(dx2,x1);                        % 计算函数对 x2、x1 的二阶偏导数
dx2x2 = diff(dx2,x2);                        % 计算函数对 x2 的二阶偏导数
disp'函数 f 的梯度表达式:'
dk = [dx1;dx2];                              % 构成梯度向量
pretty(simplify(dk));                        % 按照数学形式显示梯度表达式
disp'函数 f 的海赛矩阵表达式:'
H = [dx1x1 dx1x2;dx2x1 dx2x2];               % 构成海赛矩阵
pretty(simplify(H));                         % 按照数学形式显示海赛矩阵
x1 = 1;x2 = 1;                               % 赋值 x1 点
disp'函数在 X1 = [1,1]T 的梯度向量是:'
dk1 = subs([dx1 dx2])                        % 符号函数转换为数值函数
disp'函数在 X1 = [1,1]T 的海赛矩阵是:'
```

```
Hk1 = subs([dx1x1 dx1x2;dx2x1 dx2x2])           % 符号函数转换为数值函数
x1 = 4;x2 = 2;                                  % 赋值 x2 点
disp'函数在 X1 = [4,2]T 的梯度向量是:'
dk2 = subs([dx1 dx2])                           % 符号函数转换为数值函数
disp'函数在 X1 = [4,2]T 的海赛矩阵是:'
Hk2 = subs([dx1x1 dx1x2;dx2x1 dx2x2])           % 符号函数转换为数值函数
```

在 MATLAB 的运行窗口输入文件名:

```
eg3_3
```

运行结果如下:

```
f =
        x1^3 + 2 * x1^2 - x1 * x2^2 + 2 * x1 - 3 * x2 + 3
函数 f 的梯度表达式:
                        [   2  2 ]
                        [3x1 + 4x1 - x2 + 2]
                        [             ]
                        [ - 2 x1 x2  - 3]
函数 f 的海赛矩阵表达式:
                          [6x1 + 4        - 2 x2]
                          [                     ]
                          [ - 2x2         - 2 x1]
函数在 X1 = [1,1]T 的梯度向量:
dk1 =
        8       - 5
函数在 X1 = [1,1]T 的海赛矩阵:
Hk1 =
        10      - 2
        - 2     - 2
函数在 X1 = [4,2]T 的梯度向量:
dk2 =
        62      - 19
函数在 X1 = [4,2]T 的海赛矩阵:
Hk2 =
        28      - 4
        - 4     - 8
```

3.2 多元函数的泰勒展开式

3.2.1 函数的泰勒展开式

工程实际中,优化问题的目标函数常为多元非线性函数,性态复杂,因此常将目标函数在讨论点附近做泰勒(Taylor)展开,取展开式的一次项或二次项来逼近该点的函数性态,此时函数近似为线性或平方性态,具有较好的收敛性。

一元函数$f(x)$在点x^k处的泰勒展开式为

$$f(x) = f(x^k) + \frac{f'(x^k)}{1!}(x - x^k) + \frac{f''(x^k)}{2!}(x - x^k)^2 + \cdots + \frac{f^{(n)}(x^k)}{n!}(x - x^k)^n + R_n \tag{3-9}$$

在实际计算中,常忽略二阶以上的高阶微量,只取前三项,即

$$f(x) = f(x^k) + f'(x^k)(x - x^k) + \frac{1}{2}f''(x^k)(x - x^k)^2 \tag{3-10}$$

工程实际的目标函数常为多维问题,与一元函数类似,多元函数$f(\boldsymbol{x})$在某点$\boldsymbol{x}^k$邻域的泰勒展开式取前三项,即

$$f(\boldsymbol{x}) = f(\boldsymbol{x}^k) + f'(\boldsymbol{x}^k)^{\mathrm{T}}(\boldsymbol{x} - \boldsymbol{x}^k) + \frac{1}{2}(\boldsymbol{x} - \boldsymbol{x}^k)^{\mathrm{T}}\boldsymbol{H}(\boldsymbol{x}^k)(\boldsymbol{x} - \boldsymbol{x}^k) \tag{3-11}$$

式中 $\boldsymbol{H}(\boldsymbol{x}^k)$——$f(\boldsymbol{x})$在$\boldsymbol{x}^k$的海赛矩阵。

【例3-4】 求二维函数$f(\boldsymbol{x}) = x_1^3 + 2x_1^2 - x_1x_2^2 + 2x_1 - 3x_2 + 3$在点$\boldsymbol{x}^1 = [1,1]^{\mathrm{T}}$处的二阶泰勒展开式。

解 将$\boldsymbol{x}^1$代入$f(\boldsymbol{x}) = x_1^3 + 2x_1^2 - x_1x_2^2 + 2x_1 - 3x_2 + 3$,得

$$f(\boldsymbol{x}^1) = 1^3 + 2\times1^2 - 1\times1^2 + 2\times1 - 3\times1 + 3 = 4$$

$$\nabla f(\boldsymbol{x}^1) = \begin{bmatrix} 3x_1^2 + 4x_1 - x_2^2 + 2 \\ -2x_1x_2 - 3 \end{bmatrix}_{x^1} = \begin{bmatrix} 3\times1^2 + 4\times1 - 1^2 + 2 \\ -2\times1\times1 - 3 \end{bmatrix} = \begin{bmatrix} 8 \\ -5 \end{bmatrix}$$

$$H(\boldsymbol{x}^1) = \begin{bmatrix} 6x_1 + 4 & -2x_2 \\ -2x_2 & -2x_1 \end{bmatrix}_{x^1} = \begin{bmatrix} 6\times1 + 4 & -2\times1 \\ -2\times1 & -2\times1 \end{bmatrix} = \begin{bmatrix} 10 & -2 \\ -2 & -2 \end{bmatrix}$$

代入式(3-11)可得在$\boldsymbol{x}^1$点函数$f(\boldsymbol{x})$的二阶泰勒展开式为

$$\begin{aligned} f(\boldsymbol{x}) &= f(\boldsymbol{x}^k) + f'(\boldsymbol{x}^k)^{\mathrm{T}}(\boldsymbol{x} - \boldsymbol{x}^k) + \frac{1}{2}(\boldsymbol{x} - \boldsymbol{x}^k)^{\mathrm{T}}H(\boldsymbol{x}^k)(\boldsymbol{x} - \boldsymbol{x}^k) \\ &= 4 + [8\ \ -5]\left(\begin{bmatrix} x_1 \\ x_2 \end{bmatrix} - \begin{bmatrix} 1 \\ 1 \end{bmatrix}\right) + \frac{1}{2}([x_1\ x_2] - [1\ 1])\left(\begin{bmatrix} 10 & -2 \\ -2 & -2 \end{bmatrix}\right)\left(\begin{bmatrix} x_1 \\ x_2 \end{bmatrix} - \begin{bmatrix} 1 \\ 1 \end{bmatrix}\right) \\ &= 5x_1^2 - x_2^2 - 2x_1x_2 - x_2 + 3 \end{aligned}$$

通过上面例题可以发现,不论目标函数的形式如何,在讨论点邻域内目标函数都可以近似为二次函数。

3.2.2 函数泰勒展开式的M文件

泰勒展开式是一个函数表达式,在MATLAB中,所求得的展开式是一个符号变量。

【例3-5】 写出例3-4求二阶泰勒展开式的M文件。

解 在文件编辑器中编写 M 文件如下：

```
% 文件名 eg3_5.m
syms x1 x2                                          % 定义符号变量
f = x1^3 + 2 * x1^2 - x1 * x2^2 + 2 * x1 - 3 * x2 + 3; % 定义二维函数
                                                    % 计算函数的一阶偏导数
disp'函数 f 的梯度表达式:'
dx = jacobian(f)                                    % 计算函数 f 的梯度表达式
                                                    % 计算函数的二阶偏导数
dx1x1 = diff(f,x1,2);                               % 计算函数对 x1 的二阶偏导数
dx1x2 = diff(dx(1),x2);                             % 计算函数对 x1、x2 的二阶偏导数
dx2x1 = diff(dx(2),x1);                             % 计算函数对 x2、x1 的二阶偏导数
dx2x2 = diff(f,x2,2);                               % 计算函数对 x2 的二阶偏导数
disp'函数 f 的海赛矩阵表达式:'
H = [dx1x1 dx1x2;dx2x1 dx2x2];                      % 构成海赛矩阵
pretty(simplify(H));                                % 按照数学形式显示海赛矩阵
x1 = 1;x2 = 1;                                      % 赋值 x1 点
disp'函数在 X1 = [1,1]T 的函数值:'
fzhi = subs(f)                                      % 求函数值
disp'函数在 X1 = [1,1]T 的梯度向量:'
dk1 = subs(dx)                                      % 求梯度向量
disp'函数在 X1 = [1,1]T 的海赛矩阵:'
Hk1 = subs([dx1x1 dx1x2;dx2x1 dx2x2])               % 求海赛矩阵
                                                    % 求泰勒展开式
disp'函数在 X1 点的二阶泰勒展开式:'
syms x1 x2                                          % 定义符号函数
                                                    % 求泰勒展开式
fTaylor = fzhi + dk1 * [x1 -1;x2 -1] + 0.5 * [x1 -1,x2 -1] * Hk1 * [x1 -1;x2 -1];
pretty(simplify(fTaylor));                          % 泰勒展开式的简化和数学表达式
```

在 MATLAB 命令窗口输入文件名：

```
eg3_5
```

运行结果如下：

```
函数 f 的梯度表达式:
dx =
[ 3 * x1^2 + 4 * x1 - x2^2 + 2, -2 * x1 * x2 - 3]
函数 f 的海赛矩阵表达式:
                    [6x1 + 4    -2x2]
                    [               ]
                    [ -2x2     -2x1]
函数在 X1 = [1,1]T 的函数值:
fzhi =
    4
```

```
函数在 X1 = [1,1]T 的梯度向量:
dk1  =
     8      -5
函数在 X1 = [1,1]T 的海赛矩阵:
Hk1 =

       10       -2
       -2       -2
函数在 X1 点的二阶泰勒展开式:
               2   2
        3 - x2 + 5x1    - 2x1 x2  -  x2
```

说明:在用 MATLAB 求函数的泰勒展开式时,需要求函数的导数与海赛矩阵。本例在求解梯度矩阵时,用到雅可比函数,与例 3-3 略有不同,请读者仔细体会。

3.3 优化问题的极值条件

优化问题的极值条件是指使目标函数取得极小值时极值点所应满足的条件。

3.3.1 无约束优化问题的极值条件

无约束优化问题的极值条件可以参考高等数学中的极值条件给出。

对于一元函数:若目标函数$f(x)$的一阶导数$f'(x)$处处存在,则x^*成为极值点的必要条件是$f'(x^*)=0$。该条件仅仅表明了x^*是驻点,但该点究竟是否为极值点,或为极大值或极小值点,还要通过二阶导数$f''(x^*)$来判断。判断方式见表 3-1。

表 3-1　一元函数极值点条件

图例	$f(x)$ O x^* x	$f(x)$ O x^* x	$f(x)$ O x^* x
$f''(x^*)$值	$f''(x^*)<0$	$f''(x^*)>0$	$f''(x^*)=0$
结论	极小值点	极大值点	非极值点

与一元函数类似,可以推导多元函数有极值点的必要条件以及取得极值点的充分条件。

对于连续可微的多元函数$f(\boldsymbol{x})$,点$\boldsymbol{x}^*=[x_1^*,x_1^*,\cdots,x_1^*]^{\mathrm{T}}$为极值点的必要条件是:其梯度向量为零向量,即

$$\nabla f(\boldsymbol{x}^*)=\left[\frac{\partial f(\boldsymbol{x}^*)}{\partial x_1},\frac{\partial f(\boldsymbol{x}^*)}{\partial x_2},\dots,\frac{\partial f(\boldsymbol{x}^*)}{\partial x_n}\right]^{\mathrm{T}}=0 \qquad (3-12)$$

点$\boldsymbol{x}^*$为极值点的充分条件是:若点$\boldsymbol{x}^*$的二阶偏导数矩阵(海赛矩阵)$H(\boldsymbol{x}^*)$是正定

的,则 $\boldsymbol{x}^*$ 是极小值点;若点 $\boldsymbol{x}^*$ 的二阶偏导数矩阵是负定的,则 $\boldsymbol{x}^*$ 是极大值点。

3.3.2 有约束优化问题的极值条件

约束优化问题

$$\min f(\boldsymbol{x})$$
$$\text{s.t.} \quad g_u(\boldsymbol{x}) \geqslant 0 \quad (u = 1,2,\cdots,p)$$
$$h_v(\boldsymbol{x}) = 0 \quad (v = 1,2,\cdots,q)$$

的极值点,指在满足约束条件下,可使目标函数值取得最小的条件。

在优化问题中,极值点可能正好在约束可行域内(图 3-3(a)),但工程实际中大多数情况下,极值点在可行域之外。此时无约束优化问题的极值点 $\boldsymbol{x}^*$ 与有约束优化问题的极值点 $\boldsymbol{x}'^*$ 不重合(图 3-3(b))。

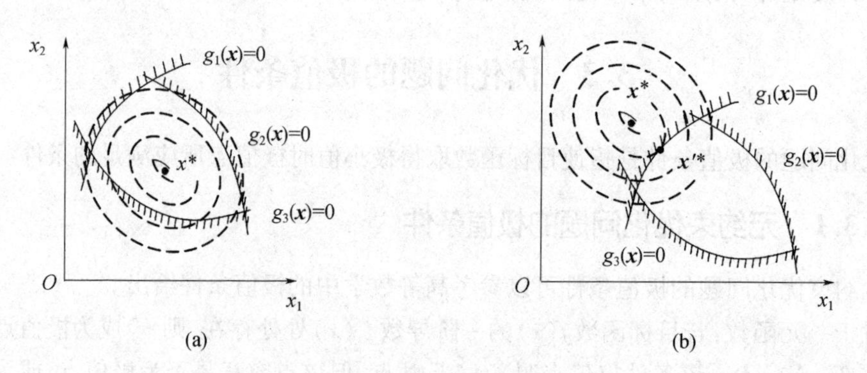

图 3-3 约束优化问题最优点

(a) 无约束最优点在可行域内;(b)无约束最优点不在可行域内。

因此,约束优化问题比无约束优化问题更为复杂,约束最优点不仅与目标函数本身性质有关,还与约束函数的性质有关。

通常,判断一个点 $\boldsymbol{x}^*$ 是否为约束优化问题的最优点,采用的是库恩-塔克(Kuhn-Tucker)条件(简称 K-T 条件)。

库恩-塔克条件的内容如下:

设 $\boldsymbol{x}^* = [x_1^*, x_1^*, \cdots, x_1^*]^{\mathrm{T}}$ 为非线性规划问题

$$\min f(\boldsymbol{x}) \tag{3-13}$$
$$\text{s.t.} \quad g_u(\boldsymbol{x}) \geqslant 0 \quad (u = 1,2,\cdots,p)$$

的某一点,且在全部约束中共有 k 各条件为适时约束(起作用约束),且在 $\boldsymbol{x}^*$ 处,各适时约束的梯度线性无关,则 $\boldsymbol{x}^*$ 成为约束极小点的必要条件是

$$-\nabla f(\boldsymbol{x}^*) = \sum_{j=1}^{k} \mu_j \nabla g_j(\boldsymbol{x}^*) \quad \mu_j \geqslant 0 \tag{3-14}$$

该条件的几何解释:在约束极小值点 $\boldsymbol{x}^*$ 处函数 $f(\boldsymbol{x})$ 的负梯度一定能表示成所有起作用约束在该点梯度(法向量)的非负线性组合。详细分析见表 3-2。

表 3-2 K-T 条件解释表

图例		
函数最速下降方向	$-\nabla f(\boldsymbol{x}^1)$	$-\nabla f(\boldsymbol{x}^2)$
约束面切线方向	$\boldsymbol{S}$	$\boldsymbol{S}$
约束函数梯度方向	$\nabla g(\boldsymbol{x}^1)$	$\nabla g(\boldsymbol{x}^2)$
梯度在 $\boldsymbol{S}$ 上的投影	$\Vert \nabla f(x^1) \Vert \cos\theta \neq 0$	$\Vert \nabla f(x^2) \Vert \cos\pi/2 = 0$
说明	沿约束面移动 $\boldsymbol{x}^1$，函数值继续下降，$\boldsymbol{x}^1$ 不稳，非约束极值点	$\boldsymbol{x}^2$ 稳定，沿约束面移动 $\boldsymbol{x}^2$，函数值不再会下降，$\boldsymbol{x}^2$ 是约束极值点
$\nabla g(\boldsymbol{x})$ 与 $-\nabla f(\boldsymbol{x})$ 的关系	$\nabla g(\boldsymbol{x}^1)$ 与 $-\nabla f(\boldsymbol{x}^1)$ 不在一个方向上	$\nabla g(\boldsymbol{x}^2)$ 与 $-\nabla f(\boldsymbol{x}^2)$ 重合，即 $-\nabla f(\boldsymbol{x}^2) = \nabla g(\boldsymbol{x}^2)$（是 K-T 条件中 $\mu=0, i=1$ 的情况

如图 3-4 所示，在可行域边界上有两点 $\boldsymbol{x}^1$ 和 $\boldsymbol{x}^2$。$\boldsymbol{x}^1$ 点处起作用约束为 $g_2(\boldsymbol{x})$，其梯度方向 $\nabla g_2(\boldsymbol{x}^1)$ 如图所示，而该点处目标函数的负梯度方向 $-\nabla f(\boldsymbol{x}^1)$ 如图所示，显然 $-\nabla f(\boldsymbol{x}^1) \neq \nabla g_2(\boldsymbol{x}^1)$，也即 $\boldsymbol{x}^1$ 点不满足 K-T 条件。从图上也可以看出，从 $\boldsymbol{x}^1$ 点，沿着约束面方向移动变量 $\boldsymbol{x}$，函数值会下降，因此 $\boldsymbol{x}^1$ 不是极值点。$\boldsymbol{x}^2$ 点处起作用约束为 $g_2(\boldsymbol{x})$ 和 $g_3(\boldsymbol{x})$。在图中，目标函数该点处的负梯度方向 $-\nabla f(\boldsymbol{x}^2)$ 是约束函数梯度 $\nabla g_2(\boldsymbol{x}^2)$ 和 $\nabla g_3(\boldsymbol{x}^2)$ 的非负线性组合，符合 K-T 条件。同时，在图中也注意到，图中 $\boldsymbol{x}^2$ 点附近的可行域内不存在目标函数值比 $f(\boldsymbol{x}^2)$ 更小的设计点。因此 $\boldsymbol{x}^2$ 就是约束极值点。

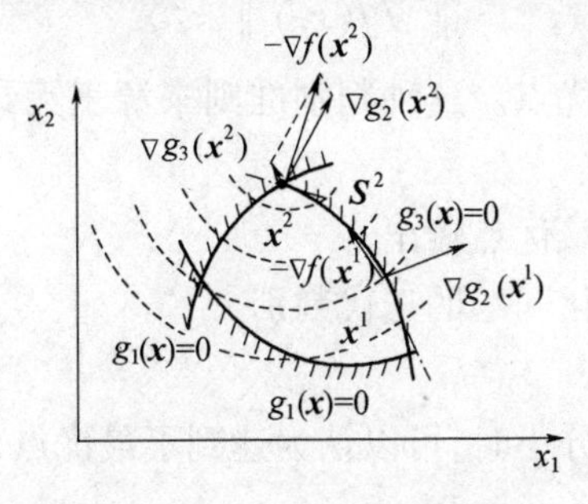

图 3-4 K-T 条件示意图

K-T 条件在约束优化问题中有着重要的意义：该条件可以作为约束优化问题的收敛条件，以此来判断某个点 $\boldsymbol{x}^k$ 是否是约束极值点。

3.4 优化问题的迭代算法及收敛条件

3.4.1 优化问题的迭代算法

优化问题求解方法有解析法和数值迭代法两类。随着计算机技术的发展,数值迭代算法逐渐占据了主要地位。其基本思想是:从某一初始点出发,根据目标函数的变化规律,沿着本次迭代方向,以适当的步长向前探索,寻找到函数值下降的一个新点,如此反复,逐步逼近最优点。可以概括为:步步逼近,步步下降。

数值迭代算法用公式可以写为

$$x^{k+1} = x^k + \lambda_k d^k \tag{3-15}$$

式中 x^{k+1}——第$(k+1)$次迭代点;

x^k——第 k 次迭代点;

λ_k——第 k 次迭代步长;

d^k——第 k 次迭代搜索方向。

以二维问题为例,迭代算法的搜索过程如图 3-5 所示。

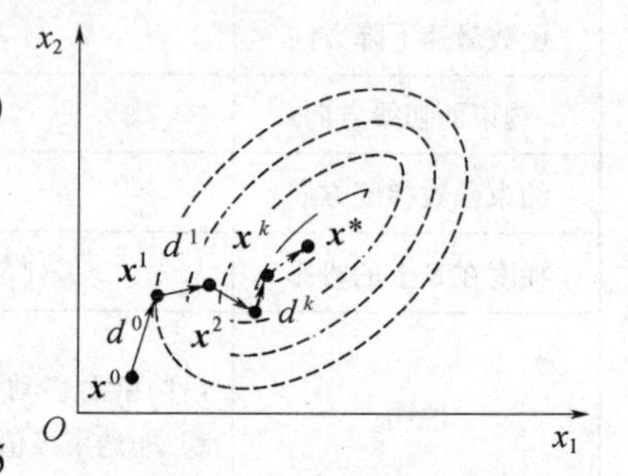

图 3-5 迭代过程示意图

3.4.2 优化问题的收敛条件

理论上说,任何一种迭代算法经过无穷次迭代后,必然收敛于最优点,即

$$\lim_{k\to\infty} x^k = x^* \tag{3-16}$$

在实际工程计算中,不可能也不必要进行无穷次迭代计算,通常只要迭代点接近极小点,就认为已经找到了最优点。那么判断可以终止迭代计算的准则,就是优化问题的收敛准则。在实际中常用的收敛准则有以下三类。

1. 梯度准则

当某次迭代点的目标函数梯度的模充分小时,即

$$\| \nabla f(x^k) \| \leqslant \varepsilon_1 \tag{3-17}$$

便可认为已经达到了最优点。这种判别准则来源于无约束优化问题的极值条件,因此,该准则存在以下两个缺点:

(1) 有可能把驻点当做最优点输出;

(2) 仅适用于无约束优化问题的迭代判别。

2. 点距准则

当相邻两点之间距离充分小时,可以认为达到了最优点,即

$$\| x^{k+1} - x^k \| \leqslant \varepsilon_2 \tag{3-18}$$

这种判别准则在一些约束优化方法中使用较多,但它有一定的局限性。如图 3-6 所示(以一维问题为例),若目标函数值在某个区域变化剧烈,式(3-18)虽然满足,但实际求得的最优解 $f(x^{k+1})$ 与真正最优解 $f(x^*)$ 还有一定距离。

3. 函数值下降准则

在极值点 $\boldsymbol{x}^*$ 很小的邻域内,函数值变化很小。因此,当相邻两点目标函数值之差充分小时,可认为达到了最优点。

$$|f(\boldsymbol{x}^{k+1})-f(\boldsymbol{x}^k)|\leqslant\varepsilon_3 \tag{3-19}$$

也可以用相对值判断

$$\frac{|f(\boldsymbol{x}^{k+1})-f(\boldsymbol{x}^k)|}{|f(\boldsymbol{x}^k)|}\leqslant\varepsilon_4 \tag{3-20}$$

这个准则计算比较简单,但也存在缺陷。如图 3-7 所示(以一维问题为例),若目标函数值在某个区域变化缓慢,计算时就容易认定式(3-19)和式(3-20)已满足,从而过早地停止迭代计算,无法准确确定最优点。

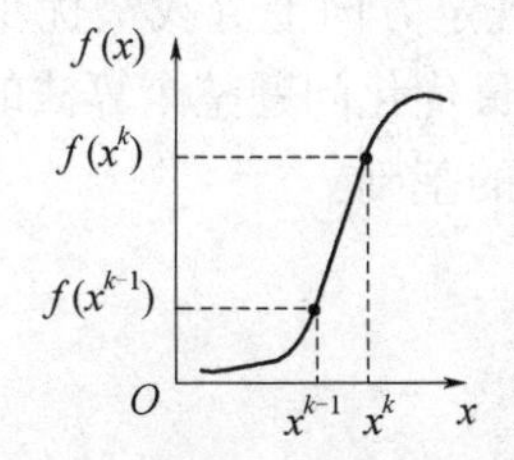

图 3-6　点距准则可能出现的问题

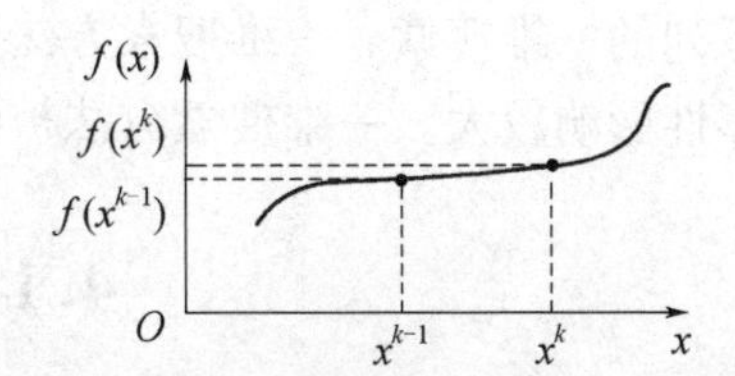

图 3-7　函数值下降准则可能存在的问题

以上三类准则在一定程度上反映了设计点收敛于极值点的特点,但如上分析又各有局限性。在工程实际问题中,常常将点距准则和函数值下降准则联合使用,可以取得较为理想的效果。

此外,在实际应用中还常需要设置一些特殊的终止准则,如分母为零检测,根号下数值为负,迭代次数限制等。

习　题

3-1　分别用解析法和 MATLAB 的 M 文件两种方法,求下列函数的梯度、海赛矩阵及在 $\boldsymbol{x}^0$ 的泰勒展开式。

(1) $f(\boldsymbol{x})=x_1^2-x_2+5, x^0=[1,1]^{\mathrm{T}}$

(2) $f(\boldsymbol{x})=(x_1+x_2^2-7)^2+(x_1^2+x_2-11)^2, \boldsymbol{x}^0=[2,2]^{\mathrm{T}}$

(3) $f(\boldsymbol{x})=x_1^2+x_1x_2+x_1^2-60x_1-3x_2, \boldsymbol{x}^0=[39,-18]^{\mathrm{T}}$

3-2　优化问题的极值条件有哪些?对无约束优化问题用什么条件检验?对约束优化问题又用什么条件检验?

第4章　一维搜索方法

求解一维目标函数$f(x)$最优解的过程称为一维搜索或者一维优化。一维搜索方法也称一维最优化方法,它是优化方法中最简单和最基本的方法。

一维搜索方法基本思想是:在极小点所在的目标区间内,根据一定的原理不断缩小搜索区间,直至搜索区间缩小到极小点附近的极小区域内。

在求多维目标函数的极值点时,大多数方法为了在既定方向上寻找最优步长也要进行一系列的一维搜索。一维搜索方法的效率和稳定性对最优化问题整个算法的收敛速度和可靠性影响较大。一维搜索方法被视为多维优化方法的基础。

4.1　加速步长法

4.1.1　加速步长法原理

一维搜索方法的首要问题是寻找包含有极小点的区间。首先引入单谷函数的概念。

设一维函数$f(x)$在区间$[a,b]$内存在极小点x^*,如果在区间$[a,b]$内任取两点x_1和$x_2(x_1<x_2)$,且有$f(x^*)<f(x_1)(x_1>x^*)$和$f(x^*)<f(x_2)(x_2\geqslant x^*)$,则称函数$f(x)$是区间$[a,b]$内的单谷函数。区间$[a,b]$为函数$f(x)$的单谷区间,如图4-1所示,函数$f(x)$在单谷区间内只有一个极小点,函数值呈"高—低—高"规律。

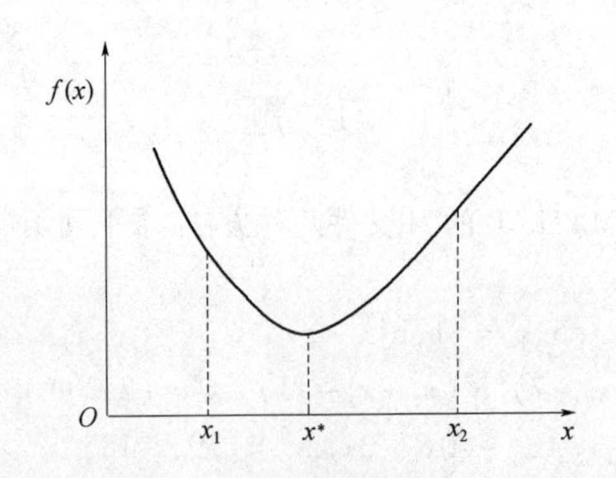

图4-1　含有极小值的单谷区间

加速步长法是利用试探的方来确定单谷函数的初始搜索区间。其主要思路是:从一点出发,按照一定的步长,试图确定出函数值呈现"高—低—高"规律的相邻三点。先从一个方向去试探搜索,如不成功,则沿反方向探索。如方向正确,则加大步长进行探索。直至最终确定三点x_1、x_2、x_3,满足$x_1<x_2<x_3$,但$f(x_1)>f(x_2)<f(x_3)$。

4.1.2　加速步长法流程

加速步长法的具体步骤如下：

(1) 确定初始点 x_1 和初始步长 h_0。

(2) 比较初始点 x_1 和前进点 x_2 的函数值。

已知 $x_2 = x_1 + h, f(x_2) = f(x_1 + h)$，比较 $f(x_1)$ 和 $f(x_2)$ 的大小。

(1) 如图 4-2 所示，$f(x_1) > f(x_2)$，则极小点在 $f(x_2)$ 的右侧，证明搜索方向正确，步长加倍，继续向前搜索，$x_3 = x_2 + 2h$，比较 $f(x_2)$ 和 $f(x_3)$。如 $f(x_2) > f(x_3)$，则步长再加倍继续搜索，$x_4 = x_3 + 4h$。比较 $f(x_3)$ 和 $f(x_4)$……

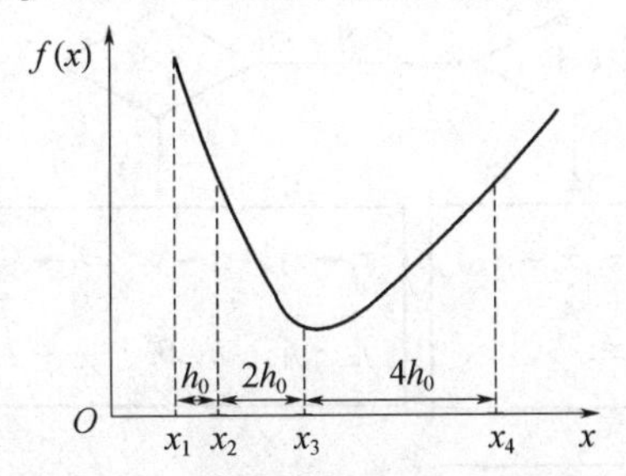

图 4-2　加速步长法(前进搜索)

比较 $f(x_{k-1})$ 和 $f(x_k)$ 的函数值，直到 $f(x_{k-1}) < f(x_k)$，即得到 x_k 点函数值刚刚变为增加。得到三点 $x_{k-2} < x_{k-1} < x_k$，函数值呈现“高—低—高”规律，即 $f(x_{k-2}) > f(x_{k-1})$，$f(x_{k-1}) < f(x_k)$。可见，极小值点必然在 $[x_{k-2}, x_k]$ 之间。

(2) 如图 4-3 所示，$f(x_1) < f(x_2)$，则极小点在 $f(x_2)$ 的左侧，证明搜索方向错了，应当后退搜索。

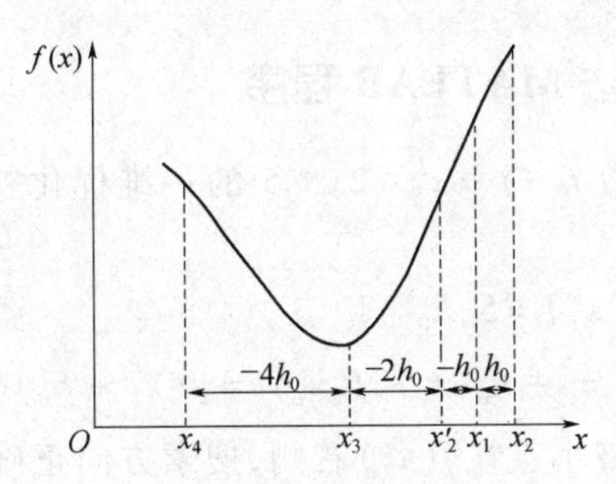

图 4-3　加速步长法(后退搜索)

仍然以 x_1 点为初始点，步长取负值，即 $x'_2 = x_1 - h_0$。如果 $f(x'_2) < f(x_1)$，证明搜索方向正确，则步长加倍继续搜索。$x_3 = x'_2 - 2h_0$，比较 $f(x_3)$ 和 $f(x'_2)$。如果仍有 $f(x_3) < f(x'_2)$，则步长再加倍同方向继续搜索……

比较 $f(x_{k-1})$ 和 $f(x_k)$ 的函数值，直到 $f(x_{k-1}) < f(x_k)$，即得到 x_k 点函数值刚刚变为增加。得到三点 $x_{k-2} > x_{k-1} > x_k$，函数值呈现“高—低—高”规律，即 $f(x_{k-2}) > f(x_{k-1})$，$f(x_{k-1}) < f(x_k)$。可见，极小值点必然在 $[x_k, x_{k-2}]$ 之间。

(3) 如 $f(x_1) = f(x_2)$，则极小点在 $[x_1, x_2]$ 之间，$[x_1, x_2]$ 为搜索区间。通常为了

简化程序，将这种情况合在(1)或(2)中考虑即可。

加速步长法程序流程框图如图 4-4 所示。

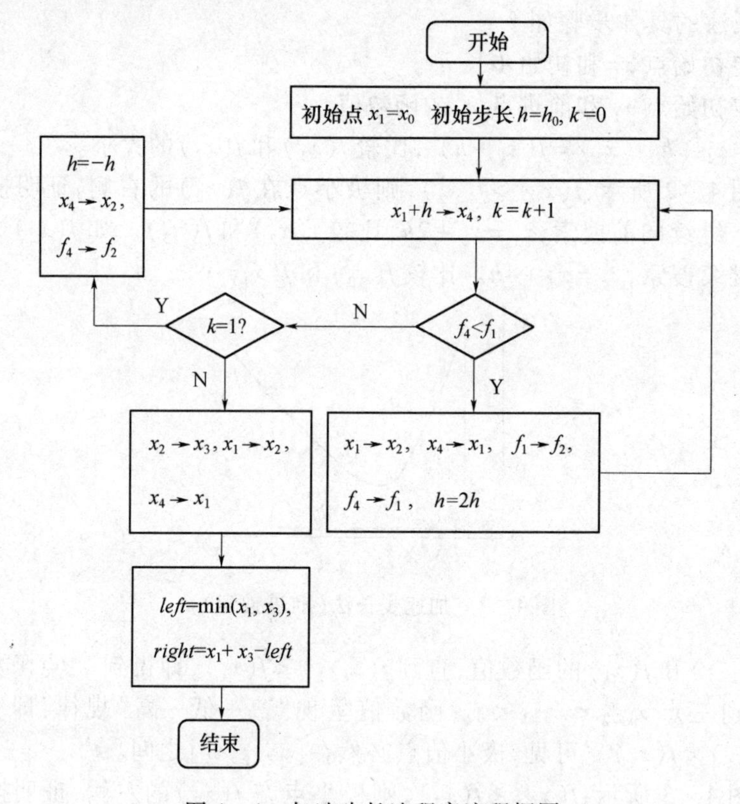

图 4-4 加速步长法程序流程框图

4.1.3 加速步长法 MATLAB 程序

【例 4-1】 试求函数 $f(x)=x^3-2x+5$ 的一维优化初始搜索区间。设初始点 $x_1=0$，初始步长 $h_0=1$。

解 解法一：$x_1=0, f(x_1)=5, h_0=1$

$$x_2 = x_1 + h_0 = 1, f(x_2) = f(x_1 + h_0) = 4$$

因为 $f(x_2)<f(x_1)$，极小点在 $f(x_2)$ 右侧，搜索方向正确，搜索继续。

$$x_3 = x_2 + 2h_0 = 3, f(x_3) = 26$$

由 $f(x_2)<f(x_3)$，得出初始区间为$[0,3]$。

解法二：用 MATLAB 解本题。在 MATLAB 的 M 文件编辑器中编写加速步长法 M 文件如下：

```
% 加速步长法 M 文件,文件名:eg4_1.m。
function [left, right] = eg4_1 (f,x0,h0) % [left,right]为目标函数取包含极值的区间
x1 = x0;
k = 0;
h = h0;
```

```
while 1
    x4 = x1 + h;
    k = k +1;
    f4 = subs(f, findsym(f),x4);
    f1 = subs(f, findsym(f),x1);
    if f4 < f1
        x2 = x1;
        x1 = x4;
        f2 = f1;
        f1 = f4;
        h = 2 * h;
    else
        if k = =1
            h = -h;
            x2 = x4;
            f2 = f4;
        else
            x3 = x2;
            x2 = x1;
            x1 = x4;
            break;
        end
    end
end

left = min(x1,x3);
right = x1 + x3 - left;
```

在 MATLAB 的 Command Window 中输入如下语句：

```
syms t;
f = t^3 -2 * t +5;
[left,right] = eg4_1(f,0,1)
```

运行结果如下：

```
left =0
right =3
```

由结果可知，手工计算与 Matlab 程序运算结果相同。

4.2 区间消去原理

在函数$f(x)$的已知区间$[a,b]$内，任选两点x_1和$x_2(x_1<x_2)$，并比较这两个点上的函数值。因为函数为单谷函数，则有：

情况1：如$f(x_1)\geqslant f(x_2)$，则极小点必在区间$[x_1,b]$内，可消去区间$[a,x_1]$，如图4-5(a)所示。

情况 2：如 $f(x_1)<f(x_2)$，则极小点必在区间 $[a,x_2]$ 内，可消去区间 $[x_2,b]$，如图 4-5(b)所示。

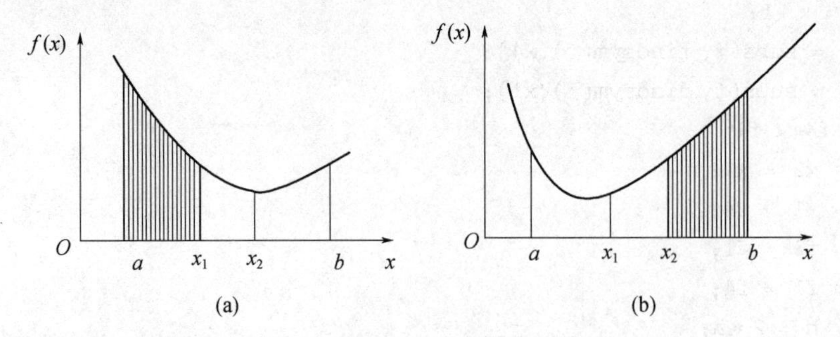

图 4-5　区间消去原理

(a) 情况 1；(b) 情况 2。

只要引入任意两个中间插入点就可将区间缩小一次。不断重复上述过程，就可以将包含极小点的区间逐渐缩小。当区间长度 $|b-a|$ 小于给定精度 ε 时，便可得到近似最优解。

不同的中间插入点所产生的区间缩小效果是不同的。区间舍去部分和保留部分的比例是不同的，得到极小点的速度也是不同的。

4.3　黄金分割法

黄金分割法又称 0.618 法，是一种等比例缩小区间的直接搜索方法，适用于单谷函数的求极小值问题。

4.3.1　黄金分割法原理

"黄金分割"是指将一段线段分为长短两部分，较长部分的长度与总长的比值等于较短部分的长度与较长部分的长度的比值。在函数 $f(x)$ 的已知区间 $[a,b]$ 内搜索区间适当插入两点 x_1 和 $x_2(x_1<x_2)$，得到其函数值 $f(x_1)$ 和 $f(x_2)$。两个插入点将区间分割成三段。黄金分割法要求插入点 x_1 和 x_2 的位置相对于区间 $[a,b]$ 具有对称性，即 $|ax_2|=|x_1b|$，$|ax_1|=|x_2b|$，如图 4-6 所示。

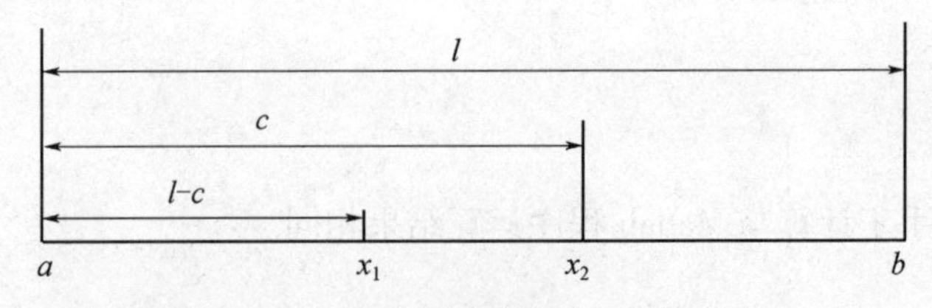

图 4-6　黄金分割法各部分的几何关系

设 $|ab|=l$，$|ax_2|=|x_1b|=c$，则 $|ax_1|=|x_2b|=l-c$。

已知 x_2 点将线段 $\overline{ab}$ 分为 $\overline{ax_2}$ 和 $\overline{x_2b}$ 两部分，若 $\frac{|ax_2|}{|ab|}=\frac{|x_2b|}{|ax_2|}$，则有

$$\frac{c}{l}=\frac{l-c}{c} \tag{4-1}$$

设$\frac{c}{l}=\lambda$,代入式(4-1),得

$$\lambda^2+\lambda-1=0$$

求解可得合理根为

$$\lambda=\frac{\sqrt{5}-1}{2}\approx 0.618$$

$\lambda(\lambda\approx 0.618)$称为黄金分割比,$x_2$ 是线段$\overline{ab}$的黄金分割点。

$$x_2=a+0.618(b-a) \tag{4-2}$$

$$x_1=a+0.382(b-a) \tag{4-3}$$

黄金分割法每一次缩短区间都是取相同的区间缩短率 $\lambda(\lambda\approx 0.618)$。每次缩小区间后,新搜索区间是原区间的0.618倍,消去的区间是原区间的0.382倍。

比较$f(x_1)$和$f(x_2)$,根据区间消去原理来逐步缩小搜索区间:

(1) 如$f(x_1)<f(x_2)$(图4-7(a)),则新的搜索区间是$[a,x_2]$。

已知 x_1 和 x_2 的位置相对于区间$[a,b]$具有对称性,$\frac{c}{l}=\frac{l-c}{c}=\lambda$,可知

$$\frac{|ax_1|}{|ax_2|}=\frac{l-c}{c}=\lambda$$

x_1 点则是线段$\overline{ax_2}$的黄金分割点。

(2) 如$f(x_1)>f(x_2)$(图4-7(b)),则新的搜索区间是$[x_1,b]$。

由于$\frac{|x_1x_2|}{|x_1b|}=\frac{2c-l}{c}\approx 0.382$,可知 x_2 点则是线段$\overline{x_1b}$的黄金分割点的对称点。

可以看出,只有初始区间需要确定两个插入点的函数值。在后续的迭代过程中,无论新搜索区间在哪一段,都只需要计算一个新点的函数值。

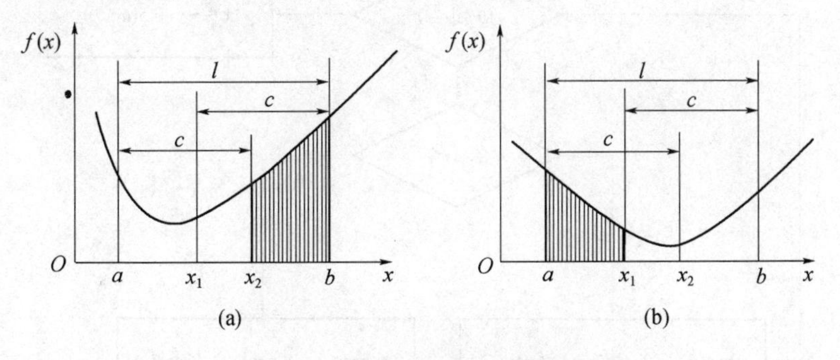

图4-7 黄金分割法的区间消去

(a) $f(x_1)<f(x_2)$;(b)$f(x_1)>f(x_2)$。

4.3.2 黄金分割法流程

黄金分割法的计算步骤:

要满足迭代精度ε,区间缩短次数 k 必须满足

$$0.618^k(b-a)\leqslant\varepsilon$$

$$k \geqslant \frac{\ln[\varepsilon/(b-a)]}{\ln 0.618} \tag{4-4}$$

（1）确定初始区间$[a,b]$和收敛精度ε。

（2）在初始区间内选取两内点x_1和$x_2(x_1<x_2)$，并计算函数值$f(x_1)$和$f(x_2)$。

$$x_1 = a + 0.382(b-a), x_2 = a + 0.618(b-a)$$

（3）比较$f(x_1)$和$f(x_2)$，缩小搜索区间。

① 若$f(x_1) \leqslant f(x_2)$，则新搜索区是$[a,x_2]$。置$x_2 = x_1, b = x_2$，求新搜索区间的插入点$x_1 = a + 0.382(b-a)$。

② 若$f(x_1) > f(x_2)$，则新搜索区是$[x_1,b]$。置$a = x_1, x_1 = x_2$，求新搜索区的插入点$x_2 = a + 0.618(b-a)$。

（4）迭代终止条件检验。

若$b-a<\varepsilon$，得出最优解$x^* = \dfrac{a+b}{2}$，并计算$f(x^*)$；否则，返回步骤(3)。

黄金分割法程序流程框图如图4-8所示。

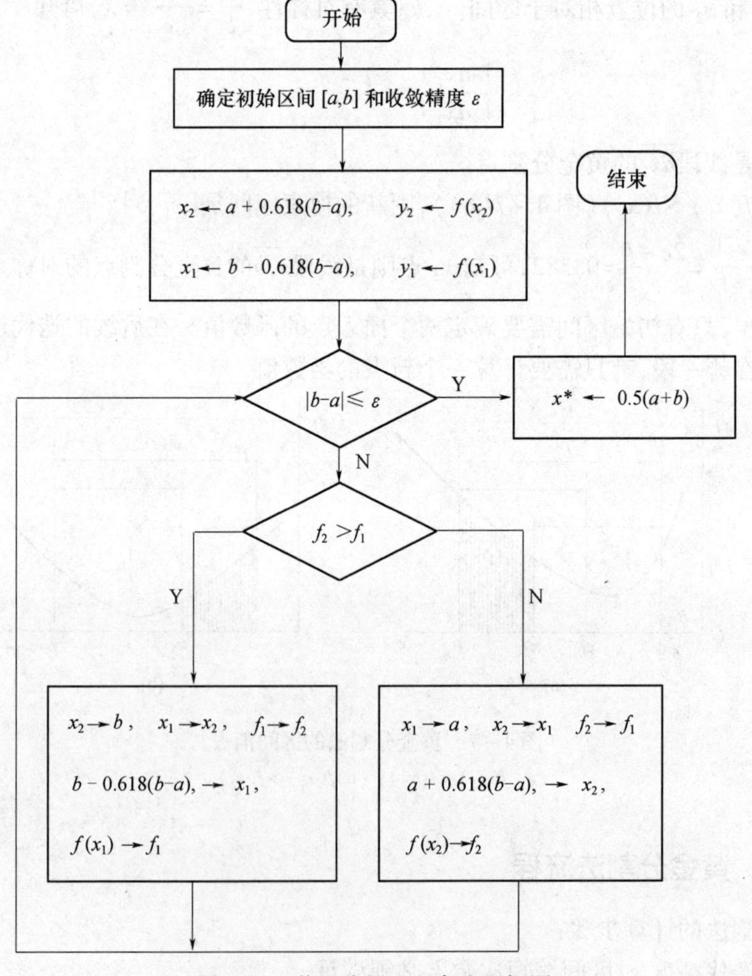

图4-8 黄金分割法程序流程框图

【例 4-2】 利用黄金分割法求解函数 $f(x)=x^3-2x+5$ 的极小点,初始区间为[0,3],迭代精度 $\varepsilon=0.3$。

解 方法一:解析法求解。

已知初始区间为[0,3],迭代精度 $\varepsilon=0.3$。

利用导数求极限,$f'(x)=2x^2-2$。

令 $f'(x)=0$,则可得最优解 $x^*=\sqrt{2/3}\approx 0.816$,$f(x^*)=3.912$。

方法二:用黄金分割法求解。

区间端点函数值:$f(0)=5$,$f(3)=26$。

在初始区间[0,3]中确定插入点并计算其函数值。

$$x_1=a+0.382(b-a)=1.146,f(x_1)=f(1.146)=4.213$$

$$x_2=a+0.618(b-a)=1.854,f(x_2)=f(1.854)=7.665$$

以后各次迭代的函数点及函数值见表 4-1。

表 4-1 例 4-2 运算过程

迭代次数	左端点 a	右端点 b	内点 x_1	内点 x_2	$f(x_1)$	比较	$f(x_2)$
1	0	3	1.146	1.854	4.213	<	7.665
2	0	1.854	0.7082	1.146	3.9388	<	4.2131
3	0	1.146	0.4378	0.7082	4.2084	>	3.9388
4	0.4378	1.146	0.7082	0.8755	3.9388	>	3.9201
5	0.7082	1.146	0.8755	0.9788	3.9201	<	3.9801
6	0.7082	0.9788	0.8116	0.8755	3.9114	<	3.9201
7	0.7082	0.8755	0.7721	0.8116	3.9161	>	3.9114
8	0.7721	0.8755	0.8116	0.8360	3.9114	<	3.9123

最后可得 $x^*=(a+b)/2=(0.7721+0.8755)/2=0.8238$,$f(x^*)=3.9121$,与解析解相差无几。

方法三:在 MATLAB 的 M 文件编辑器中编写 M 文件,并求解

```
% 文件名 eg4_2.m
clear
f = inline('x^3 -2 * x +5','x');
a = 0;b = 3;epsilon = 0.3;                    % 搜索区间和收敛精度
x1 = b - 0.618 * (b - a);f1 = f(x1);          % 计算第一个内点,并求函数值
x2 = a + 0.618 * (b - a);f2 = f(x2);          % 计算第二个内点,并求函数值
for k = 1:7
    fprintf(1,'       迭代次数   k = % 3.0f \n',k)
    if f1 < f2
        b = x2;x2 = x1;f2 = f1;
        x1 = b - 0.618 * (b - a);f1 = f(x1);
    else
        a = x1;x1 = x2;f1 = f2;
        x2 = a + 0.618 * (b - a);f2 = f(x2);
```

```
    end
    x=0.5*(b+a);
    fprintf(1,'      迭代区间-左端 a=% 3.4f \n',a)
    fprintf(1,'       试点1坐标值 x1=% 3.4f \n',x1)
    fprintf(1,'           函数值 f1=% 3.4f \n',f(x1))
    fprintf(1,'      迭代区间-右端 b=% 3.4f \n',b)
    fprintf(1,'       试点2坐标值 x2=% 3.4f \n',x2)
    fprintf(1,'           函数值 f2=% 3.4f \n',f(x2))
    fprintf(1,'         区间中点 x=% 3.4f \n',x)
    disp''
end
```

在 MATLAB 的 Command Window 中输入如下命令并运行

```
eg4_2
```

运行结果如下(以下摘写部分结果)

```
迭代次数    k=7
     迭代区间-左端 a= 0.7721
      试点1坐标值 x1= 0.8116
          函数值 f1= 3.9114
     迭代区间-右端 b= 0.8755
      试点2坐标值 x2= 0.8360
          函数值 f2= 3.9123
        区间中点 x= 0.8238
```

【例 4-3】 已知某汽车行驶速度 v 与每千米耗油量值的函数关系为 $f(v)=v+25/v$,试用黄金分割法法确定速度 v 为 0.1km/min ~1.5km/min 时的最经济速度 v^*。取精度 $\varepsilon=0.01$。

解 本题实质是一维求优问题,目标函数就是给出的速度与每千米耗油量的关系式,设计变量就是汽车的行驶速度,搜索区间就是 0.1 ~1.5。在 MATLAB 文件编辑器中编写 M 文件如下:

```
% 文件名 eg4_3
f=inline('x+25/x','x');          % 目标函数
a=0.1;b=1.5;epsilon=0.01;  % 搜索区间和收敛精度
x1=b-0.618*(b-a);f1=f(x1);
x2=a+0.618*(b-a);f2=f(x2);
k=1;
while abs(b-a)>=epsilon
    fprintf(1,'      迭代次数    k=% 3.0f \n',k)
    if f1<f2
        b=x2;x2=x1;f2=f1;
        x1=b-0.618*(b-a);f1=f(x1);
    else
        a=x1;x1=x2;f1=f2;
        x2=a+0.618*(b-a);f2=f(x2);
    end
```

```
    x=0.5*(b+a);
    k=k+1;
end
fprintf(1,'      最经济速度 v=% 3.4f\n',(a+b)/2)
fprintf(1,'      此时耗油量 f=% 3.4f\n',f((a+b)/2))
```

在 MATLAB 的 Command Window 中输入如下命令并运行：

```
Eg4_3
```

运行结果如下：

```
最经济速度 v = 1.4965
此时耗油量 f = 18.2023
```

4.4 二次插值法

二次插值法又称三点二次曲线拟合法或抛物线法，其基本思想：利用目标函数$f(x)$上极小点附近若干点的函数值来构造一个与原函数相近的插值函数$p(x)$。如图4-9所示，以插值函数$p(x)$的最优解作为目标函数$f(x)$最优解的一种近似解。二次插值法是以插值函数$p(x)$的极小点作为新的中间插入点，多次迭代，逐步缩小区间。其计算相对简单，且具有一定的计算精度。

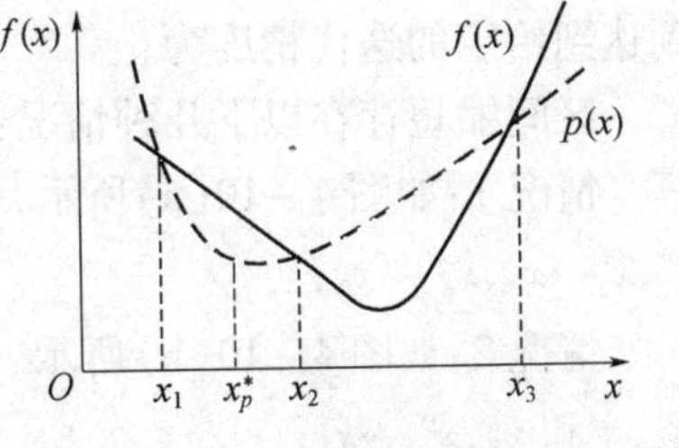

图4-9 二次插值法示意图

4.4.1 二次插值法基本原理

在目标函数$f(x)$初始区间内，有x_1、x_2、x_3三点，且$f(x_1)>f(x_2)$，$f(x_2)<f(x_3)$。过三点拟合一条二次曲线$p(x)$，即

$$p(x) = ax^2 + bx + c \tag{4-5}$$

式中 a、b、c——待定系数。

利用抛物线$p(x)$的极小点来近似函数$f(x)$的极小点。采用解析法，有

$$p'(x) = 2ax + b = 0 \tag{4-6}$$

可解得

$$x_p^* = -b/2a \tag{4-7}$$

将x_1、x_2、x_3三点代入$p(x)$，得

$$\begin{cases} p(x_1) = ax_1^2 + bx_1 + c \\ p(x_2) = ax_2^2 + bx_2 + c \\ p(x_3) = ax_3^2 + bx_3 + c \end{cases}$$

解方程组，可求得a和b，并代入式(4-7)，得

$$x_p^* = -\frac{b}{2a} = -\frac{(x_2^2 - x_3^2)f(x_1) + (x_3^2 - x_1^2)f(x_2) + (x_1^2 - x_2^2)f(x_3)}{2[(x_2 - x_3)f(x_1) + (x_3 - x_1)f(x_2) + (x_2 - x_3)f(x_1)]} \tag{4-8}$$

为简化运算，令

$$c_1 = \frac{f(x_3) - f(x_1)}{x_3 - x_1},\ c_2 = \frac{(f(x_2) - f(x_1))/(x_2 - x_1) - c_1}{x_2 - x_1} \tag{4-9}$$

式(4-8)可简化为

$$x_p^* = \frac{1}{2}\left(x_1 + x_3 + \frac{c_1}{c_2}\right) \tag{4-10}$$

通常情况下,插值函数 $p(x)$ 的极小点 x_p^* 作为函数 $f(x)$ 的极小点 x^* 的近似值还不能满足精度要求,所以需要利用区间消去原理缩短搜索区间。

4.4.2 二次插值法流程

缩短搜索区间的原则和方法:要从 x_1、x_2、x_3 和 x_p^* 四点中选出三点,作为新的 x_1、x_2、x_3 三点。选取的原则是:比较 $f(x_2)$ 和 $f(x_p^*)$ 的函数值,以函数值较小的点作为新的 x_2 点,其左右相邻点作为新的 x_1 和 x_3 点。以新的 x_1、x_2、x_3 三点构造一条新的抛物线 $p(x)$ 来逼近 $f(x)$。把新的 x_1、x_2、x_3 代入式(4-7),可得到一个新的估值点 x_{p2}^*。如此反复,直到达到给定的迭代精度为止。

区间缩短存在以下几种情况:

情况1:如图4-10(a)所示,$x_p^* \leqslant x_2$,$f(x_p^*) \leqslant f(x_2)$,缩小后的新区间为 $[x_1, x_2]$,保留 x_1,$x_2 \to x_3$,$x_p^* \to x_2$;

情况2:如图4-10(b)所示,$x_p^* \leqslant x_2$,$f(x_p^*) > f(x_2)$,缩小后的新区间为 $[x_p^*, x_3]$,保留 x_2 和 x_3,$x_p^* \to x_1$;

情况3:如图4-10(c)所示,$x_p^* > x_2$,$f(x_p^*) > f(x_2)$,缩小后的新区间为 $[x_1, x_p^*]$,保留 x_1 和 x_2,$x_p^* \to x_3$;

情况4:如图4-10(d)所示,$x_p^* > x_2$,$f(x_p^*) \leqslant f(x_2)$,缩小后的新区间为 $[x_2, x_3]$,保留 x_3,$x_p^* \to x_2$,$x_2 \to x_1$。

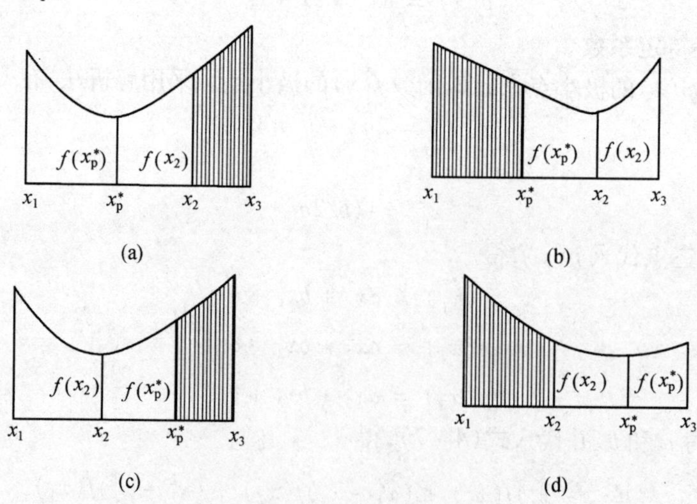

图4-10 二次插值法区间缩短

(a) 情况1;(b) 情况2;(c) 情况3;(d) 情况4。

二次插值法的运算步骤如下：

(1) 确定初始搜索区间$[x_1,x_3]$和计算精度。在初始区间内确定一内分点x_2，一般取$x_2=(x_1+x_3)/2$。

(2) 利用x_1、x_2、x_3三点构建二次插值函数$p(x)$。计算$p(x)$的极小点x_p^*和$f(x_p^*)$。

(3) 精度检验。若$|x_p^*-x_2|\leqslant\varepsilon$，$f(x_p^*)$为近似一维最优解；否则，返回步骤(2)，缩小区间，继续迭代，直到满足精度要求为止。

二次插值法程序流程框图如图4-11所示。

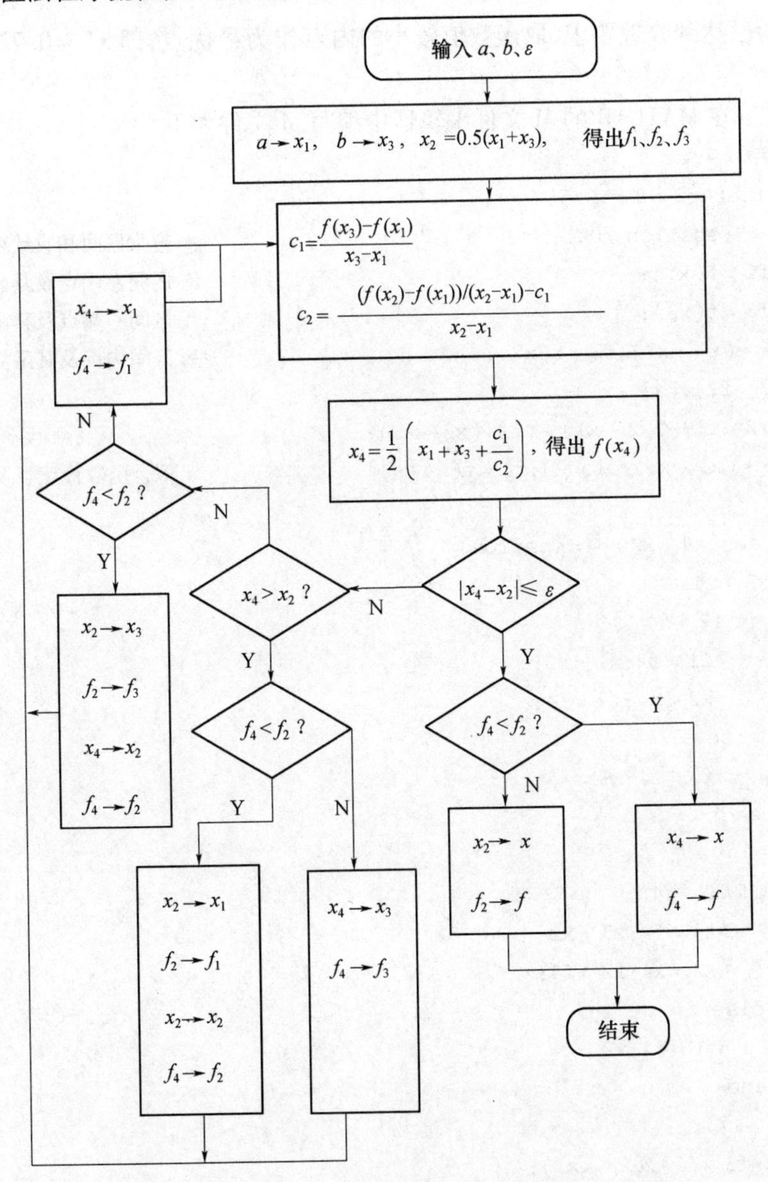

图4-11 二次插值法程序流程框图

【例4-4】 利用二次插值法求解函数$f(x)=x^3-2x+5$的极小点，初始区间为$[0,3]$，迭代精度$\varepsilon=0.1$。

解 方法一:用二次插值法手工求解。

用二次插值法公式,手工计算,结果见表 4-2。

表 4-2 例 4-4 运算过程

迭代次数	左端点 x_1	右端点 x_3	内点 x_2	x_p^*	$f(x_2)$	比较	$f(x_p^*)$
1	0	3	1.5	0.7222	5.375	>	3.9323
2	0	1.5	0.7222	0.6937	3.9323	<	3.9464

经检验已达到收敛要求,取函数值较小的内点作为最优点,即 $x^* = 0.7222$,$f(x^*) = 3.9323$。

方法二:在 MATLAB 的 M 文件编辑器中编写 M 文件如下:

```
% 文件名 eg4_4
f = inline('x^3 - 2 * x + 5','x');
a = 0;b = 3;epsilon = 0.1;                    % 搜索区间和收敛精度
x1 = a;f1 = f(x1);                            % 区间左端点及其函数值
x3 = b;f3 = f(x3);                            % 区间右端点及其函数值
x2 = 0.5 * (x1 + x3);f2 = f(x2);              % 区间内点及其函数值
c1 = (f3 - f1)/(x3 - x1);
c2 = ((f2 - f1)/(x2 - x1) - c1)/(x2 - x3);
x4 = 0.5 * (x1 + x3 - c1/c2);f4 = f(x4);      % 拟合函数最优点及其函数值
k = 0;
while (abs(x4 - x2) >= epsilon)
    if x2 < x4
        if f2 > f4
            f1 = f2;x1 = x2;
            x2 = x4;f2 = f4;
        else
            f3 = f4;x3 = x4;
        end
    else
        if f2 > f4
            f3 = f2;x3 = x2;
            x2 = x4;f2 = f4;
        else
            f1 = f4;x2 = x4
        end
    end
    c1 = (f3 - f1)/(x3 - x1);
    c2 = ((f2 - f1)/(x2 - x1) - c1)/(x2 - x3);
    x4 = 0.5 * (x1 + x3 - c1/c2);f4 = f(x4);
    k = k + 1;
    fprintf(1,'迭代计算 k = % 3.0f \n',k)
```

```
end
% 输出最优解
if f2 > f4
    x = x4; f = f(x4);
else
    x = x2; f = f(x2);
end
fprintf(1,'迭代计算 k = %3.0f\n',k)
fprintf(1,'极小点坐标 x = %3.4f\n',x)
fprintf(1,'函数值 f = %3.4f\n',f)
```

在 MATLAB 的 Command Window 中输入下面命令,并运行:

```
eg4_4
```

运行结果如下:

```
迭代计算 k = 1
    极小点坐标 x = 0.7222
        函数值 f = 3.9323
```

4.5 一维优化问题的 MATLAB 解法

在 MATLAB 优化工具箱中,利用 fminbnd 函数来解决一元函数无约束优化问题 $\min f(x), x_1 \leqslant x \leqslant x_2$。fminbnd 函数的算法基于黄金分割法和二次插值法,因此不需用到函数的导数。它要求目标函数必须是连续函数,并可能只给出局部最优解。

常用格式如下:

令 fun 为目标函数,x1 为可行区间下界,x2 可行区间上界,x 为最优点,fval 为最优点对应的函数值。

(1) x = fminbnd (fun,x1,x2)

求函数 fun 在区间(x1,x2)上极小值对应的自变量值。

(2) x = fminbnd (fun,x1,x2,options)

按照 options 结构指定的优化参数求函数 fun 在区间(x1,x2)上极小值对应的自变量值。用函数 optimset 来设置 options 优化参数。options 结构中的字段说明如下:

Display 设置结果显示方式(off 不显示,iter 显示每一步迭代结果,final 只显示最后结果,notify 求解不收敛时显示结果);

FunValCheck 检查目标函数是否可以接受(on 当目标函数值为复数或不明确的数值结果时显示错误信息;off 不显示错误信息);

MaxFunEvals 最大目标函数搜索步数;

MaxIter 最大迭代步数;

OutputFcn 用户自定义输出函数,它将在每一步迭代中调用;

TolX 自变量精度。

(3) [x,fval] = fminbnd(...)

输出参数 fval 返回目标函数的极小值。

(4) [x,fval,exitflag] = fminbnd(...)

输出参数 exitflag 返回函数 fminbnd 的求解状态(1 表示 fminbnd 求得最优解,精度为 TolX,0 表示目标函数搜索步数达到最大或迭代步数达到最大而退出,-1 表示用户自定义函数引起的退出,-2 表示边界设置出现问题 x1 > x2)。

(5) [x,fval,exitflag,output] = fminbnd(...)

输出函数 output 返回函数 fminbnd 的求解信息(output.algorithm 表示优化算法,output.funcCount 表示目标函数搜索步数,output.iterations 表示迭代步数,output.message 表示退出信息)。

其中(3)、(4)、(5)的等式右边可选用(1)或(2)的等式右边。

【例 4-5】 求函数 $f(x)=|x+1|+x^3$ 在[-2,2]上的极小值。

解 在 MATLAB 的 Command Window 中输入:

```
[x,fval] = fminbnd('abs(x+1)+x.^3', -2,2)
```

运行结果如下:

```
x = -1.9999
fval = -6.9993
```

【例 4-6】 求 $f(x)=\sin x+e^{-x}$ 在 $0\leqslant x\leqslant 6$ 中的最小值及其对应的函数值。

解 在 MATLAB 的 Command Window 中输入:

```
f ='exp(-x)+sin(x)';
fplot(f,[0,6]);                                          % 作图
options = optimset('display', 'iter')                    % 每次迭代的时候都显示输出
[x,fval,exitflag,output] = fminbnd(inline('sin(x)+exp(-x)'),0,6,options)
% 求解目标函数在[0,6]上的最小点及其对应的函数值
[xmin,ymin] = fminbnd (f,0,6)
```

运算结果如下:

```
Func-count        x              f(x)          Procedure
    1          2.2918          0.852231         initial
    2          3.7082         -0.512254         golden
    3          4.58359        -0.981499         golden
    4          5.58341        -0.640287         parabolic
    5          4.71877        -0.991054         parabolic
    6          4.72536        -0.991048         parabolic
    7          4.72129        -0.991057         parabolic
    8          4.72133        -0.991057         parabolic
    9          4.72126        -0.991057         parabolic
   10          0.450139       -0.232466         parabolic
```

在作图窗口得到如图 4-12 所示的图形。

得到结论:

xmin = 4.7213, ymin = -0.9911

【例 4-7】 在[0,5]上求函数 $f(x)=(x-3)^3-1$ 的最小值。

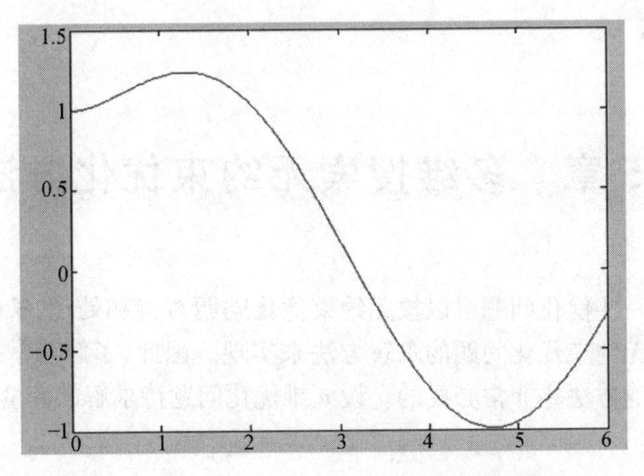

图 4-12　$f(x)=\sin x+e^{-x}$ 在 $0\leqslant x\leqslant 6$ 的函数曲线

解　先自定义函数，在 MATLAB 编辑器中建立 M 文件：

```
% 文件名 myfun.m
function f = myfun(x)
f = (x-3).^2 - 1;
```

在 MATLAB 的 Command Window 中键入命令：

```
x = fminbnd(@ myfun,0,5)
```

运行结果：

```
x =3
```

习　题

4-1　用加速步长法求函数 $f(x)=x^3-x^2-2x+1$ 的一维优化初始搜索区间。初始点 $x_0=0$，步长 $h_0=0.1$。

4-2　用黄金分割法求函数 $f(x)=2x^2-3x+1$ 的极小值，初始区间为 $[-1,2]$，区间精度 $\varepsilon=0.1$。

4-3　用二次插值法求函数 $f(x)=e^x-2x$ 在 $[0,2]$ 最小值及其对应的函数值，区间精度 $\varepsilon=0.1$。

4-4　求下述凸轮机构在升程中的最大压力角 α_{max} 及其相对应的凸轮转角 φ_{max}，迭代精度 $\varepsilon=0.01$。对心尖顶从动件盘形凸轮机构的基圆半径 $r_b=40$mm，推杆行程 $h=20$mm，升程角 $\varphi_0=\pi/2$，推杆运动规律为 $s=\frac{h}{2}\left[1-\cos\left(\frac{\pi\varphi}{\varphi_0}\right)\right]$ 和 $\frac{ds}{d\varphi}=\frac{\pi h}{2\varphi_0}\sin\left(\frac{\pi}{\varphi_0}\varphi\right)$，压力角的计算公式为 $\tan\alpha=\frac{ds/d\varphi}{r_b+s}$。

第5章　多维搜索无约束优化方法

工程实际中的一些优化问题可以按无约束优化问题对待和处理,某些约束优化问题的求解也可以通过无约束优化问题的求解方法来实现。因此,了解和掌握常见的求解多维无约束优化问题的方法是非常必要的。设 n 维优化问题待求解的变量为

$$\boldsymbol{x} = [x_1 \quad x_2 \quad \cdots \quad x_n]^{\mathrm{T}} \tag{5-1}$$

目的是使目标函数 $f(\boldsymbol{x})\rightarrow\min$,在对问题没有任何约束,即对求解的变量 $\boldsymbol{x}$ 无任何的限制的情况下,该优化问题称为无约束优化问题。

对于上述无约束优化问题,最直接的求解方法是通过"极值条件"来确定变量 $\boldsymbol{x}$,即求解 $\boldsymbol{x}$,使其满足

$$\nabla f = \left[\frac{\partial f}{\partial x_1} \quad \frac{\partial f}{\partial x_2} \quad \cdots \quad \frac{\partial f}{\partial x_n}\right]^{\mathrm{T}} = \boldsymbol{0} \tag{5-2}$$

通常情况下,式(5-2)是非线性的方程组,需要采用数值计算的方法逐步迭代求解。在实际中更多地是直接用数值计算的方法求解该无约束优化问题。

大多数求解无约束优化问题的数值计算方法都是迭代法,基本思想是给定初始状态点 $\boldsymbol{x}^0$,沿合适的方向以最佳的步长(距离)移动到下一位置点 $\boldsymbol{x}^1$,如此重复不断进行,直到找到最优位置 $\boldsymbol{x}^*$。上述过程中,每次迭代都是从解空间中的点 $\boldsymbol{x}^k$ 移动到 $\boldsymbol{x}^{k+1}$。这种移动需满足

$$f(\boldsymbol{x}^{k+1}) < f(\boldsymbol{x}^k) \tag{5-3}$$

为了找到满足式(5-3)的点 $\boldsymbol{x}^{k+1}$,需要解决两个问题:一是点 $\boldsymbol{x}^k$ 的移动方向 $\boldsymbol{d}^k$;二是点 $\boldsymbol{x}^k$ 在方向 $\boldsymbol{d}^k$ 上移动的最佳步长(距离)λ_k。有了移动的方向 $\boldsymbol{d}^k$ 和移动步长 λ_k 后,点 $\boldsymbol{x}^k$ 与移动后的点 $\boldsymbol{x}^{k+1}$之间的关系可描述为

$$\boldsymbol{x}^{k+1} = \boldsymbol{x}^k + \lambda_k \boldsymbol{d}^k \quad (k = 0,1,2,\cdots) \tag{5-4}$$

式中,$\boldsymbol{d}^k$ 是第$(k+1)$次迭代时点 $\boldsymbol{x}^k$ 的移动方向,也称搜索方向或迭代方向。$\boldsymbol{d}^k$ 由目标函数和约束条件根据数学原理确定。确定 $\boldsymbol{d}^k$ 的方法有很多,相应的确定使 $f(\boldsymbol{x}^{k+1}) = f(\boldsymbol{x}^k + \lambda_k \boldsymbol{d}^k)$ 取极值的最佳步长 $\lambda_k = \lambda^*$ 的方法也是多种多样的。$\boldsymbol{d}^k$ 和 λ_k 形成和确定方法的不同,派生出了各种无约束优化问题的数值求解方法。

5.1 梯度法

梯度法是一种古老又基本的数值方法,利用函数的梯度作为迭代搜索方向,1847 年由柯西(Cauchy)提出。作为一种无约束的优化方法,它的迭代过程比较简单,使用方便,且对初始点的选取要求不是很严格,广泛应用于求解各种工程问题。

5.1.1 梯度法原理

优化设计的目标是使函数值$f(\boldsymbol{x})$最小，由高等数学的知识可知，函数在某点$\boldsymbol{x}^k$的梯度方向$\nabla f(\boldsymbol{x}^k)$是函数在该点增长最快的方向；反之，其负梯方向$-\nabla f(\boldsymbol{x}^k)$即为函数在该点附近区域下降最快的方向。因此，可以利用函数在$\boldsymbol{x}^k$点的负梯度方向$-\nabla f(\boldsymbol{x}^k)$作为迭代搜索方向，寻找$\boldsymbol{x}^{k+1}$点，并按此规律不断进行搜索，寻找函数的最小值$\boldsymbol{x}^*$，此时，式(5-4)可表示成为

$$\boldsymbol{x}^{k+1}=\boldsymbol{x}^k-\lambda_k\nabla f(\boldsymbol{x}^k) \tag{5-5}$$

由于该方法是以函数在$\boldsymbol{x}^k$点的负梯度方向作为搜索方向，因此称为梯度法。同时，负梯度方向又是函数下降速度最快的方向，因此，梯度法又称最速下降法。

确定搜索方向后，还需要确定最佳的搜索步长λ_k，以使目标函数能够在负梯度方向获得最大的下降值。通常，步长λ_k按一维搜索取得最优值选取，即有

$$f(\boldsymbol{x}^{k+1})=f[\boldsymbol{x}^k-\lambda_k\nabla f(\boldsymbol{x}^k)]=\min_{\lambda}f[\boldsymbol{x}^k-\lambda\nabla f(\boldsymbol{x}^k)]=\min_{\lambda}\varphi(\lambda) \tag{5-6}$$

根据函数极值的必要条件和多元复合函数的求导公式，得

$$\varphi'(\lambda)=-\{\nabla f[\boldsymbol{x}^k-\lambda_k\nabla f(\boldsymbol{x}^k)]\}^{\mathrm{T}}\nabla f(\boldsymbol{x}^k)=0 \tag{5-7}$$

即

$$[\nabla f(\boldsymbol{x}^{k+1})]^{\mathrm{T}}\nabla f(\boldsymbol{x}^k)=0 \tag{5-8}$$

由于$-\nabla f(\boldsymbol{x}^k)=\boldsymbol{d}^k$，$-\nabla f(\boldsymbol{x}^{k+1})=\boldsymbol{d}^{k+1}$，则式(5-8)可改写为

$$(\boldsymbol{d}^{k+1})^{\mathrm{T}}\boldsymbol{d}^k=0 \tag{5-9}$$

式(5-9)表明，在梯度法中相邻的两个迭代点$\boldsymbol{x}^k$和$\boldsymbol{x}^{k+1}$的搜索方向是相互垂直的。因此，在迭代过程，从初始点到函数极小点的搜索路径是“之”字形的锯齿状曲折路线，如图5-1所示。

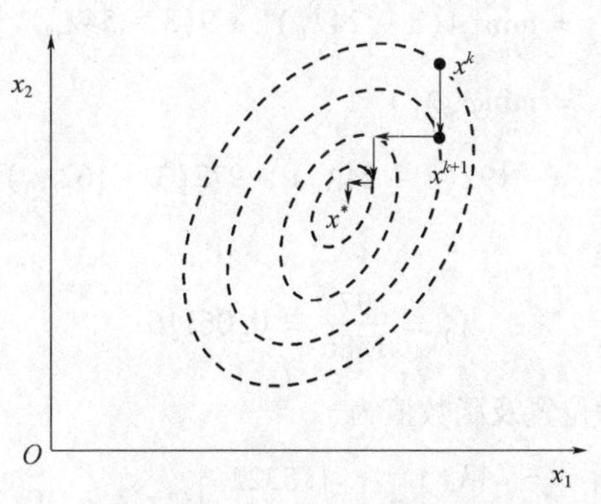

图5-1　梯度法搜索路径示意图

迭代初期，迭代点远离函数极小点，每次迭代函数能够以较大的值下降向极小点靠近，收敛速度较大；但在迭代后期，由于锯齿现象使得每次下降的值在逐渐减小，以致迭代的收敛速度越来越慢，影响整体的收敛效果。但这与“最速下降”的提法并不矛盾，因为

梯度是函数的局部信息,指得是函数在当前 $\boldsymbol{x}^k$ 点的附近区域下降速度是最快的,但并不意味着在整个解空间下降速度是最快的。

5.1.2 梯度法流程

(1) 初始化。设置初始点 $\boldsymbol{x}^0$、迭代变量 $k=0$、收敛精度 ε 等。

(2) 计算函数在 $\boldsymbol{x}^k$ 点的函数值、梯度及梯度值。

(3) 根据式(5-5)沿负梯度方向进行一维搜索,得 $\boldsymbol{x}^{k+1}$。

(4) 根据式(5-7)确定一维搜索最佳步长 λ_k。

(5) 根据 λ_k 计算出 $\boldsymbol{x}^{k+1}$ 及函数值。

(6) 如果 $\|\boldsymbol{x}^{k+1}-\boldsymbol{x}^k\|<\varepsilon$ 或到达最大迭代次数,则停机;否则,令 $k=k+1$ 及令 $\boldsymbol{x}^k=\boldsymbol{x}^{k+1}$,转到步骤(2)。

下面通过具体的实例说明梯度法的原理和求解过程。

【例5-1】 求函数 $f(\boldsymbol{x})=4x_1^2+9x_2^2$ 的极小值点,初始点:$\boldsymbol{x}^0=[3,3]^{\mathrm{T}}$。

解 方法一:解析法求解。

初始点处的函数值及梯度分别为

$$\nabla f(\boldsymbol{x}^0)=\begin{bmatrix}8x_1\\18x_2\end{bmatrix}=\begin{bmatrix}24\\54\end{bmatrix}$$

由式(5-5),有

$$\boldsymbol{x}^1=\boldsymbol{x}^0-\lambda_0\nabla f(\boldsymbol{x}^0)=\begin{bmatrix}3\\3\end{bmatrix}-\lambda_0\begin{bmatrix}24\\54\end{bmatrix}=\begin{bmatrix}3-24\lambda_0\\3-54\lambda_0\end{bmatrix}$$

由式(5-7),有

$$\begin{aligned}f(\boldsymbol{x}^1)&=\min_{\lambda_0}f[\boldsymbol{x}^0-\lambda_0\nabla f(\boldsymbol{x}^0)]\\&=\min_{\lambda_0}[4(3-24\lambda_0)^2+9(3-54\lambda_0)^2]\\&=\min_{\lambda_0}\varphi(\lambda_0)\end{aligned}$$

$$\varphi'(\lambda_0)=-192(3-24\lambda_0)-972(3-162\lambda_0)=0$$

从而,有

$$\lambda_0=\frac{97}{1586}=0.06116$$

则第1次迭代后点的位置及函数值为

$$\boldsymbol{x}^1=\begin{bmatrix}3-24\lambda_0\\3-162\lambda_0\end{bmatrix}=\begin{bmatrix}1.5322\\-0.3026\end{bmatrix}f(\boldsymbol{x}')=10.2146$$

此时,梯度法第1次迭代完成。重复上述过程,经过492次迭代后,获得最优解:$\boldsymbol{x}^*=[0,\ 0]^{\mathrm{T}}$,$f(\boldsymbol{x}^*)=0$。

方法二:用MATLAB软件求解本题。在MATLAB的M文件编辑器中编写梯度法M文件如下:

```
% 文件名 eg5_1.m
% 梯度法求解二元二次函数的最优解
x0 =[3;3];                                          % 初始点
xk =x0;                                             % 当前迭代点
ideal_error =10^( -7);                              % 收敛精度
actural_error =1;                                   % 实际收敛精度
k =0;                                               % 迭代变量
MaxLoopNum =1000;                                   % 最大迭代次数
% 迭代求解
while (k <MaxLoopNum && actural_error >ideal_error)
    syms x1                                         % 设置系统变量
    syms x2
    xk1 =xk;
    % 求函数梯度
    fun =fun(x1,x2);
    fx1 =diff(fun,'x1');
    fx2 =diff(fun,'x2');
    % 计算函数值及梯度值
    fun =inline(fun);
    fx1 =inline(fx1);
    fx2 =inline(fx2);
    funval =feval(fun,xk1(1),xk1(2));
    gradx1 =feval(fx1,xk1(1));
    gradx2 =feval(fx2,xk1(2));
    grad =zeros(2,1);
    grad(1) =gradx1;
    grad(2) =gradx2;
    % 最速下降法迭代,求下一点
    syms a;
    syms x1;
    syms x2;
    x =xk1 -a *grad;
    x1 =x(1);
    x2 =x(2);
    % 确定一维搜索最佳步长
    fun1 =fun(x1,x2);
    fxa =diff(fun1,'a');
    a =solve(fxa);
    x =inline(x);                                   % 计算一下点函数值
    x =feval(x,a);
    actural_error =eval((sqrt((xk1 -x)'*(xk1 -x))))    % 计算实际误差
    % 更新迭代点,继续下次迭代
    xk(1) =eval(x(1));
```

```
    xk(2) = eval(x(2));
    k = k +1                                          % 更新迭代变量
    end

% 文件名 fun.m
% 优化目标函数
function f = fun(x1,x2)
% f =4 * x1^2 +9 * x2^2;                             % 例 5 -1、例 5 -2 函数,不含 x1 *
                                                     x2 项
%  f = x1^2 +4 * x2^2 -2 * x1 * x2 -4 * x1;         % 例 5 -3、例 5 -4 函数
% f =3 * (x1 +x2 -2)^2 + (x1 - x2)^2;                % 例 5 -5 所用函数
```

说明:

(1) 本例总共包含了两个独立的 M 文件:

- eg5_1. m:梯度主文件,文件内容是梯度法的主要算法;
- fun. m:求目标函数值的文件。

在运行时,只需要在 MATLAB 命令窗口中输入主文件名 eg5_1 即可。

(2) fun. m 文件为梯度法程序(eg5_1. m)、牛顿法程序(eg5_2. m)、共轭梯度法程序(eg5_3. m)、变尺度法程序(eg5_4. m)和鲍威尔法程序(eg5_5. m)共用的文件,在后续章节中不再给出,使用时注意去掉相应的函数前注释(最前面的"%"号)。

5.1.3 有关梯度法的讨论

若将目标函数 $f(\boldsymbol{x}) = 4x_1^2 + 9x_2^2$ 引入变换

$$y_1 = 2x_1, y_2 = 3x_2$$

则函数 $f(\boldsymbol{x})$ 可以变换为

$$\phi(\boldsymbol{y}) = y_1^2 + y_2^2$$

其等值线将由椭圆变为同心的圆,如图 5 - 2 所示。

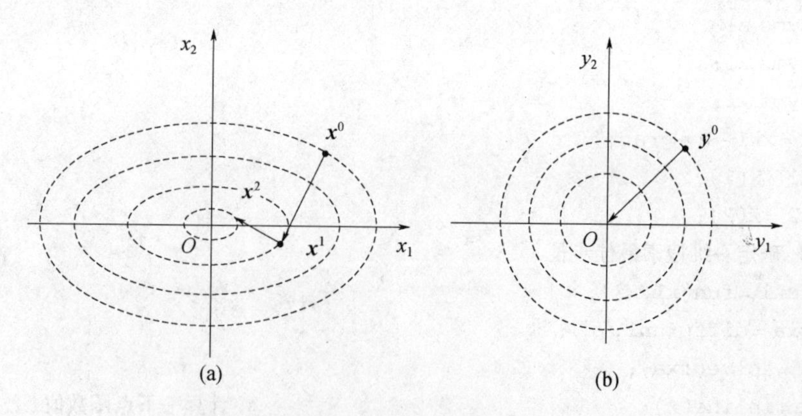

图 5 - 2 等值线不同时搜索路径示意图

初始点:$\boldsymbol{x}^0 = [3,3]^{\mathrm{T}}$ 变换为新的初始点:$\boldsymbol{y}^0 = [6,9]^{\mathrm{T}}$。对 $\phi(\boldsymbol{y}) = y_1^2 + y_2^2$ 利用梯度法进行寻优任务,有

$$\nabla \phi(\boldsymbol{y}^0) = \begin{bmatrix} 2y_1 \\ 2y_2 \end{bmatrix} = \begin{bmatrix} 12 \\ 18 \end{bmatrix}$$

由式(5-5)得

$$\boldsymbol{y}^1 = \boldsymbol{y}^0 - \lambda_0 \nabla \phi(\boldsymbol{y}^0) = \begin{bmatrix} 6 \\ 9 \end{bmatrix} - \lambda_0 \begin{bmatrix} 12 \\ 18 \end{bmatrix} = \begin{bmatrix} 6 - 12\lambda_0 \\ 9 - 18\lambda_0 \end{bmatrix}$$

由式(5-7)得

$$\begin{aligned} \phi(\boldsymbol{y}^1) &= \min_{\lambda_0} \phi[\boldsymbol{y}^0 - \lambda_0 \nabla \phi(\boldsymbol{y}^0)] \\ &= \min_{\lambda_0} \Phi(\lambda_0) \end{aligned}$$

$$\Phi(\lambda_0) = (6 - 12\lambda_0)^2 + (9 - 18\lambda_0)^2$$

$$\Phi'(\lambda_0) = -24(6 - 12\lambda_0) - 36(9 - 18\lambda_0)$$

从而,有

$$\lambda_0 = \frac{468}{936} = 0.5$$

则第一次迭代后点的位置及函数值为

$$\boldsymbol{y}^1 = \begin{bmatrix} 6 - 12\lambda_0 \\ 9 - 18\lambda_0 \end{bmatrix} = \begin{bmatrix} 0 \\ 0 \end{bmatrix}$$

$$\phi(\boldsymbol{y}^1) = 0$$

可见,经过坐标变换后,只需要一次迭代,就可以找到最优解。为什么会出现这样的现象?函数两种形式的二次型分别为

$$f(\boldsymbol{x}) = 4x_1^2 + 9x_2^2 = \frac{1}{2}[x_1 \quad x_2] \begin{bmatrix} 8 & 0 \\ 0 & 18 \end{bmatrix} \begin{bmatrix} x_1 \\ x_2 \end{bmatrix}$$

$$\phi(\boldsymbol{y}) = y_1^2 + y_2^2 = \frac{1}{2}[y_1 \quad y_2] \begin{bmatrix} 2 & 0 \\ 0 & 2 \end{bmatrix} \begin{bmatrix} y_1 \\ y_2 \end{bmatrix}$$

可以看出,这两个函数的对角形矩阵不同。同时,由图5-2也可见,两个函数的等值线也不相同,$f(\boldsymbol{x})$为一族椭圆,而$\phi(\boldsymbol{y})$的为一族同心圆。这是因为经过尺度变换$y_1 = 2x_1, y_2 = 3x_2$,将x_1轴放大2倍,而x_2轴放大3倍,从而将等值线由椭圆变为了同心圆。这表明,两个函数的二次型的对角形矩阵反映了椭圆的长短轴之间的关系,它们是表示度量的矩阵或者是表示尺度的矩阵。

从函数的对角形矩阵可以估计出梯度法在寻找函数最优解时的收敛速度。在一定条件下,有

$$\| \boldsymbol{x}^{k+1} - \boldsymbol{x}^* \| \leqslant \left(1 - \frac{\mathrm{ev}^2}{\mathrm{EV}^2}\right) \| \boldsymbol{x}^k - \boldsymbol{x}^* \| \tag{5-10}$$

式中 ev——函数的海赛矩阵最小特征值下界;

EV——函数的海赛矩阵最大特征值上界。

先来考察$f(\boldsymbol{x})$的海赛矩阵:

$$H = \begin{bmatrix} 8 & 0 \\ 0 & 18 \end{bmatrix}$$

其两个特征值分别为 8 和 18。因此，ev = 8 及 EV = 18。

$$\| \boldsymbol{x}^{k+1} - \boldsymbol{x}^* \| \leqslant \left(1 - \frac{8^2}{18^2}\right) \| \boldsymbol{x}^k - \boldsymbol{x}^* \| = \frac{260}{324} \| \boldsymbol{x}^k - \boldsymbol{x}^* \|$$

由上式可知，随着迭代的进行，收敛速度越来越慢，而且等值线的长短轴相差越大，收敛速度越慢。

而对等值线为圆的二次函数 $\phi(\boldsymbol{y})$，其海赛矩阵为

$$H = \begin{bmatrix} 2 & 0 \\ 0 & 2 \end{bmatrix}$$

其两个特征值相等均为 2，因此，ev = EV = 2，

$$\| \boldsymbol{y}^{k+1} - \boldsymbol{y}^* \| \leqslant \left(1 - \frac{2^2}{2^2}\right) \| \boldsymbol{x}^k - \boldsymbol{x}^* \| = 0$$

即有

$$\boldsymbol{y}^{k+1} = \boldsymbol{y}^*$$

这意味着经过一次迭代便可到达极值点。

当相邻的两次迭代点之间满足式(5-10)时(右边的系数小于或等于 1)，称其对应的迭代方法具有线性收敛速度。因此，梯度法是具有线性收敛速度的迭代方法。

5.2 牛顿法

牛顿法是梯度法的发展，不仅使用目标函数一阶偏导数，而且考虑了梯度变化的趋势，利用了目标函数的二阶偏导数，因而能更全面地确定合适的搜索方向以加快收敛速度。

5.2.1 牛顿法原理

对于一元函数 $f(x)$，将其在极小点 x^* 附近的一个给定点 x_0 进行泰勒展开，得到二次函数 $\phi(x)$，按极值条件 $\phi'(x)=0$，可得 $\phi(x)$ 的极小值点 x_1，用其作为 x^* 的下一个近似点，并在 x_1 处进行泰勒展开，求得第二个近似点 x_2。如此迭代，直到求得 $f(x)$ 的极小值点。这一过程可用如下迭代公式表示：

$$x^{k+1} = x^k - \frac{f'(x)}{f''(x)} \quad (k = 0,1,2,\cdots) \tag{5-11}$$

上述求函数 $f(x)$ 的极小值点的方法称为牛顿迭代方法。

对于多元函数 $f(\boldsymbol{x})$，同样可以用上述的牛顿迭代方法求其极小值点。设 $\boldsymbol{x}^k$ 为极小点 x^* 的一个近似点，在 $\boldsymbol{x}^k$ 处将 $f(\boldsymbol{x})$ 进行泰勒展开并保留二次项，得

$$f(\boldsymbol{x}) \approx \phi(\boldsymbol{x}) = f(\boldsymbol{x}^k) + \nabla f(\boldsymbol{x})^{\mathrm{T}}(\boldsymbol{x} - \boldsymbol{x}^k) + \frac{1}{2}(\boldsymbol{x} - \boldsymbol{x}^k)^{\mathrm{T}} \nabla^2 f(\boldsymbol{x}^k)(\boldsymbol{x} - \boldsymbol{x}^k) \tag{5-12}$$

式中　$\nabla^2 f(\boldsymbol{x}^k)$——$f(\boldsymbol{x})$在$\boldsymbol{x}^k$处的海赛矩阵。

设$\boldsymbol{x}^{k+1}$为函数$\phi(\boldsymbol{x})$的极小点，将其作为$f(\boldsymbol{x})$的极小点x^*的下一个近似点，根据极值的必要条件

$$\nabla \phi(\boldsymbol{x}^{k+1}) = 0$$

有

$$\nabla f(\boldsymbol{x}^k) + \nabla^2 f(\boldsymbol{x}^k)(\boldsymbol{x}^{k+1} - \boldsymbol{x}^k) = 0$$

得

$$\boldsymbol{x}^{k+1} = \boldsymbol{x}^k - [\nabla^2 f(\boldsymbol{x}^k)]^{-1} \nabla f(\boldsymbol{x}^k) \quad (k = 0,1,2,\cdots) \tag{5-13}$$

上式即为多元函数求极值的牛顿迭代公式。

5.2.2　牛顿法流程

(1) 初始化。给定初始点$\boldsymbol{x}^0$和迭代精度ε，并初始化迭代变量$k=0$。

(2) 计算$\boldsymbol{x}^k$点的梯度、海赛矩阵及其逆矩阵。

(3) 根据式(5-13)计算$\boldsymbol{x}^{k+1}$。

(4) 如果$\| \boldsymbol{x}^{k+1} - \boldsymbol{x}^k \| < \varepsilon$，则停止迭代；否则，$k=k+1$及$\boldsymbol{x}^k = \boldsymbol{x}^{k+1}$，跳至步骤(2)。

【例5-2】　用牛顿法求函数$f(\boldsymbol{x}) = 4x_1^2 + 9x_2^2$的极小值点，初始点：$\boldsymbol{x}^0 = [3,3]^{\mathrm{T}}$。

解　方法一：解析法求解。

初始点处的梯度、海赛矩阵及其逆矩阵分别为

$$\nabla f(\boldsymbol{x}^0) = \begin{bmatrix} 8x_1 \\ 18x_2 \end{bmatrix} = \begin{bmatrix} 24 \\ 54 \end{bmatrix}$$

$$\nabla^2 f(\boldsymbol{x}^0) = \begin{bmatrix} 8 & 0 \\ 0 & 18 \end{bmatrix}$$

$$[\nabla^2 f(\boldsymbol{x}^0)]^{-1} = \begin{bmatrix} \frac{1}{8} & 0 \\ 0 & \frac{1}{18} \end{bmatrix}$$

将以上各式代入牛顿迭代公式，得

$$\boldsymbol{x}^1 = \boldsymbol{x}^0 - [\nabla^2 f(\boldsymbol{x}^0)]^{-1} \nabla f(\boldsymbol{x}^0) = \begin{bmatrix} 3 \\ 3 \end{bmatrix} - \begin{bmatrix} \frac{1}{8} & 0 \\ 0 & \frac{1}{18} \end{bmatrix} \begin{bmatrix} 24 \\ 54 \end{bmatrix} = \begin{bmatrix} 0 \\ 0 \end{bmatrix}$$

方法二：用MATLAB软件求解本题。在MATLAB的M文件编辑器中编写牛顿法M主文件如下：

```
% 文件名 eg5_2.m
% 牛顿法求解二元二次函数的最优解。
x0 =[3;3];                                  % 初始点
xk = x0;
k = 0;                                      % 迭代变量初始化
MaxLoopNum = 100;                           % 最大迭代次数
ideal_error = 10^(-7);                      % 收敛精度
actural_error = 1;                          % 实际收敛精度
```

```
grad = zeros(2,1);
% 循环迭代求解
while (actural_error > ideal_error && k < MaxLoopNum)
    syms x1
    syms x2
    % 调用目标函数,求梯度
    fun1 = fun(x1,x2);
    fx1 = diff(fun1,'x1');
    fx2 = diff(fun1,'x2');
    fx1 = inline(fx1);
    fx2 = inline(fx2);
    % 计算梯度值
    grad(1) = feval(fx1,xk(1));
    grad(2) = feval(fx2,xk(2));
    % 计算海赛矩阵及其逆阵
    G = jacobian(jacobian(fun1),[x1,x2]);
    b = zeros(2,2);
    b(1,1) = G(1,1);
    b(1,2) = G(1,2);
    b(2,1) = G(2,1);
    b(2,2) = G(2,2);
    b = inv(b);
    xk1 = xk - b * grad;                % 利用牛顿迭代公式,计算下一点
    actural_error = norm(xk1 - xk);     % 计算实际精度
    xk = xk1; % 更新迭代点
    k = k +1;% 更新迭代变量
end
```

说明:

由本例可见,函数$f(\boldsymbol{x})$利用牛顿迭代方法经过一次迭代即求得了极小点,与利用尺度变换的梯度法的效果是相同的,迭代次数比单纯的梯度法要少。由上面的求解过程可以看到,对于像$f(\boldsymbol{x})$这样的二次函数,泰勒展开式不是近似的,而是精确的。海赛矩阵$\nabla^2 f(\boldsymbol{x}^k)$是常数矩阵。因此,无论从任何点出发,只需要一次迭代即可找到函数的极小点。由于牛顿迭代方法能使二次函数在有限的迭代内找到极小点,因此牛顿迭代方法是二次收敛的。

5.2.3 阻尼牛顿法

在牛顿迭代方法中,迭代点的位置是按照极值条件确定的,并没有含搜索方向的概念,这样在寻找非二次函数的极值时,可能会沿着错误的方向进行搜索,即会出现$f(\boldsymbol{x}^{k+1}) > f(\boldsymbol{x}^k)$的情况。因此,需要对牛顿迭代方法进行改进,即引入“正确”的搜索方向。最常见的方法是引入数学规划法的搜寻概念,基于这种方法的牛顿迭代方法称为阻尼牛顿法。

在阻尼牛顿法中,引入了一个搜索方向,称为牛顿方向,即

$$d^k = -[\nabla^2 f(x^k)]^{-1} \nabla f(x^k) \tag{5-14}$$

阻尼牛顿法中引入了牛顿方向后,相应的迭代公式变为

$$x^{k+1} = x^k + \lambda_k d^k \quad (k = 0,1,2,\cdots) \tag{5-15}$$

式中 λ_k——沿牛顿方向进行一维搜索的最佳步长,称为阻尼因子。

阻尼因子 λ_k 可通过极小化过程利用式(5-16)求得,即

$$f(x^{k+1}) = f[x^k + \lambda_k \mathrm{d}^k] = \min_{\lambda} f[x^k + \lambda \mathrm{d}^k] \tag{5-16}$$

在阻尼牛顿迭代方法中,原来的牛顿法相当于阻尼因子 $\lambda_k = 1$ 的情况。这样每次迭代都在牛顿方向上进行一维搜索,避免了迭代后函数值上升的现象,保持了牛顿法二次收敛的特性,从而对初始点的选取并没有额外的要求。

阻尼牛顿法的流程如下:

(1) 初始化。给定初始点 x^0 和迭代精度 ε,并初始化迭代变量 $k=0$。

(2) 计算 x^k 点的梯度、海赛矩阵及其逆矩阵和牛顿方向 d^k。

(3) 计算一维最佳搜索步长 λ_k。

(4) 计算 $x^{k+1} = x^k + \lambda_k d^k$。

(5) 如果 $\| x^{k+1} - x^k \| < \varepsilon$,则停止迭代;否则,$k = k+1$,跳至步骤(2)。

基本的牛顿迭代法和阻尼牛顿法最大缺点是,每次迭代都要计算函数的二阶导数矩阵及其逆阵,因此计算工作很大。特别是矩阵的求逆,在函数的维数很高时,计算量非常大。因此,研究者提出了许多改进的方法,如变尺度法等。

5.3 共轭梯度法

在梯度法中,寻找函数极小点的搜索路径为锯齿形,收敛速度慢。其原因在于梯度法中搜索是沿着负梯度方向进行的,除最后一次迭代外,其余迭代过程中并不是指向最小极值点 x^*。1964 年,弗来彻(Fletcher)和利伍斯(Reeves)将共轭方向引入到了梯度法中,提出了共轭梯度法,使得函数的搜索方向指向最小极值点,对于二元函数只需经过两次直线搜索,即可找到极小点 x^*。

5.3.1 共轭梯度法原理

共轭梯度法中的搜索方向取得是共轭方向,因此首先介绍共轭方向的概念和性质。

1. 共轭方向的概念和性质

对于二次函数,可以表示成

$$f(x) = \frac{1}{2} x^{\mathrm{T}} H x + b^{\mathrm{T}} x + c$$

式中 H——对称正定矩阵

为便于理解和讨论共轭方向的概念,以二元二次函数为例进行讨论。

二元二次函数的等值线为一族椭圆,从任一初始点 x^0 出发沿某个下降方向进行一维搜索,得到 x^1 点,即

$$\boldsymbol{x}^1 = \boldsymbol{x}^0 + \lambda_0 \boldsymbol{d}^0$$

因为 λ_0 是函数沿 $\boldsymbol{d}^0$ 方向的最佳搜索步长,因此,函数在点 $\boldsymbol{x}^1$ 处沿 $\boldsymbol{d}^0$ 的方向导数为零。根据方向导数与梯度之间的关系,有

$$\left.\frac{\partial f}{\partial \boldsymbol{d}^0}\right|_{x^1} = [\nabla f(x^1)]^{\mathrm{T}} \boldsymbol{d}^0 = 0$$

其中 $\boldsymbol{d}^0$ 与某一等值线相切于点 $\boldsymbol{x}^1$。梯度法中,第二次迭代时,选择的是负梯度方向 $-\nabla f(\boldsymbol{x}^1)$ 为搜索方向,会出现锯齿现象。因此,最理想的搜索方向 $\boldsymbol{d}^1$ 应该是直接由 $\boldsymbol{x}^1$ 指向极小点 $\boldsymbol{x}^*$,以能够在第二次迭代后找到 $\boldsymbol{x}^*$,即有

$$\boldsymbol{x}^* = \boldsymbol{x}^1 + \lambda_1 \boldsymbol{d}^1$$

如何确定这样理想的搜索方向呢?对于二次函数 $f(\boldsymbol{x})$,有

$$\nabla f(\boldsymbol{x}^1) = \boldsymbol{H}\boldsymbol{x}^1 + \boldsymbol{b}$$

当 $\boldsymbol{x}^1 = \boldsymbol{x}^*$ 时,$\lambda_1 \neq 0$。由于 $\boldsymbol{x}^*$ 是函数的极小值点,故满足极值条件

$$\nabla f(\boldsymbol{x}^*) = \boldsymbol{H}\boldsymbol{x}^* + \boldsymbol{b} = \boldsymbol{0}$$

即

$$\nabla f(\boldsymbol{x}^*) = \boldsymbol{H}(\boldsymbol{x}^1 + \lambda_1 \boldsymbol{d}^1) + \boldsymbol{b} = \nabla f(\boldsymbol{x}^1) + \lambda_1 \boldsymbol{H}\boldsymbol{d}^1 = \boldsymbol{0}$$

将等式两边同时左乘 $(\boldsymbol{d}^0)^{\mathrm{T}}$,并利用 $\left.\frac{\partial f}{\partial \boldsymbol{d}^0}\right|_{x^1} = [\nabla f(\boldsymbol{x}^1)]^{\mathrm{T}} \boldsymbol{d}^0 = 0$ 和 $\lambda_1 \neq 0$ 的条件,得

$$(\boldsymbol{d}^0)^{\mathrm{T}} \boldsymbol{H} \boldsymbol{d}^1 = 0$$

上述关系式即为 $\boldsymbol{d}^1$ 直接由 $\boldsymbol{x}^1$ 指向极小点 $\boldsymbol{x}^*$ 应该满足的条件,将满足上述关系式的两个向量 $\boldsymbol{d}^0$ 和 $\boldsymbol{d}^1$ 称为矩阵 $\boldsymbol{H}$ 的共轭向量,或称 $\boldsymbol{d}^0$ 和 $\boldsymbol{d}^1$ 对 $\boldsymbol{H}$ 是共轭方向。

更一般地,将共轭方向推广到 n 维空间。

设 $\boldsymbol{H}$ 为 $n \times n$ 的对称正定矩阵,若 n 维空间中有 m 个非零向量 $\boldsymbol{d}^0, \boldsymbol{d}^1, \cdots, \boldsymbol{d}^{m-1}$ 满足

$$(\boldsymbol{d}^i)^{\mathrm{T}} \boldsymbol{H} \boldsymbol{d}^j = 0 \quad (i,j = 0,1,2,\cdots,m-1, \text{且 } i \neq j) \tag{5-17}$$

则称向量 $\boldsymbol{d}^0, \boldsymbol{d}^1, \cdots, \boldsymbol{d}^{m-1}$ 对 $\boldsymbol{H}$ 是共轭,或称它们是 $\boldsymbol{H}$ 的共轭方向。

当 $\boldsymbol{H}$ 是单位矩阵,即 $\boldsymbol{H} = \boldsymbol{I}$ 时,式(5-17)可简化为

$$(\boldsymbol{d}^i)^{\mathrm{T}} \boldsymbol{d}^j = 0 \quad (i,j = 0,1,2,\cdots,m-1, \text{且 } i \neq j) \tag{5-18}$$

即向量 $\boldsymbol{d}^0, \boldsymbol{d}^1, \cdots, \boldsymbol{d}^{m-1}$ 是相互正交的。因此,共轭是正交的推广,正交是共轭的特例。

对于共轭向量来说,存在以下的性质:

(1) 若非零向量系 $\boldsymbol{d}^0, \boldsymbol{d}^1, \cdots, \boldsymbol{d}^{m-1}$ 是对 $\boldsymbol{H}$ 共轭的,则 $\boldsymbol{d}^0, \boldsymbol{d}^1, \cdots, \boldsymbol{d}^{m-1}$ 这 m 个向量是线性无关的。

(2) 在 n 维空间中,互相共轭的非零向量的个数不超过 n 个。

(3) 从任意初始点 $\boldsymbol{x}^0$ 出发,依次沿 $\boldsymbol{H}$ 的 m 个共轭向量 $\boldsymbol{d}^0, \boldsymbol{d}^1, \cdots, \boldsymbol{d}^{m-1}$ 进行一维搜索,最多经过 n 次迭代即可找到二次函数的极小点 $\boldsymbol{x}^*$。

性质(3)表明,基于共轭方向的搜索算法具有二次收敛性。

产生共轭向量系 $\boldsymbol{d}^0, \boldsymbol{d}^1, \cdots, \boldsymbol{d}^{m-1}$ 的方法有很多,基于不同的生成方法派生出了不同的共轭方向法,如共轭梯度法、鲍威尔法等。

2. 共轭梯度法原理

在共轭梯度法中每一个共轭向量都是由迭代点处的负梯度构造而成,因此称作共轭梯度法。

考虑二次函数

$$f(\boldsymbol{x}) = \frac{1}{2}\boldsymbol{x}^{\mathrm{T}}\boldsymbol{H}\boldsymbol{x} + \boldsymbol{b}^{\mathrm{T}}x + c$$

设其从 $\boldsymbol{x}^k$ 点出发,沿 $\boldsymbol{H}$ 的某一共轭方向 $\boldsymbol{d}^k$ 做一维搜索,到达 $\boldsymbol{x}^{k+1}$ 点,即有

$$\boldsymbol{x}^{k+1} = \boldsymbol{x}^k + \lambda_k \boldsymbol{d}^k$$

或

$$\boldsymbol{x}^{k+1} - \boldsymbol{x}^k = \lambda_k \boldsymbol{d}^k$$

设函数在 $\boldsymbol{x}^k$ 点和 $\boldsymbol{x}^{k+1}$ 点的梯度分别为 $\boldsymbol{g}_k$ 和 $\boldsymbol{g}_{k+1}$,则有

$$\boldsymbol{g}_k = \boldsymbol{H}\boldsymbol{x}^k + \boldsymbol{b}$$

$$\boldsymbol{g}_{k+1} = \boldsymbol{H}\boldsymbol{x}^{k+1} + \boldsymbol{b}$$

从而得 $\boldsymbol{x}^{k+1}$ 点和 $\boldsymbol{x}^k$ 点的梯度差为

$$\boldsymbol{g}_{k+1} - \boldsymbol{g}_k = \boldsymbol{H}(\boldsymbol{x}^{k+1} - \boldsymbol{x}^k) = \lambda_k \boldsymbol{H}\boldsymbol{d}^k$$

设 $\boldsymbol{d}^j$ 和 $\boldsymbol{d}^k$ 对 $\boldsymbol{H}$ 是共轭的,则有

$$(\boldsymbol{d}^j)^{\mathrm{T}}\boldsymbol{H}\boldsymbol{d}^k = 0$$

将上式两端左乘 $(\boldsymbol{d}^j)^{\mathrm{T}}$,有

$$(\boldsymbol{d}^j)^{\mathrm{T}}(\boldsymbol{g}_{k+1} - \boldsymbol{g}_k) = \lambda_k (\boldsymbol{d}^j)^{\mathrm{T}}\boldsymbol{H}\boldsymbol{d}^k = 0 \tag{5-19}$$

上式即为共轭方向与梯度之间的关系。此式表明当沿 $\boldsymbol{d}^k$ 方向进行一维搜索时,起点 $\boldsymbol{x}^k$ 和终点 $\boldsymbol{x}^{k+1}$ 的梯度差 $(\boldsymbol{g}_{k+1} - \boldsymbol{g}_k)$ 与 $\boldsymbol{d}^k$ 的共轭方向 $\boldsymbol{d}^j$ 正交。因此可以利用这一性质求得共轭方向,而不用计算矩阵 $\boldsymbol{G}$。此性质的几何解释如图 5-3 所示。

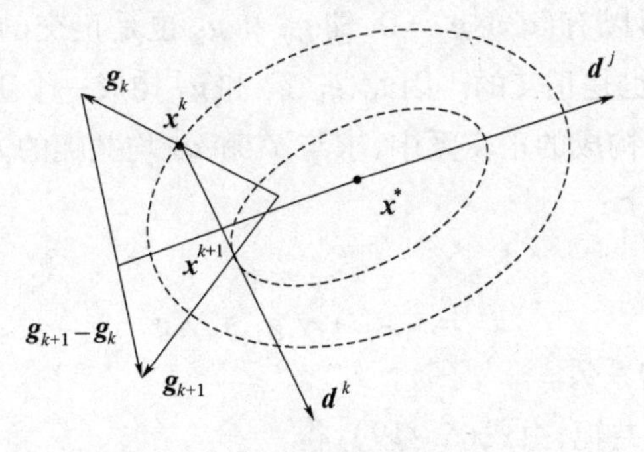

图 5-3 共轭梯度法几何示意图

5.3.2 共轭梯度法流程

(1) 计算初始点 $\boldsymbol{x}^0$ 的负梯度 $-\boldsymbol{g}_0$:$\boldsymbol{d}^0 = -\boldsymbol{g}_0$。沿一维搜索方向进行搜索,获得下一点:$\boldsymbol{x}^1 = \boldsymbol{x}^0 + \lambda_0 \boldsymbol{d}^0$。

(2) 计算 $\boldsymbol{x}^1$ 点的梯度 $\boldsymbol{g}_1$。由前面的分析可知,$\boldsymbol{x}^1$ 点是搜索方向和函数某条等值线

的切点，根据梯度的几何意义可知，$\boldsymbol{g}_1$ 和 $\boldsymbol{d}^0$ 是正交的，即有 $(\boldsymbol{d}^0)^{\mathrm{T}}\boldsymbol{g}_1=0$。由 $\boldsymbol{d}^0=-\boldsymbol{g}_0$ 又可知，$\boldsymbol{g}_1$ 和 $\boldsymbol{g}_0$ 正交组成平面正交系，即有 $(\boldsymbol{g}_1)^{\mathrm{T}}\boldsymbol{g}_0=0$。

(3) 在 $\boldsymbol{g}_1$ 和 $\boldsymbol{g}_0$ 组成的平面正交系中求得 $\boldsymbol{d}^0$ 的共轭方向 $\boldsymbol{d}^1$ 作为下一步的搜索方向。$\boldsymbol{d}^1$ 可以取成 $-\boldsymbol{g}_1$ 和 $\boldsymbol{d}^0$ 的两个方向的线性组合，即

$$\boldsymbol{d}^1=-\boldsymbol{g}_1+\beta_0\boldsymbol{d}^0$$

式中　β_0——待定常数。

β_0 可通过以下的方法求得。由

$$(\boldsymbol{d}^1)^{\mathrm{T}}(\boldsymbol{g}_1-\boldsymbol{g}_0)=0$$

有

$$(-\boldsymbol{g}_1+\beta_0\boldsymbol{d}^0)^{\mathrm{T}}(\boldsymbol{g}_1-\boldsymbol{g}_0)=0$$

展开并由 $(\boldsymbol{g}_1)^{\mathrm{T}}\boldsymbol{g}_0=0$ 和 $(\boldsymbol{d}^0)^{\mathrm{T}}\boldsymbol{g}_1=0$，可得

$$\beta_0=\frac{\boldsymbol{g}_1^{\mathrm{T}}\boldsymbol{g}_1}{\boldsymbol{g}_0^{\mathrm{T}}\boldsymbol{g}_0}=\frac{\|\boldsymbol{g}_1\|^2}{\|\boldsymbol{g}_0\|^2} \tag{5-20}$$

$$\boldsymbol{d}^1=-\boldsymbol{g}_1+\frac{\|\boldsymbol{g}_1\|^2}{\|\boldsymbol{g}_0\|^2}\boldsymbol{d}^0$$

(4) 沿 $\boldsymbol{d}^1$ 方向进行一维搜索，得

$$\boldsymbol{x}^2=\boldsymbol{x}^1+\lambda_1\boldsymbol{d}^1$$

(5) 计算 $\boldsymbol{x}^2$ 点处的梯度 $\boldsymbol{g}_2$。由梯度概念的几何意义有 $(\boldsymbol{d}^1)^{\mathrm{T}}\boldsymbol{g}_2=0$，得

$$(-\boldsymbol{g}_1+\beta_0\boldsymbol{d}^0)^{\mathrm{T}}\boldsymbol{g}_2=0 \tag{5-21}$$

因为 $\boldsymbol{d}^0$ 和 $\boldsymbol{d}^1$ 共轭，根据式(5-19)表示的梯度与共轭向量的关系，有

$$(\boldsymbol{d}^0)^{\mathrm{T}}(\boldsymbol{g}_2-\boldsymbol{g}_1)=0$$

因为 $(\boldsymbol{d}^0)^{\mathrm{T}}\boldsymbol{g}_1=0$，所以有 $(\boldsymbol{d}^0)^{\mathrm{T}}\boldsymbol{g}_2=0$，即 $\boldsymbol{g}_0$ 和 $\boldsymbol{g}_2$ 也是正交的。同时根据式(5-21)得 $\boldsymbol{g}_1^{\mathrm{T}}\boldsymbol{g}_2=0$，即 $\boldsymbol{g}_2$ 和 $\boldsymbol{g}_1$ 也是正交的。因此，$\boldsymbol{g}_0$、$\boldsymbol{g}_1$ 和 $\boldsymbol{g}_2$ 构成一个正交系。

(6) 在 $\boldsymbol{g}_0$、$\boldsymbol{g}_1$ 和 $\boldsymbol{g}_2$ 构成的正交系中，求与 $\boldsymbol{d}^0$ 和 $\boldsymbol{d}^1$ 均共轭的方向 $\boldsymbol{d}^2$ 作为下次迭代的搜索方向。具体方法如下：

设

$$\boldsymbol{d}^2=-\boldsymbol{g}_2+\gamma_1\boldsymbol{g}_1+\gamma_0\boldsymbol{g}_0$$

式中　γ_1、γ_0——待定的系数。

因为 $\boldsymbol{d}^0$、$\boldsymbol{d}^1$ 和 $\boldsymbol{d}^2$ 均共轭，由式(5-19)，得

$$\begin{cases}(-\boldsymbol{g}_2+\gamma_1\boldsymbol{g}_1+\gamma_0\boldsymbol{g}_0)^{\mathrm{T}}(\boldsymbol{g}_1-\boldsymbol{g}_0)=0\\(-\boldsymbol{g}_2+\gamma_1\boldsymbol{g}_1+\gamma_0\boldsymbol{g}_0)^{\mathrm{T}}(\boldsymbol{g}_2-\boldsymbol{g}_1)=0\end{cases}$$

由于 $\boldsymbol{g}_0$、$\boldsymbol{g}_1$ 和 $\boldsymbol{g}_2$ 构成一个正交系，所以有

$$\begin{cases}\gamma_1\boldsymbol{g}_1^{\mathrm{T}}\boldsymbol{g}_1+\gamma_0\boldsymbol{g}_0^{\mathrm{T}}\boldsymbol{g}_0=0\\-\boldsymbol{g}_2^{\mathrm{T}}\boldsymbol{g}_2-\gamma_1\boldsymbol{g}_1^{\mathrm{T}}\boldsymbol{g}_1=0\end{cases}$$

求解上述方程组，可得

$$
\begin{cases}
\gamma_1 = -\dfrac{\boldsymbol{g}_2^{\mathrm{T}}\boldsymbol{g}_2}{\boldsymbol{g}_1^{\mathrm{T}}\boldsymbol{g}_1} = -\dfrac{\|\boldsymbol{g}_2\|^2}{\|\boldsymbol{g}_1\|^2} \\
\gamma_0 = \gamma_1 \dfrac{\boldsymbol{g}_1^{\mathrm{T}}\boldsymbol{g}_1}{\boldsymbol{g}_0^{\mathrm{T}}\boldsymbol{g}_0}
\end{cases}
$$

令 $\beta = -\gamma_1$，结合式(5－19)，则有

$$\gamma_0 = -\beta_1\beta_0$$

因此，可得

$$
\begin{aligned}
\boldsymbol{d}^2 &= -\boldsymbol{g}_2 + \gamma_1\boldsymbol{g}_1 + \gamma_0\boldsymbol{g}_0 \\
&= -\boldsymbol{g}_2 - \beta_1\boldsymbol{g}_1 - \beta_1\beta_0\boldsymbol{g}_0 \\
&= -\boldsymbol{g}_2 + \beta_1(-\boldsymbol{g}_1 + \beta_0\boldsymbol{d}^0) \\
&= -\boldsymbol{g}_2 + \beta_1\boldsymbol{d}^1
\end{aligned}
$$

即

$$\boldsymbol{d}^2 = -\boldsymbol{g}_2 + \frac{\|\boldsymbol{g}_2\|^2}{\|\boldsymbol{g}_1\|^2}\boldsymbol{d}^1$$

(7) 将 $\boldsymbol{d}^2$ 作为新的搜索方向进行一维搜索。实际上，此时可得共轭方向的递推公式为

$$\boldsymbol{d}^{k+1} = -\boldsymbol{g}_{k+1} + \frac{\|\boldsymbol{g}_{k+1}\|^2}{\|\boldsymbol{g}_k\|^2}\boldsymbol{d}^k \tag{5-22}$$

(8) 根据式(5－22)如此继续下去，沿着这些共轭方向一直搜索，直到迭代点处梯度的模小于给定的允许值为止。若目标函数为非二次函数，经过 n 次迭代可能还是不能到达最优点，这时可以以最后得到的点作为初始点，重新计算共轭方向，一直到满足精度要求为止。

【例 5－3】 用共轭梯度法求二次函数 $f(\boldsymbol{x}) = x_1^2 + 4x_2^2 - 2x_1x_2 - 4x_1$ 的极小点及极小值。

解　方法一：解析法求解。取初始点 $\boldsymbol{x}^0 = [1,1]^{\mathrm{T}}$，则

$$\boldsymbol{g}_0 = \nabla f(\boldsymbol{x}^0) = \begin{bmatrix} 2x_1 - 2x_2 - 4 \\ 8x_2 - 2x_1 \end{bmatrix}_{x^0} = \begin{bmatrix} -4 \\ 6 \end{bmatrix}$$

取

$$\boldsymbol{d}^0 = -\boldsymbol{g}_0 = \begin{bmatrix} 4 \\ -6 \end{bmatrix}$$

沿 $\boldsymbol{d}^0$ 方向进行一维搜索，得

$$\boldsymbol{x}^1 = \boldsymbol{x}^0 + \lambda_0\boldsymbol{d}^0 = \begin{bmatrix} 1 \\ 1 \end{bmatrix} + \lambda_0\begin{bmatrix} 4 \\ -6 \end{bmatrix} = \begin{bmatrix} 1 + 4\lambda_0 \\ 1 - 6\lambda_0 \end{bmatrix}$$

通过 $f(\boldsymbol{x}^1) = \min\limits_{\lambda}\phi_1(\lambda)$，$\phi'_1(\lambda) = 0$，求得

$$\lambda_0 = \frac{1}{8}$$

则

$$\boldsymbol{x}^1 = \begin{bmatrix} 3/2 \\ 1/4 \end{bmatrix}$$

为建立第二个共轭方向 $\boldsymbol{d}^1$,则需要计算 $\boldsymbol{x}^1$ 点的梯度及系数 β_0,即

$$\boldsymbol{g}_1 = \nabla f(\boldsymbol{x}^1) = \begin{bmatrix} 2x_1 - 2x_2 - 4 \\ 8x_2 - 2x_1 \end{bmatrix}_{x^0} = \begin{bmatrix} -3/2 \\ -1 \end{bmatrix}$$

$$\beta_0 = \frac{\boldsymbol{g}_1^{\mathrm{T}}\boldsymbol{g}_1}{\boldsymbol{g}_0^{\mathrm{T}}\boldsymbol{g}_0} = \frac{\|\boldsymbol{g}_1\|^2}{\|\boldsymbol{g}_0\|^2} = \frac{1}{16}$$

从而求得第二个共轭方向 $\boldsymbol{d}^1$,即

$$\boldsymbol{d}^1 = -\boldsymbol{g}_1 + \beta_0\boldsymbol{d}^0 = \begin{bmatrix} 7/4 \\ 5/8 \end{bmatrix}$$

再沿 $\boldsymbol{d}^1$ 进行一维搜索,得

$$\boldsymbol{x}^2 = \boldsymbol{x}^1 + \lambda_1\boldsymbol{d}^1 = \begin{bmatrix} \dfrac{3}{2} + \dfrac{7}{4}\lambda_1 \\ \dfrac{1}{4} + \dfrac{5}{8}\lambda_1 \end{bmatrix}$$

通过 $f(\boldsymbol{x}^2) = \min\limits_{\lambda}\phi_2(\lambda)$,$\phi'(\lambda) = 0$,求得

$$\lambda_1 = \frac{2}{3}$$

则

$$\boldsymbol{x}^2 = \boldsymbol{x}^1 + \lambda_1\boldsymbol{d}^1 = \begin{bmatrix} 8/3 \\ 2/3 \end{bmatrix}$$

计算 $\boldsymbol{x}^2$ 点处的梯度,即

$$\boldsymbol{g}_2 = \nabla f(\boldsymbol{x}^2) = \begin{bmatrix} 2x_1 - 2x_2 - 4 \\ 8x_2 - 2x_1 \end{bmatrix}_{x^0} = \begin{bmatrix} 0 \\ 0 \end{bmatrix} = \boldsymbol{0}$$

说明 $\boldsymbol{x}^2$ 点满足极值必要条件,再根据 $\boldsymbol{x}^2$ 点的海赛矩阵

$$\boldsymbol{H}(\boldsymbol{x}^2) = \begin{bmatrix} 2 & -2 \\ -2 & 8 \end{bmatrix}$$

为正定矩阵,可知 $\boldsymbol{x}^2$ 满足极值充要条件,故 $\boldsymbol{x}^2$ 为极小点,即

$$\boldsymbol{x}^* = \boldsymbol{x}^2 = \begin{bmatrix} 8/3 \\ 2/3 \end{bmatrix}$$

而函数极小值 $f(\boldsymbol{x}^*) = -\dfrac{16}{3}$。

由以上计算过程可以看出,除第一次的搜索方向取负梯度方向外,其余迭代步的搜索方向是将负梯度方向偏转了一个角度,所以共轭梯度法实质上梯度法的一种改进,故也称旋转梯度法。

方法二:用 MATLAB 软件求解本题。在 MATLAB 的 M 文件编辑器中编写共轭梯度法 M 主文件如下:

```
% 文件名 eg5_3.m
% 共轭梯度法求解二元二次函数的最优解
x0 =[1;1];                              % 初始点
```

```
xk = x0;
g0 = zeros(2,1);
g1 = zeros(2,1);
g2 = zeros(2,1);
d0 = zeros(2,1);
d1 = zeros(2,1);
syms x1
syms x2
xk1 = xk;
% 计算xk点的梯度及梯度值
fun = fun(x1,x2);
fx1 = diff(fun,'x1');
fx2 = diff(fun,'x2');
fun = inline(fun);
fx1 = inline(fx1);
fx2 = inline(fx2);
funval = feval(fun,xk1(1),xk1(2));
gradx1 = feval(fx1,xk1(1),xk1(2));
gradx2 = feval(fx2,xk1(1),xk1(2));
% 计算搜索方向d0
d0(1) = -gradx1;
d0(2) = -gradx2;
g0(1) = gradx1;
g0(2) = gradx2;
% 沿搜索方向d0进行一维搜索
syms a;
syms x1;
syms x2;
x = xk1 + a * d0;
x1 = x(1);
x2 = x(2);
% 确定最佳步长
fun1 = fun(x1,x2);
fxa = diff(fun1,'a');
a = solve(fxa);
x = inline(x);
x = feval(x,a);
xk(1) = eval(x(1));
xk(2) = eval(x(2));
xk1 = xk;
gradx1 = feval(fx1,xk1(1),xk1(2));
gradx2 = feval(fx2,xk1(1),xk1(2));
g1(1) = gradx1;
```

```
g1(2) = gradx2;
% 建立第二个共轭方向 d1
p0 = (norm(g1)/norm(g0))^2;
d1 = - g1 + p0 * d0;
% 沿第 d1 进行一维搜索
syms a;
x = xk1 + a * d1;
x1 = x(1);
x2 = x(2);
% 确定最佳搜索步长
fun1 = fun(x1,x2);
fxa = diff(fun1,'a');
a = solve(fxa);
% 计算 xk 点的函数值
x = inline(x);
x = feval(x,a);
xk(1) = eval(x(1));
xk(2) = eval(x(2));
xk1 = xk;
```

5.4 变尺度法

在例 5-1 中，对函数 $f(\boldsymbol{x}) = 4x_1^2 + 9x_2^2$ 利用梯度法需要多次迭代步才能找到函数极小点，而在进行尺度变换 $y_1 = 2x_1$ 和 $y_2 = 3x_2$ 后，用梯度法仅用一步迭代即可求得极小点。本节首先从来从理论上来对这一现象作一分析，然后介绍基于这一现象的解决无约束优化问题的另一种方法，即变尺度法。

5.4.1 变尺度法原理

1. 尺度变换的概念

对于二次函数

$$f(\boldsymbol{x}) = \frac{1}{2}\boldsymbol{x}^{\mathrm{T}}\boldsymbol{H}\boldsymbol{x} + \boldsymbol{b}^{\mathrm{T}}\boldsymbol{x} + c$$

引入变换矩阵 $\boldsymbol{Q}$，改变变量的坐标尺度，做变换 $\boldsymbol{Qx} \to \boldsymbol{x}$。通过尺度变换后，函数的二次项变换为

$$\frac{1}{2}\boldsymbol{x}^{\mathrm{T}}\boldsymbol{H}\boldsymbol{x} \to \frac{1}{2}\boldsymbol{x}^{\mathrm{T}}\boldsymbol{Q}^{\mathrm{T}}\boldsymbol{H}\boldsymbol{Q}\boldsymbol{x}$$

如果矩阵 $\boldsymbol{H}$ 是正定矩阵，则可以选择满足下式的变换矩阵 $\boldsymbol{Q}$：

$$\boldsymbol{Q}^{\mathrm{T}}\boldsymbol{H}\boldsymbol{Q} = \boldsymbol{I} \tag{5-23}$$

经过这样的变换后，函数的等值线为圆，即偏心程度为零。

对式(5-23)进行变换，可得到矩阵 $\boldsymbol{H}$ 的逆矩阵为

$$H^{-1} = QQ^{\mathrm{T}} \tag{5-24}$$

基于上式,牛顿迭代法中的牛顿方向可写为

$$d^k = -H^{-1}\nabla f(x^k) = -QQ^{\mathrm{T}}\nabla f(x^k)$$

相应地,牛顿迭代公式变为

$$x^{k+1} = x^k + \lambda_k d^k = x^k - \lambda_k QQ^{\mathrm{T}}\nabla f(x^k)$$

例5-1中的二次函数$f(x)=4x_1^2+9x_2^2$可化为标准二次型函数,即

$$f(x) = \frac{1}{2}[x_1 \quad x_2]\begin{bmatrix}8 & 0\\0 & 18\end{bmatrix}\begin{bmatrix}x_1\\x_2\end{bmatrix}$$

则

$$H = \begin{bmatrix}8 & 0\\0 & 18\end{bmatrix}$$

选取

$$Q = \begin{bmatrix}\frac{1}{2\sqrt{2}} & 0\\0 & \frac{1}{3\sqrt{2}}\end{bmatrix}$$

做变换$Qx \to x$,则在变换后的坐标中,有

$$Q^{\mathrm{T}}HQ = \begin{bmatrix}\frac{1}{2\sqrt{2}} & 0\\0 & \frac{1}{3\sqrt{2}}\end{bmatrix}\begin{bmatrix}8 & 0\\0 & 18\end{bmatrix}\begin{bmatrix}\frac{1}{2\sqrt{2}} & 0\\0 & \frac{1}{3\sqrt{2}}\end{bmatrix} = I$$

根据式(5-24),可以得到矩阵H的逆矩阵为

$$H^{-1} = QQ^{\mathrm{T}}\begin{bmatrix}\frac{1}{2\sqrt{2}} & 0\\0 & \frac{1}{3\sqrt{2}}\end{bmatrix}\begin{bmatrix}\frac{1}{2\sqrt{2}} & 0\\0 & \frac{1}{3\sqrt{2}}\end{bmatrix} = \begin{bmatrix}\frac{1}{8} & 0\\0 & \frac{1}{18}\end{bmatrix}$$

由上式可以看到,这个结果与例5-1中一致,以$d^k=-H^{-1}\nabla f(x^k)=-QQ^{\mathrm{T}}\nabla f(x^k)$作为搜索方向,只需要通过一次迭代即可求得极小点和极小值。

QQ^{T}刻画了变量x在尺度比例上的变化情况。记

$$A = QQ^{\mathrm{T}} \tag{5-25}$$

则称A为尺度矩阵。相应地,牛顿法迭代公式变为

$$x^{k+1} = x^k + \lambda_k d^k = x^k - \lambda_k A\nabla f(x^k) \tag{5-26}$$

与梯度法迭代公式

$$x^{k+1} = x^k - \lambda_k \nabla f(x^k)$$

相比可以看出,两者的差别是牛顿法中多了尺度矩阵A。因此,牛顿法可以看成是经过尺度变换的梯度法。

尺度变换的结果是直接改变了函数等值面的形状,使其变为球面或超球面,函数在搜索空间中的任意点处的梯度都会通过极小值点,因此,对于二次函数,牛顿方向是指向极

小点的,这就是梯度法在尺度变换后以及牛顿法只需要经过一次迭代即可找到极小点的原因。

2. 变尺法的基本思想

利用牛顿法求函数的极值时,需要在每次迭代过程中计算函数的海赛矩阵的逆矩阵 $\boldsymbol{H}_k^{-1}$,增加了计算的工作量和存储空间。因此,可以考虑用式(5-26)来完成函数极小点的寻找,即在迭代过程中构造变尺度矩阵 $\boldsymbol{A}_k$ 的序列$\{\boldsymbol{A}_k\}$来替换牛顿法公式中的海赛矩阵的逆矩阵序列$\{\boldsymbol{H}_k^{-1}\}$。在牛顿法中,每迭代一次,海赛矩阵的逆矩阵 $\boldsymbol{H}_k^{-1}$ 改变一次,同样,所构造的变尺度矩阵 $\boldsymbol{A}_k$ 也是每迭代一次,改变一次,因此将这种利用式(5-26)寻找函数极小值点的方法称为变尺度法。

在变尺度法中,需要首先解决构造尺度矩阵 $\boldsymbol{A}_k$ 方法问题。该方法应该能够使 $\boldsymbol{A}_k$ 与 $\boldsymbol{H}_k^{-1}$ 接近,且容易实现。为了满足这样的要求,必须对 $\boldsymbol{A}_k$ 作以下的限定:

(1) 变尺度矩阵序列$\{\boldsymbol{A}_k\}$中的每个 $\boldsymbol{A}_k$ 应为正定矩阵。迭代过程中为保证 $f(\boldsymbol{x}^{k+1}) < f(\boldsymbol{x}^k)$,搜索方向 $\boldsymbol{d}^k = -\boldsymbol{A}_k\boldsymbol{g}_k$ 为下降方向,即 $\boldsymbol{g}_k^{\mathrm{T}}\boldsymbol{d}^k = -\boldsymbol{g}_k^{\mathrm{T}}\boldsymbol{A}_k\boldsymbol{g}_k < 0$,意味着 $\boldsymbol{g}_k^{\mathrm{T}}\boldsymbol{A}_k\boldsymbol{g}_k > 0$,所以 $\boldsymbol{H}_k$ 应为正定矩阵。

(2) 构造变尺度矩阵序列$\{\boldsymbol{A}_k\}$的方法应该是简单、易于实现的。常用构造方法的形式为

$$\boldsymbol{A}_{k+1} = \boldsymbol{A}_k + \boldsymbol{E}_k \tag{5-27}$$

式中 $\boldsymbol{E}_k$——校正矩阵。

(3) 为了保证变尺度矩阵 $\boldsymbol{A}_k$ 能够很好地近似 $\boldsymbol{H}_k^{-1}$,变尺度矩阵序列$\{\boldsymbol{A}_k\}$应该满足拟牛顿条件。下面介绍拟牛顿条件。

对于具有正定矩阵 $\boldsymbol{H}$ 的二次函数 $f(\boldsymbol{x})$,根据泰勒展开,得

$$\boldsymbol{g}_k + \boldsymbol{H}(\boldsymbol{x}^{k+1} - \boldsymbol{x}^k) = \boldsymbol{g}_{k+1}$$

整理,可得

$$\boldsymbol{H}^{-1}(\boldsymbol{g}_{k+1} - \boldsymbol{g}_k) = \boldsymbol{x}^{k+1} - \boldsymbol{x}^k$$

对具有正定海赛矩阵的函数,在极小点附近可以用二次函数很好地近似,所以可令 $\boldsymbol{H}^{-1} = \boldsymbol{A}_{k+1}$,上式变为

$$\boldsymbol{A}_{k+1}(\boldsymbol{g}_{k+1} - \boldsymbol{g}_k) = \boldsymbol{x}^{k+1} - \boldsymbol{x}^k \tag{5-28}$$

这样,变尺度矩阵 $\boldsymbol{A}_k$ 能够很好地近似 $\boldsymbol{H}_k^{-1}$。上面的关系式称为拟牛顿条件(或拟牛顿方程)。

做如下的变量代换

$$\boldsymbol{y}_k = \boldsymbol{g}_{k+1} - \boldsymbol{g}_k$$

$$\boldsymbol{s}_k = \boldsymbol{x}^{k+1} - \boldsymbol{x}^k$$

则,式(5-28)的拟牛顿条件可简写为

$$\boldsymbol{A}_{k+1}\boldsymbol{y}_k = \boldsymbol{s}_k$$

将式(5-27)代入,得

$$(\boldsymbol{A}_k + \boldsymbol{E}_k)\boldsymbol{y}_k = \boldsymbol{s}_k$$

即

$$\boldsymbol{E}_k\boldsymbol{y}_k = \boldsymbol{s}_k - \boldsymbol{A}_k\boldsymbol{y}_k$$

对于校正矩阵 $\boldsymbol{E}_k$ 的计算方法有许多,不同的计算方法对应不同的变尺度方法,但无论何种方法,$\boldsymbol{E}_k$ 均应该满足上述的拟牛顿条件。

计算校正矩阵 $\boldsymbol{E}_k$ 常用的方法为 DFP 算法,由戴维登(Davidon)于 1959 年提出,后来由弗莱彻(Fletcher)和鲍威尔(Powell)于 1963 年做了改进,故用三个人名字的头一个字母命名为 DFP。

在 DFP 算法中,校正矩阵取下列形式:

$$\boldsymbol{E}_k = \alpha_k\boldsymbol{u}_k\boldsymbol{u}_k^{\mathrm{T}} + \beta_k\boldsymbol{v}_k\boldsymbol{v}_k^{\mathrm{T}} \tag{5-29}$$

式中 $\boldsymbol{u}_k$、$\boldsymbol{v}_k$——待定的 n 维向量;

α_k、β_k——待定系数

校正矩阵必须满足拟牛顿条件,即式(5-28),有

$$(\alpha_k\boldsymbol{u}_k\boldsymbol{u}_k^{\mathrm{T}} + \beta\boldsymbol{v}_k\boldsymbol{v}_k^{\mathrm{T}})\boldsymbol{y}_k = \boldsymbol{s}_k - \boldsymbol{A}_k\boldsymbol{y}_k$$

满足上式的 $\boldsymbol{u}_k$ 和 $\boldsymbol{v}_k$ 有多种取法,比较简单的一种取法如下:

$$\alpha_k\boldsymbol{u}_k\boldsymbol{u}_k^{\mathrm{T}}\boldsymbol{y}_k = \boldsymbol{s}_k$$

$$\beta_k\boldsymbol{v}_k\boldsymbol{v}_k^{\mathrm{T}}\boldsymbol{y}_k = -\boldsymbol{A}_k\boldsymbol{y}_k$$

因为 $\boldsymbol{u}_k^{\mathrm{T}}\boldsymbol{y}_k$ 和 $\boldsymbol{v}_k^{\mathrm{T}}\boldsymbol{y}_k$ 都是数量,因此,可以取

$$\boldsymbol{u}_k = \boldsymbol{s}_k$$

$$\boldsymbol{v}_k = \boldsymbol{A}_k\boldsymbol{y}_k$$

从而,可以求出 α_k 和 β_k,即

$$\alpha_k = \frac{1}{\boldsymbol{s}_k^{\mathrm{T}}\boldsymbol{y}_k}$$

$$\beta_k = \frac{1}{\boldsymbol{y}_k^{\mathrm{T}}\boldsymbol{A}_k\boldsymbol{y}_k}$$

综合上述分析,可以得到 DFP 算法变尺度矩阵的迭代公式为

$$\boldsymbol{A}_{k+1} = \boldsymbol{A}_k + \frac{\boldsymbol{s}_k\boldsymbol{s}_k^{\mathrm{T}}}{\boldsymbol{s}_k^{\mathrm{T}}\boldsymbol{y}_k} - \frac{\boldsymbol{A}_k\boldsymbol{y}_k\boldsymbol{y}_k^{\mathrm{T}}\boldsymbol{A}_k}{\boldsymbol{y}_k^{\mathrm{T}}\boldsymbol{A}_k\boldsymbol{y}_k} \tag{5-30}$$

利用拟牛顿条件,可以构造出一个变尺度矩阵 $\boldsymbol{A}_{k+1}$ 对海赛矩阵 $\boldsymbol{H}_{k+1}^{-1}$ 的逆矩阵进行逼近,而无需计算海赛矩阵,这类方法统称拟牛顿法。所以变尺度矩阵方法也是一种拟牛顿方法。同时,也可以证明对于具有正定矩阵 $\boldsymbol{H}$ 的二次函数,变尺度法能够产生对 $\boldsymbol{H}$ 的共轭搜索方向,因此,其又是一种共轭方向法。

5.4.2 变尺度法流程

(1) 初始化。给定初始点 $\boldsymbol{x}^0$ 和收敛精度 ε 等。

(2) 置迭代变量 $k=0$,计算函数在 $\boldsymbol{x}^0$ 点梯度 $\boldsymbol{g}_0 = \nabla f(\boldsymbol{x}^0)$,初始的变尺度矩阵 $\boldsymbol{A}_0$ 一般选单位矩阵 $\boldsymbol{I}$,以满足对称正定的要求。

(3) 计算搜索方向 $\boldsymbol{d}^k = -\boldsymbol{A}_k\boldsymbol{g}_k$。

(4) 沿搜索方向进行一维搜索 $\boldsymbol{x}^{k+1} = \boldsymbol{x}^k + \lambda_k\boldsymbol{d}^k$。

(5) 计算 $\boldsymbol{g}_{k+1}=\nabla f(\boldsymbol{x}^{k+1})$, $\boldsymbol{y}_k=\boldsymbol{g}_{k+1}-\boldsymbol{g}_k$, $\boldsymbol{s}_k=\boldsymbol{x}^{k+1}-\boldsymbol{x}^k$。

(6) 是否满足迭代终止准则 $\|\boldsymbol{x}^{k+1}-\boldsymbol{x}^k\|<\varepsilon$,满足,$\boldsymbol{x}^*=\boldsymbol{x}^{k+1}$,停机;否则转到步骤(7)执行。

(7) 是否迭代 n 次:是,重置 $\boldsymbol{A}_0=\boldsymbol{I}$,并以当前 $\boldsymbol{x}^{k+1}$ 点为初始点 $\boldsymbol{x}^*=\boldsymbol{x}^0$,返回步骤(2),进行新一轮迭代;否,转到步骤(8)。

(8) 计算校正矩阵 $\boldsymbol{E}_k$。

(9) 计算变尺度矩阵 $\boldsymbol{A}_{k+1}=\boldsymbol{A}_k+\boldsymbol{E}_k$,并令 $k=k+1$,转到步骤(3)。

【例 5-4】 用 DFP 算法求二次函数 $f(\boldsymbol{x})=x_1^2+4x_2^2-2x_1x_2-4x_1$ 的极小点及极小值。

解 方法一: 解析法求解。

取初始点 $\boldsymbol{x}^0=[1,1]^{\mathrm{T}}$,计算初始点处的梯度:

$$\boldsymbol{g}_0=\nabla f(\boldsymbol{x}^0)=\begin{bmatrix}2x_1-2x_2-4\\8x_2-2x_1\end{bmatrix}_{x^0}=\begin{bmatrix}-4\\6\end{bmatrix}$$

取初始变尺度矩阵 $\boldsymbol{A}_0=\boldsymbol{I}$,则搜索方向 $\boldsymbol{d}^0$ 为

$$\boldsymbol{d}^0=-\boldsymbol{A}_0\boldsymbol{g}_0=\begin{bmatrix}1&0\\0&1\end{bmatrix}\begin{bmatrix}4\\-6\end{bmatrix}=\begin{bmatrix}4\\-6\end{bmatrix}$$

沿 $\boldsymbol{d}^0$ 方向进行一维搜索,得

$$\boldsymbol{x}^1=\boldsymbol{x}^0+\lambda_0\boldsymbol{d}^0=\begin{bmatrix}1\\1\end{bmatrix}+\lambda_0\begin{bmatrix}4\\-6\end{bmatrix}=\begin{bmatrix}1+4\lambda_0\\1-6\lambda_0\end{bmatrix}$$

通过 $f(x^1)=\min\limits_{\lambda}\phi_1(\lambda)$,$\phi'(\lambda)=0$,求得

$$\lambda_0=\frac{1}{8}$$

则

$$\boldsymbol{x}^1=\begin{bmatrix}3/2\\1/4\end{bmatrix}$$

为建立第二个搜索方向 $\boldsymbol{d}^1$,则需要计算 $\boldsymbol{x}^1$ 点的梯度及 $\boldsymbol{y}_0$ 和 $\boldsymbol{s}_0$,即

$$\boldsymbol{g}_1=\nabla f(\boldsymbol{x}^1)=\begin{bmatrix}2x_1-2x_2-4\\8x_2-2x_1\end{bmatrix}_{x^0}=\begin{bmatrix}-3/2\\-1\end{bmatrix}$$

$$\boldsymbol{y}_0=\boldsymbol{g}_1-\boldsymbol{g}_0=\begin{bmatrix}\dfrac{-3}{2}\\-1\end{bmatrix}-\begin{bmatrix}-4\\6\end{bmatrix}=\begin{bmatrix}5/2\\-7\end{bmatrix}$$

$$\boldsymbol{s}_0=\boldsymbol{x}^1-\boldsymbol{x}^0=\begin{bmatrix}3/2\\1/4\end{bmatrix}-\begin{bmatrix}1\\1\end{bmatrix}=\begin{bmatrix}1/2\\-3/4\end{bmatrix}$$

根据变尺度矩阵的迭代更新公式,有

$$\boldsymbol{A}_1=\boldsymbol{A}_0+\frac{\boldsymbol{s}_0\boldsymbol{s}_0^{\mathrm{T}}}{\boldsymbol{s}_0^{\mathrm{T}}\boldsymbol{y}_0}-\frac{\boldsymbol{A}_0\boldsymbol{y}_0\boldsymbol{y}_0^{\mathrm{T}}\boldsymbol{A}_0}{\boldsymbol{y}_0^{\mathrm{T}}\boldsymbol{A}_0\boldsymbol{y}_0}$$

代入各相关变量,得

$$A_1 = \begin{bmatrix} \frac{409}{442} & \frac{229}{884} \\ \frac{229}{884} & \frac{353}{1768} \end{bmatrix}$$

第二次的搜索方向为

$$d^1 = -A_1 g_1 = \begin{bmatrix} \frac{409}{442} & \frac{229}{884} \\ \frac{229}{884} & \frac{353}{1768} \end{bmatrix} \begin{bmatrix} 3/2 \\ 1 \end{bmatrix} = \begin{bmatrix} 1456/884 \\ 1040/1768 \end{bmatrix}$$

再沿 d^1 进行一维搜索,得

$$x^2 = x^1 + \lambda_1 d^1 = \begin{bmatrix} \frac{3}{2} + \frac{1456}{884}\lambda_1 \\ \frac{1}{4} + \frac{1040}{1768}\lambda_1 \end{bmatrix}$$

通过 $f(x^2) = \min\limits_{\lambda} \phi_2(\lambda), \phi'_1(\lambda) = 0$,求得

$$\lambda_1 = \frac{17}{24}$$

则

$$x^2 = x^1 + \lambda_1 d^1 = \begin{bmatrix} 8/3 \\ 2/3 \end{bmatrix}$$

计算 x^2 点处的梯度:

$$g_2 = \nabla f(x^2) = \begin{bmatrix} 2x_1 - 2x_2 - 4 \\ 8x_2 - 2x_1 \end{bmatrix}_{x0} = \begin{bmatrix} 0 \\ 0 \end{bmatrix} = \mathbf{0}$$

说明 x^2 点满足极值必要条件,再根据 x^2 点的海赛矩阵

$$H(x^2) = \begin{bmatrix} 2 & -2 \\ -2 & 8 \end{bmatrix}$$

为正定矩阵,可知 x^2 满足极值充要条件,故 x^2 为极小点,即

$$x^* = x^2 = \begin{bmatrix} 8/3 \\ 2/3 \end{bmatrix}$$

而函数极小值 $f(x^*) = -\frac{16}{3}$。

方法二:用 MATLAB 软件求解本题。在 MATLAB 的 M 文件编辑器中编写变尺度法 M 主文件如下:

```
% 文件名 eg5_4.m
% DFP 法求解二元二次函数的最优解
x0 =[1;1];                                    % 初始点
xk = x0;
```

```
g0 = zeros(2,1);
g1 = zeros(2,1);
g2 = zeros(2,1);
d0 = zeros(2,1);
d1 = zeros(2,1);
A0 = eye(2);                              % 初始化对称正定矩阵
syms x1
syms x2
xk1 = xk;
% 计算梯度
fun = fun(x1,x2);
fx1 = diff(fun,'x1');
fx2 = diff(fun,'x2');
fun = inline(fun);
fx1 = inline(fx1);
fx2 = inline(fx2);
funval = feval(fun,xk1(1),xk1(2));
gradx1 = feval(fx1,xk1(1),xk1(2));
gradx2 = feval(fx2,xk1(1),xk1(2));
g0(1) = gradx1;
g0(2) = gradx2;
d0 = -A0 * g0;                            % 计算搜索方向 d0
% 沿 d0 方向进行一维搜索
syms a;
syms x1;
syms x2;
x = xk1 + a * d0;
x1 = x(1);
x2 = x(2);
% 计算一维搜索最佳步长
fun1 = fun(x1,x2);
fxa = diff(fun1,'a');
a = solve(fxa);
x = inline(x);
x = feval(x,a);
xk1(1) = eval(x(1));
xk1(2) = eval(x(2));
% 按 DFP 算法构造搜索方向 d1
% 计算 g1
gradx1 = feval(fx1,xk1(1),xk1(2));
gradx2 = feval(fx2,xk1(1),xk1(2));
g1(1) = gradx1;
g1(2) = gradx2;
```

```
y0 = g1 - g0;                                       % 计算 y0 和 s0
s0 = x - xk;
A1 = A0 + (s0 * s0')/(s0' * y0) - (A0 * y0 * y0' * A0)/(y0' * A0 * y0); % 利用校正公式计算 H1
d1 = - A1 * g1;
syms a;
syms x1;
syms x2;
x = xk1 + a * d1;                                   % 沿 d1 进行一维搜索
x1 = x(1);
x2 = x(2);
% 确定一维最佳搜索步长
fun1 = fun(x1,x2);
fxa = diff(fun1,'a');
a = solve(fxa);
% 计算 xk1 点
x = inline(x);
x = feval(x,a);
xk1(1) = eval(x(1));
xk1(2) = eval(x(2))
```

说明:

DFP 算法中,如果初始的变尺度矩阵 $\boldsymbol{A}_0$ 为正定矩阵,则其后的变尺度矩阵均为正定矩阵,如上例中的 $\boldsymbol{A}_1$ 矩阵。因此,能够保证 DFP 算法总是下降的。对于高维优化问题,DFP 算法表现出快的收敛速度和收敛精度。不过,由例 5-4 可以看出,计算过程,DFP 算法存在舍入误差,同时由于一维搜索的不精确,可能导致 $\boldsymbol{A}_k$ 奇异,数值稳定性方面不理想。所以陆续出现了一些改进的 DFP 算法,如 BFGS(Broyden - Fletcher - Gold farb - Shanno)算法、麦考密克(McCormick)算法和皮尔逊(Pearson)算法等。

5.5 坐标轮换法

无论是梯度法、牛顿法、共轭梯度法,还是尺度变换法,在搜索过程中都需要函数的梯度信息,算法相对复杂。本节讨论一种不用函数梯度信息的无约束优化方法,即坐标轮换法。坐标轮换法利用目标函数值作为搜索依据,而不需要目的函数的梯度信息,相比较梯度法等前面讨论的算法要简单得多。

坐标轮换法每次搜索时只允许 n 维变量 $\boldsymbol{x}$ 中的某一个发生变化,其余的变量保持不变,即依次轮流对每个变量沿坐标方向进行优化搜索。该方法将多变量优化问题转换为单变量的优化问题,对每个变量依次进行搜索,因此也将其称为变量轮换法。

以二元函数 $f(x_1,x_2)$ 为例说明坐标轮换法的原理,如图 5-4 所示。

(1) 从初始点 $\boldsymbol{x}^0=[x_1^0 \quad x_2^0]^{\mathrm{T}}$ 出发,沿 x_1 坐标方向进行搜索,搜索方向 $\boldsymbol{d}_1^0=\boldsymbol{e}_1=[1 \quad 0]^{\mathrm{T}}$,得 $\boldsymbol{x}_1^0=\boldsymbol{x}^0+\lambda_1^0\boldsymbol{d}_1^0$。

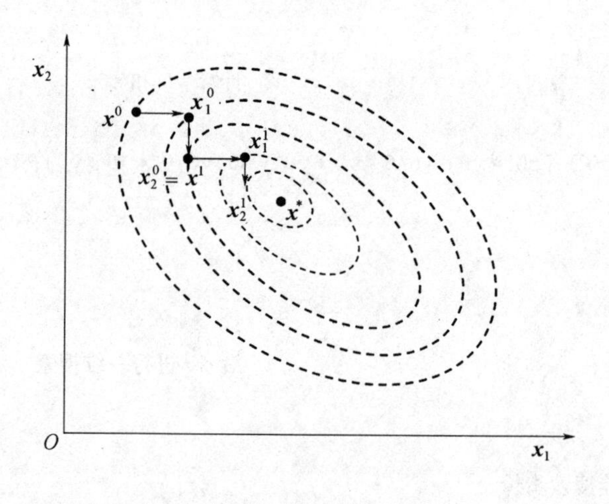

图 5－4　坐标轮换法示意图

(2) 按照一维搜索方法确定最佳步长因子 λ_1^0,即其满足$\min\limits_{\lambda_1^0}(\boldsymbol{x}^0+\lambda_1^0\boldsymbol{d}_1^0)$。

(3) 根据步长因子 λ_1^0,求得 $\boldsymbol{x}_1^0$。

(4) 然后从 $\boldsymbol{x}_1^0$ 出发,沿 x_2 坐标方向进行搜索,搜索方向 $\boldsymbol{d}_2^0=\boldsymbol{e}_2=[0\quad 1]^{\mathrm{T}}$,得 $\boldsymbol{x}_2^0=\boldsymbol{x}^1=\boldsymbol{x}_1^0+\lambda_2^0\boldsymbol{d}_2^0$。

(5) 按照一维搜索方法确定最佳步长因子 λ_2^0,即其满足$\min\limits_{\lambda_2^0}(\boldsymbol{x}^0+\lambda_2^0\boldsymbol{d}_2^0)$。

(6) 根据步长因子 λ_2^0 求得 $\boldsymbol{x}_2^0$,即第一次迭代后最终的迭代点 $\boldsymbol{x}^1=[x_1^1\quad x_2^1]$。

(7) 判断是否满足精度要求,即 $\|\boldsymbol{x}^1-\boldsymbol{x}^0\|\leqslant\varepsilon$ 是否成立,若满足,则 $x^*=\boldsymbol{x}^1$;否则,以 $\boldsymbol{x}^1$ 作为起始点,重新依次沿各坐标方向进行下一轮的搜索,直到满足精度要求。

更加一般地,若 $f(\boldsymbol{x})$ 为 n 维函数,则其在第 k 轮依次沿 i 个方向 $\boldsymbol{d}_i^k=\boldsymbol{e}_i$($\boldsymbol{e}_i$ 为第 i 个元素为 1,其他元素为 0 的 n 维向量)进行搜索,迭代公式为

$$\boldsymbol{x}_i^k=\boldsymbol{x}_{i-1}^k+\lambda_i^k\boldsymbol{d}_i^k\quad(k=0,1,2,\cdots;i=1,\cdots,n)$$

搜索完成,即 $i=n$ 时,令 $\boldsymbol{x}^{k+1}=\boldsymbol{x}_n^k$。若 $\|\boldsymbol{x}^{k+1}-\boldsymbol{x}^k\|\leqslant\varepsilon$ 成立,则 $x^*=\boldsymbol{x}^{k+1}$;否则,以 $\boldsymbol{x}^{k+1}$ 作为起始点,开始新一轮的搜索,直到满足精度要求。

坐标轮换法的收敛性能与目标函数的等值线形状有很大的关系。例如,对二元二次函数,如果其等值线为圆或为长、短轴与坐标平行的椭圆时,这种方法效果非常有效,一般经过两次搜索即可达到最优点。如果其等值线为长、短轴不平行于坐标轴的椭圆时,则需要多次迭代才能到达最优点。如果等值线出现脊线,本来沿脊线方向一步可到达最优点,但该方法是沿坐标轴方向进行搜索,所以搜索会终止在脊线上而不能找到最优点。

坐标轮换法由于是沿各个坐标轴方向对函数的每一维进行搜索,各维之间在搜索方向上不能实现信息的共享,因此需要经过多次曲折迂回搜索才能到达极值点,且在极值点附近,步长很小,收敛速度非常慢。因此,从实用的角度来说,坐标轮换法并不是一种好的搜索方法。不过,通过对其进行改进,却可以构造出更好的优化算法,如下节要讨论的鲍威尔法。

5.6 鲍威尔法

鲍威尔法也是一种共轭方向法,能够在有限迭代步找到函数的极小值点,是一种具有较好收敛性能的无约束优化方法。但与前面的共轭梯度法利用函数的导数(梯度)来构造共轭方向不同,鲍威尔法是利用函数值来构造共轭方向。同时在共轭向量的构造过程中,引入了坐标轮换的概念,利用搜索前后两个点之间的连线形成新的共轭方向,替换旧的共轭方向。本节将讨论鲍威尔法的原理。

5.6.1 鲍威尔法基本原理

下面以二元二次函数

$$f(\boldsymbol{x}) = \frac{1}{2}\boldsymbol{x}^{\mathrm{T}}\boldsymbol{G}\boldsymbol{x} + \boldsymbol{b}^{\mathrm{T}}\boldsymbol{x} + c$$

为例讨论鲍威尔算法的基本原理和搜索过程,图 5-5 是鲍威尔法搜索过程示意图。

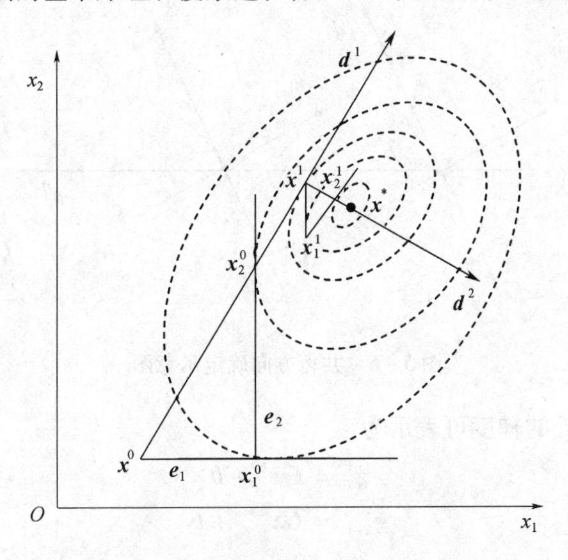

图 5-5　二维鲍威尔法搜索示意图

(1) 设初始点为 $\boldsymbol{x}^0 = [x_1^0 \quad x_2^0]^{\mathrm{T}}$,函数沿坐标方向进行搜索,选取线性无关向量 $\boldsymbol{e}_1 = [1 \quad 0]^{\mathrm{T}}$ 及 $\boldsymbol{e}_2 = [0 \quad 1]^{\mathrm{T}}$ 作为搜索方向。

(2) 从 $\boldsymbol{x}^0$ 出发,沿 $\boldsymbol{e}_1 = [1 \quad 0]^{\mathrm{T}}$ 做一维搜索,得点 $\boldsymbol{x}_1^0$。

(3) 从 $\boldsymbol{x}_1^0$ 出发,沿 $\boldsymbol{e}_2 = [0 \quad 1]^{\mathrm{T}}$ 做一维搜索,得点 $\boldsymbol{x}_2^0$。

(4) 连接第一轮迭代的起始点 $\boldsymbol{x}^0$ 和终止点 $\boldsymbol{x}_2^0$,得搜索方向为

$$\boldsymbol{d}^1 = \boldsymbol{x}_2^0 - \boldsymbol{x}^0$$

(5) 从 $\boldsymbol{x}_2^0$ 出发,沿 $\boldsymbol{d}^1$ 方向做一维搜索,得点 $\boldsymbol{x}^1$,作为下一轮出迭代的起始点,以 $\boldsymbol{e}_2 = [0 \quad 1]^{\mathrm{T}}$ 和 $\boldsymbol{d}^1$ 作为下一轮迭代的搜索方向。

(6) 从 $\boldsymbol{x}^1$ 点出发,沿 $\boldsymbol{e}_2$ 方向作一维搜索,得点 $\boldsymbol{x}_1^1$。

(7) 从 $\boldsymbol{x}_1^1$ 点出发，沿 $\boldsymbol{d}^1$ 方向作一维搜索，得点 $\boldsymbol{x}_2^1$。

(8) 连接第二轮迭代的起始点 $\boldsymbol{x}^1$ 和终止点 $\boldsymbol{x}_2^1$，得搜索方向。

$$\boldsymbol{d}^2 = \boldsymbol{x}_2^1 - \boldsymbol{x}^1$$

(9) 从 $\boldsymbol{x}_2^1$ 出发，沿 $\boldsymbol{d}^2$ 方向做一维搜索，得点 $\boldsymbol{x}^2$，$\boldsymbol{x}^2$ 点即为极小值点 $\boldsymbol{x}^*$。

为什么说 $\boldsymbol{x}^2$ 是极小值点 $\boldsymbol{x}^*$，这是因为两个搜索方向 $\boldsymbol{d}^1$ 和 $\boldsymbol{d}^2$ 对 $\boldsymbol{G}$ 是共轭的。$\boldsymbol{x}^2$ 相当于是从 $\boldsymbol{x}^0$ 出发分别沿 $\boldsymbol{G}$ 的两个共轭方向 $\boldsymbol{d}^1$ 和 $\boldsymbol{d}^2$ 进行两次一维搜索而得到的点，根据前面的知识可知，该点即为二维问题的极小值点 $\boldsymbol{x}^*$。

下面从理论上对 $\boldsymbol{d}^1$、$\boldsymbol{d}^2$ 对 $\boldsymbol{G}$ 的共轭关系进行分析。

设 $\boldsymbol{x}^k$ 和 $\boldsymbol{x}^{k+1}$ 是函数 $f(\boldsymbol{x})$ 从不同点出发，但沿同一方向 $\boldsymbol{d}^i$ 进行一维搜索得到的两个极小值点，如图 5-6 所示。根据梯度和等值面相互垂直的性质，$\boldsymbol{d}^i$ 和 $\boldsymbol{x}^k$、$\boldsymbol{x}^{k+1}$ 两点处的梯度 $\boldsymbol{g}_k$ 和 $\boldsymbol{g}_{k+1}$ 之间存在如下关系：

$$(\boldsymbol{d}^i)^{\mathrm{T}}\boldsymbol{g}_k = 0$$

$$(\boldsymbol{d}^i)^{\mathrm{T}}\boldsymbol{g}_{k+1} = 0$$

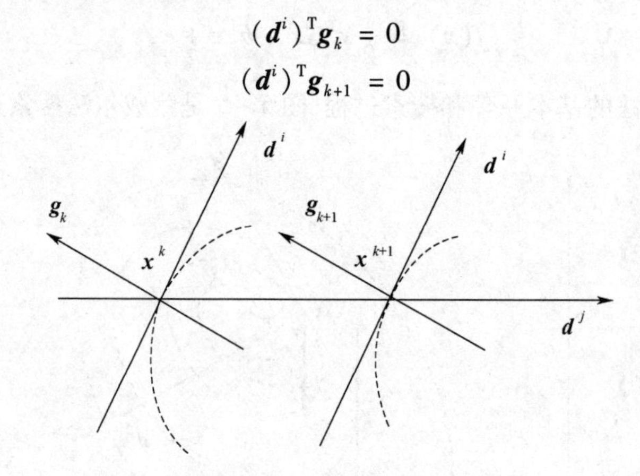

图 5-6　共轭方向确定示意图

而 $\boldsymbol{x}^k$ 和 $\boldsymbol{x}^{k+1}$ 点处的梯度可表示为

$$\boldsymbol{g}_k = \boldsymbol{G}\boldsymbol{x}^k + \boldsymbol{b}$$

$$\boldsymbol{g}_{k+1} = \boldsymbol{G}\boldsymbol{x}^{k+1} + \boldsymbol{b}$$

以上两式相减，得

$$\boldsymbol{g}_{k+1} - \boldsymbol{g}_k = \boldsymbol{G}(\boldsymbol{x}^{k+1} - \boldsymbol{x}^k)$$

即有

$$(\boldsymbol{d}^i)^{\mathrm{T}}\boldsymbol{g}_{k+1} - \boldsymbol{g}_k = (\boldsymbol{d}^i)^{\mathrm{T}}\boldsymbol{G}(\boldsymbol{x}^{k+1} - \boldsymbol{x}^k) = 0$$

如果取 $\boldsymbol{d}^j = \boldsymbol{x}^{k+1} - \boldsymbol{x}^k$，则有

$$(\boldsymbol{d}^i)^{\mathrm{T}}\boldsymbol{G}\boldsymbol{d}^j = 0$$

上式说明，只要沿某一方向 $\boldsymbol{d}^i$ 对函数做两次一维搜索，得到两个极小值点 $\boldsymbol{x}^k$ 和 $\boldsymbol{x}^{k+1}$，则这两个点之间的连线所确定的方向 $\boldsymbol{d}^j = \boldsymbol{x}^{k+1} - \boldsymbol{x}^k$ 就是与 $\boldsymbol{d}^i$ 一起对 $\boldsymbol{G}$ 共轭的方向。

从对二元二次函数鲍威尔法原理进行讨论的过程可以看出，$\boldsymbol{x}^1$ 点相当于是从 $\boldsymbol{x}^0$ 点沿出发 $\boldsymbol{d}^1$ 方向进行搜索而得到的一个极小值点，$\boldsymbol{x}_2^1$ 点相当于是从 $\boldsymbol{x}_1^1$ 点出发沿 $\boldsymbol{d}^1$ 方向进行搜索而得到的一个极小值点。因此,两者的连线方向即 $\boldsymbol{d}^2$ 方向是与 $\boldsymbol{d}^1$ 一起对 $\boldsymbol{G}$ 共轭的方向。

5.6.2 鲍威尔法流程

鲍威尔法利用函数值构造共轭方向,避免了梯度的计算,但鲍威尔法在构造共轭方向时是以连接始点和终点的方向作为新的搜索方向去替换原先搜索向量组中的第一个向量,并没有考虑这样的替换是否“合理”。因此,鲍威尔法中 n 个搜索方向有时会因为“不合理”的替换而变成线性相关,不能形成共轭方向,导致算法失效。

针对基本的鲍威尔法存在的问题,鲍威尔对其进行了改进。在改进的算法中首先要判断原来的向量组中的搜索方向是否需要替换,如果需要替换,还要判断原搜索向量组中哪个向量最差,然后用新产生的这个搜索方向替换掉最差的搜索向量,即要讨论替换的“合理性”,以保证能够生成共轭向量。改进的鲍威尔法具体步骤如下:

(1) 初始化。选取初始点 $\boldsymbol{x}^0$ 和收敛精度 ε,选取 n 个线性无关的向量 $\boldsymbol{d}_1^0,\boldsymbol{d}_2^0,\cdots,\boldsymbol{d}_n^0$ 构成初始的搜索方向组(可以选 n 个坐标轴方向的单位向量 $\boldsymbol{e}_1,\boldsymbol{e}_2,\cdots,\boldsymbol{e}_n$),并设置迭代变量 $k=0$。

(2) 从 $\boldsymbol{x}^k$ 出发,依次沿 $\boldsymbol{d}_1^0,\boldsymbol{d}_2^0,\cdots,\boldsymbol{d}_n^0$ 方向做一维搜索得 $\boldsymbol{x}_1^k,\boldsymbol{x}_2^k,\cdots,\boldsymbol{x}_n^k$。

(3) 以 $\boldsymbol{x}_n^k$ 为起点,沿方向 $\boldsymbol{d}_{n+1}^k=\boldsymbol{x}_n^k-\boldsymbol{x}^k$ 移动 $\boldsymbol{x}_n^k-\boldsymbol{x}^k$ 距离,得

$$\boldsymbol{x}_{n+1}^k = \boldsymbol{x}_n^k + (\boldsymbol{x}_n^k - \boldsymbol{x}^k) = 2\boldsymbol{x}_n^k - \boldsymbol{x}^k$$

式中 $\boldsymbol{x}^k$、$\boldsymbol{x}_n^k$ 和 $\boldsymbol{x}_{n+1}^k$——第 k 次迭代的始点、终点和反射点。

(4) 计算始点、终点和反射点以及各中间点的函数值

$$F_0 = f(\boldsymbol{x}^k)$$
$$F_2 = f(\boldsymbol{x}_n^k)$$
$$F_3 = f(\boldsymbol{x}_{n+1}^k)$$

各中间点处的函数值记为:$f_i=f(\boldsymbol{x}_i^k)\quad(i=0,1,2,\cdots,n)$,因此有 $F_0=f_0,F_2=f_n$。

(5) 计算各相邻点函数值之差 $\eta_i=f_{i-1}-f_i(i=1,2,\cdots,n)$,并找出最大值 $\eta_{\max}=\max\limits_{1\leqslant i\leqslant n}\eta_i=f_{m-1}-f_m$ 以及所在点的位置 m。

(6) 是否满足判别条件:

① $F_3<F_0$

② $(F_0-2F_2+F_3)(F_0-F_2-\eta_{\max})^2<0.5\eta_{\max}(F_0-F_3)^2$

若不满足判别条件,则下轮迭代仍然用原来的搜索方向组,并以 $\boldsymbol{x}_n^k$ 和 $\boldsymbol{x}_{n+1}^k$ 中函数值小者作为下轮迭代的初始点;若满足上述判别条件,则下轮迭代对原来的搜索方向组进行替换,将 $\boldsymbol{d}_{n+1}^k$ 补在搜索方向组的最后,并去掉第 m 个搜索方向 $\boldsymbol{d}_m^k$。下一轮迭代的初始点 $\boldsymbol{x}^{k+1}$ 取为 $\boldsymbol{x}_{n+1}^k$。

(7) 判断是否满足收敛准则 $\|\boldsymbol{x}_n^k-\boldsymbol{x}^k\|<\varepsilon$,若满足,则取 $\boldsymbol{x}^*=\boldsymbol{x}_{n+1}^k$;否则,$k=k+1$,返回步骤(2)继续下一轮迭代。

利用上述改进的算法,能够保证后面加进去的 $\boldsymbol{d}_{n+1}^k$ 与其他搜索方向间彼此共轭。对于二次函数,最多不超过 n 次就能找到极小点;而对于一般函数,大多数情况下要超过 n 次才能找到极小点。

改进的鲍威尔法程序流程框图如图 5-7 所示。

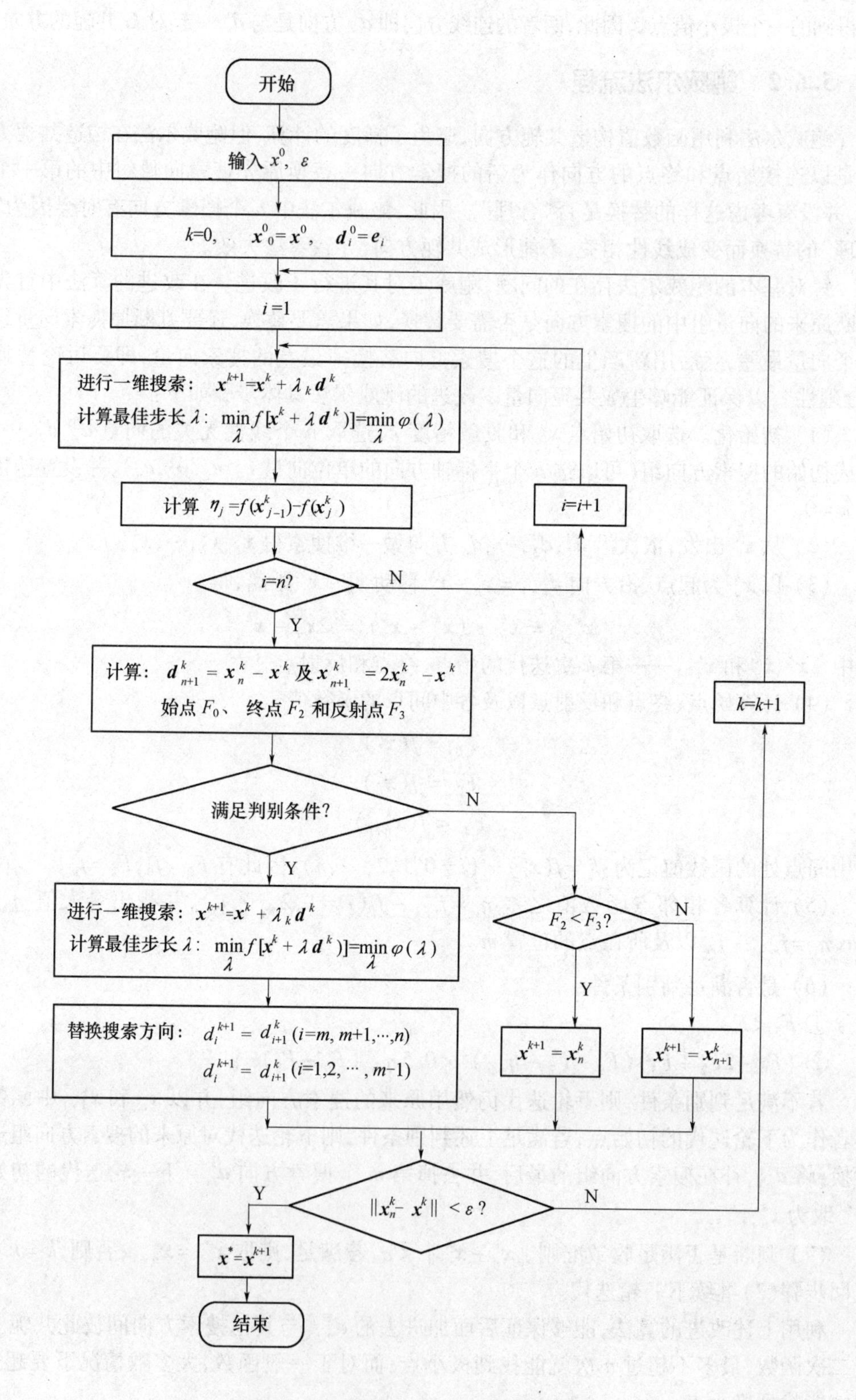

图 5－7　改进的鲍威尔法程序流程框图

【例 5-5】 用鲍威尔法求二次函数 $f(\boldsymbol{x}) = 3(x_1 + x_2 - 2)^2 + (x_1 - x_2)^2$ 的极小点及极小值。

解 方法一:解析法求解。

选取初始点 $\boldsymbol{x}^0 = [0 \quad 0]^{\mathrm{T}}$,初始搜索方向 $\boldsymbol{d}_2^0 = \boldsymbol{e}_2 = [0 \quad 1]^{\mathrm{T}}, \boldsymbol{d}_1^0 = \boldsymbol{e}_1 = [1 \quad 0]^{\mathrm{T}}$,初始点处的函数值 $F_0 = f_0 = 12$。

第一轮迭代:

(1) 沿 $\boldsymbol{d}_1^0 = \boldsymbol{e}_1 = [1 \quad 0]^{\mathrm{T}}$ 方向进行一维搜索:

$$\boldsymbol{x}_1^0 = \boldsymbol{x}^0 + \lambda_1 \boldsymbol{d}_1^0 = \begin{bmatrix} 0 \\ 0 \end{bmatrix} + \lambda_1 \begin{bmatrix} 1 \\ 0 \end{bmatrix} = \begin{bmatrix} \lambda_1 \\ 0 \end{bmatrix}$$

通过 $f(\boldsymbol{x}_1^0) = \min\limits_{\lambda} \phi_1(\lambda), \phi'_1(\lambda) = 0$,求得 $\lambda_1 = 3/2$。则

$$\boldsymbol{x}_1^0 = \begin{bmatrix} 3/2 \\ 0 \end{bmatrix}$$

从而,有

$$f_1 = f(\boldsymbol{x}_1^0) = 3$$

$$\eta_1 = f_0 - f_1 = 9$$

(2) 沿 $\boldsymbol{d}_2^0 = \boldsymbol{e}_2 = [0 \quad 1]^{\mathrm{T}}$ 方向进行一维搜索:

$$\boldsymbol{x}_2^0 = \boldsymbol{x}_1^0 + \lambda_2 \boldsymbol{d}_2^0 = \begin{bmatrix} 3/2 \\ 0 \end{bmatrix} + \lambda_2 \begin{bmatrix} 0 \\ 1 \end{bmatrix} = \begin{bmatrix} 3/2 \\ \lambda_2 \end{bmatrix}$$

通过 $f(\boldsymbol{x}_1^0) = \min\limits_{\lambda} \phi_1(\lambda), \phi'_1(\lambda) = 0$,求得 $\lambda_2 = 3/4$。则

$$\boldsymbol{x}_2^0 = \begin{bmatrix} 3/2 \\ 3/4 \end{bmatrix}$$

从而,有

$$F_2 = f_2 = f(\boldsymbol{x}_2^0) = 0.75$$

$$\eta_2 = f_1 - f_2 = 2.25$$

反射点及其函数值为

$$\boldsymbol{x}_3^0 = 2\boldsymbol{x}_2^0 - \boldsymbol{x}^0 = 2\begin{bmatrix} 3/2 \\ 3/4 \end{bmatrix} - \begin{bmatrix} 0 \\ 0 \end{bmatrix} = \begin{bmatrix} 3 \\ 3/2 \end{bmatrix}$$

$$F_3 = f(\boldsymbol{x}_3^0) = 21$$

取

$$\eta_{\max} = \max\{\eta_1, \eta_2\} = \eta_1 = 9$$

(3) 因为 $F_3 > F_0$,所以不满足判别条件,因而不替换搜索方向,下一轮迭代仍然使用 $\boldsymbol{d}_1^0 = \boldsymbol{e}_1 = [1 \quad 0]^{\mathrm{T}}, \boldsymbol{d}_1^0 = \boldsymbol{e}_1 = [1 \quad 0]^{\mathrm{T}}$;因为 $F_2 < F_3$,所以取 $\boldsymbol{x}_2^0$ 为下一轮迭代的起始点,即 $\boldsymbol{x}^1 = \boldsymbol{x}_2^0$。

第二轮迭代:

初始点 $\boldsymbol{x}^1 = \boldsymbol{x}_2^0 = \begin{bmatrix} 3/2 \\ 3/4 \end{bmatrix}$,初始搜索方向 $\boldsymbol{d}_1^1 = \boldsymbol{e}_1 = [1 \quad 0]^{\mathrm{T}}, \boldsymbol{d}_2^1 = e_1 = [1 \quad 0]^{\mathrm{T}}$,初始点处

的函数值 $F_0 = f_0 = 0.75$。

(1) 沿 $\boldsymbol{d}_1^1 = \boldsymbol{e}_1 = [1 \quad 0]^{\mathrm{T}}$ 方向进行一维搜索：

$$\boldsymbol{x}_1^1 = \boldsymbol{x}^1 + \lambda_1 \boldsymbol{d}_1^1 = \begin{bmatrix} 3 \\ 3/4 \end{bmatrix} + \lambda_1 \begin{bmatrix} 1 \\ 0 \end{bmatrix} = \begin{bmatrix} 3/2 + \lambda_1 \\ 3/4 \end{bmatrix}$$

通过 $f(\boldsymbol{x}_1^1) = \min\limits_{\lambda} \phi_1(\lambda), \phi'_1(\lambda) = 0$，求得 $\lambda_1 = -\dfrac{3}{8}$。则

$$\boldsymbol{x}_1^1 = \begin{bmatrix} 9/8 \\ 3/4 \end{bmatrix}$$

从而，有

$$f_1 = f(\boldsymbol{x}_1^1) = 0.1875$$

$$\eta_1 = f_0 - f_1 = 0.5625$$

(2) 沿 $\boldsymbol{d}_2^0 = \boldsymbol{e}_2 = [0 \quad 1]^{\mathrm{T}}$ 方向进行一维搜索：

$$\boldsymbol{x}_2^1 = \boldsymbol{x}_1^1 + \lambda_2 \boldsymbol{d}_2^1 = \begin{bmatrix} 9/8 \\ 3/4 \end{bmatrix} + \lambda_2 \begin{bmatrix} 0 \\ 1 \end{bmatrix} = \begin{bmatrix} 9/8 \\ 3/4 + \lambda_2 \end{bmatrix}$$

通过 $f(\boldsymbol{x}_1^0) = \min\limits_{\lambda} \phi_1(\lambda), \phi'_1(\lambda) = 0$，求得 $\lambda_2 = \dfrac{3}{16}$。则

$$\boldsymbol{x}_2^1 = \begin{bmatrix} 9/8 \\ 15/16 \end{bmatrix}$$

从而，有

$$F_2 = f_2 = f(\boldsymbol{x}_2^0) = 0.0469$$

$$\eta_2 = f_1 - f_2 = 0.1406$$

反射点及其函数值为

$$\boldsymbol{x}_3^1 = 2\boldsymbol{x}_2^1 - \boldsymbol{x}^1 = 2\begin{bmatrix} 9/8 \\ 15/16 \end{bmatrix} - \begin{bmatrix} 3/2 \\ 3/4 \end{bmatrix} = \begin{bmatrix} 3/4 \\ 9/8 \end{bmatrix}$$

$$F_3 = f(\boldsymbol{x}_3^0) = 0.1875$$

取

$$\eta_{\max} = \max\{\eta_1, \eta_2\} = \eta_1 = 0.5625$$

(3) 代入判别条件，满足，因而替换搜索方向，用 $\boldsymbol{d}_3^1$ 替换 $\boldsymbol{e}_1$，下一轮的搜索方向为 $\boldsymbol{e}_2$、$\boldsymbol{d}_3^1$。

$$\boldsymbol{d}_3^1 = \boldsymbol{x}_2^1 - \boldsymbol{x}^1 = \begin{bmatrix} 9/8 \\ 15/16 \end{bmatrix} - \begin{bmatrix} 3/2 \\ 3/4 \end{bmatrix} = \begin{bmatrix} -3/8 \\ 3/16 \end{bmatrix}$$

下轮起始点 $\boldsymbol{x}^1$ 为从 $\boldsymbol{x}_2^0$ 出发，沿 $\boldsymbol{d}_3^1$ 方向进行一维搜索的极小点：

$$\boldsymbol{x}^2 = \boldsymbol{x}_2^1 + \lambda_3 \boldsymbol{d}_3^1 = \begin{bmatrix} 9/8 \\ 15/16 \end{bmatrix} + \lambda_3 \begin{bmatrix} -3/8 \\ 3/16 \end{bmatrix} = \begin{bmatrix} 9/8 - 3/8\lambda_3 \\ 15/16 + 3/16\lambda_3 \end{bmatrix}$$

通过 $f(\boldsymbol{x}_1^0) = \min\limits_{\lambda} \phi_1(\lambda), \phi'_1(\lambda) = 0$，求得 $\lambda_3 = \dfrac{1}{3}$。则

$$x^2 = \begin{bmatrix} 1 \\ 1 \end{bmatrix}$$

$$F_0 = f_0 = f(x^2) = 0$$

方法二:用 MATLAB 软件求解本题。在 MATLAB 的 M 文件编辑器中编写改进鲍威尔法 M 主文件如下:

```
% 文件名 eg5_5.m
% 改进鲍威尔法求解二元二次函数的最优解
x0 =[12;10];                                    % 设置初始点
xk = x0;
ideal_error =10^(-7);                            % 设置收敛精度
actural_error =1;                                % 实际收敛精度
% 初始化搜索方向
d = zeros(2,2);
d(:,1) =[1;0];
d(:,2) =[0;1];
Inc = zeros(2,1);                                % 初始化增量向量
k =0;                                            % 初始化迭代变量
MaxLoopNum =100;                                 % 初始化最大迭代次数
% 迭代求解
while (actural_error > ideal_error && k < MaxLoopNum)
syms x1
syms x2
xktemp = xk;
fun1 = fun(x1,x2);
fun1 = inline(fun1);
f0 = feval(fun1,xk(1),xk(2));                    % 求初始点处函数值
F0 = f0;
if k >0
    F0 = eval(F0);
end
% 沿 d1 方向进行一维搜索
syms a;
syms x1;
syms x2;
xk1 = xk + a * d(:,1);
x1 = xk1(1);
x2 = xk1(2);
fun1 = fun(x1,x2);
fxa = diff(fun1,'a');
a = solve(fxa);
xk1 = inline(xk1);
xk1 = feval(xk1,a);
```

```
xk1(1) = eval(xk1(1));
xk1(2) = eval(xk1(2));
syms x1;
syms x2;
fun1 = fun(x1,x2);
fun1 = inline(fun1);
f1 = feval(fun1,xk1(1),xk1(2));
f1 = eval(f1);
Inc(1) = f0 - f1;
% 沿 d2 方向进行搜索
syms a;
syms x1;
syms x2;
xk2 = xk1 + a * d(:,2);
x1 = xk2(1);
x2 = xk2(2);
fun1 = fun(x1,x2);
fxa = diff(fun1,'a');
a = solve(fxa);
xk2 = inline(xk2);
xk2 = feval(xk2,a);
xk2(1) = eval(xk2(1));
xk2(2) = eval(xk2(2));
syms x1;
syms x2;
fun1 = fun(x1,x2);
fun1 = inline(fun1);
f2 = feval(fun1,xk2(1),xk2(2));
f2 = eval(f2);
F2 = f2;
Inc(2) = f1 - f2;
[Incm,row] = max(Inc);
x3 = 2 * xk2 - xk;% 计算反射点
syms x1;
syms x2;
fun1 = fun(x1,x2);
fun1 = inline(fun1);
f3 = feval(fun1,x3(1),x3(2));
f3 = eval(f3);
F3 = f3;
temp1 = (F0 - 2 * F2 + F3) * (F0 - F2 - Incm)^2;
temp2 = 0.5 * Incm * (F0 - F3)^2;
% 判断是否更换搜索方向
```

```
if (F3 < F0 && temp1 < temp2)
    syms a;
    syms x1;
    syms x2;
    d(:,row) = xk2 - xk;                                % 计算新的搜索方向
    xk = xk2 + a * d(:,row);
    x1 = xk(1);
    x2 = xk(2);
    fun1 = fun(x1,x2);
    fxa = diff(fun1,'a');
    a = solve(fxa);
    xk = inline(xk);
    xk = feval(xk,a);
% 不更换搜索方向
else if F2 < F3
        xk = xk2;
    else
        xk = x3;
    end
end
xkerror = eval(xk2 - xktemp);                           % 计算实际收敛精度
actural_error = norm(xkerror);
k = k + 1;
end
x = eval(xk);
```

5.7 单纯形法

与前面的梯度法、共轭梯度法、变尺度法和牛顿法利用函数的一阶导数或二阶导数的信息来建立搜索方向不同,单纯形法是利用函数若干点处的函数值来反映函数变化的大概趋势,从中得到有用的信息,建立搜索方向。单纯形法是由 Spendley、Hext 和 Himsworth 于 1962 年提出,Nelder 和 Mead 1965 年对其进行了改进。

5.7.1 单纯形法原理

在单纯形法中,首先要解决如何选择反映函数变化趋势的点这一问题。这些点一般取在单纯形的顶点上。单纯形是指 n 维空间中具有$(n+1)$个顶点的多面体,例如一维空间中的线段,二维空间中的三角形和三维空间中的四面体等。然后,利用这些单纯形的顶点作为函数点,计算其函数值并进行比较,从中找到一个比较好的点替换单纯形中较差的点,再利用这些点构成新的单纯形。这样,新的单纯形将会更靠近函数的极小点。如此反复,不断地产生新的单纯形,使其逐渐向目标函数的极小点靠近,直到搜索到函数的极小点。以上就是单纯形法的基本原理。

5.7.2 单纯形法流程

n 维函数 $f(\boldsymbol{x})$ 的单纯形替换算法的基本步骤如下：

(1) 构造初始单纯形。选取初始点 $\boldsymbol{x}_0$，沿各坐标轴以步长 h 移动，获得 n 个点 $(\boldsymbol{x}_1,\boldsymbol{x}_2,\cdots,\boldsymbol{x}_n)$，将这些点与 $\boldsymbol{x}_0$ 共 $(n+1)$ 个点作为顶点，构成初始单纯形。这样可以保证初始单纯形的各个棱(相邻点构成的向量)是 n 个线性无关的向量。同时，确定收敛精度 ε。

(2) 计算各顶点的函数值：

$$f_i = f(\boldsymbol{x}_i) \quad (i = 0,1,\cdots,n)$$

(3) 比较各顶点函数值的大小，确定最好点 $\boldsymbol{x}_l$、最差点 $\boldsymbol{x}_h$ 和次差点 $\boldsymbol{x}_g$，即

$$f_l = f(\boldsymbol{x}_l) = \min_i f_i \quad (i = 0,1,\cdots,n)$$

$$f_h = f(\boldsymbol{x}_h) = \max_i f_i \quad (i = 0,1,\cdots,n)$$

$$f_g = f(\boldsymbol{x}_g) = \max_i f_i \quad (i = 0,1,\cdots,h-1,h+1,\cdots,n)$$

(4) 判断是否满足收敛准则：

$$|f_h - f_l| < \varepsilon$$

若满足，则有 $\boldsymbol{x}^* = \boldsymbol{x}_l$，停机；否则，转到步骤(5)。

(5) 计算除 $\boldsymbol{x}_h$ 点之外各点的“重心”$\bar{\boldsymbol{x}}$ 点：

$$\bar{\boldsymbol{x}} = \frac{1}{n}\sum_{i=0}^{n}\boldsymbol{x}_i \quad (i \neq h)$$

(6) 反射。一般情况下，为了寻找极小点，应以最差点 $\boldsymbol{x}_{\mathrm{h}}$ 的反方向进行搜索，在此方向“试探性”地取一点 $\boldsymbol{x}_{\mathrm{r}}$，称该点为反射点。

$$\boldsymbol{x}_{\mathrm{r}} = \bar{\boldsymbol{x}} + a(\bar{\boldsymbol{x}} - \boldsymbol{x}_{\mathrm{h}})$$

式中 a——反射系数，一般取 $a=1$。

因此上式变为

$$\boldsymbol{x}_{\mathrm{r}} = 2\bar{\boldsymbol{x}} - \boldsymbol{x}_{\mathrm{h}}$$

计算反射点相应的函数值：

$$f_r = f(\boldsymbol{x}_r)$$

若反射点满足 $f_{\mathrm{l}} \leqslant f_{\mathrm{r}} < f_{\mathrm{g}}$(比最好点差，但比次差点好)时，以反射点 $\boldsymbol{x}_{\mathrm{r}}$ 替换最差点 $\boldsymbol{x}_{\mathrm{h}}$，构成新的单纯形，返回步骤(3)。

(7) 延伸。若 $f_{\mathrm{r}} < f_{\mathrm{l}}$(比最好点还好)，表明原先的搜索方向是正确的，还应该沿该方向进行继续搜索，即进行“延伸”，获得一个新的点 x_{e}，称为延伸点。

$$\boldsymbol{x}_e = \bar{\boldsymbol{x}} + \alpha(\boldsymbol{x}_r - \bar{\boldsymbol{x}})$$

式中 α——延伸系数，大于1，一般取 1.2～2。

计算延伸点的函数值：

$$f_e = f(\boldsymbol{x}_e)$$

如果$f_e < f_r$，则以延伸点x_e代替最差点x_h，构成新的单纯形，返回步骤(3)。

(8) 收缩。

1) 若$f_h > f_r \geqslant f_g$(比次差点为差)时，表明反射点$\boldsymbol{x}_r$移动过大，对其进行收缩，即取一新的点$\boldsymbol{x}_c$称为收缩点，有

$$\boldsymbol{x}_c = \bar{\boldsymbol{x}} + \beta(\boldsymbol{x}_r - \bar{\boldsymbol{x}})$$

式中 β——收缩系数，小于1，一般取0.5。

计算收缩点函数值：

$$f_c = f(\boldsymbol{x}_c)$$

如果$f_c < f_r$，则以收缩点x_c代替最差点x_h，构成新的单纯形，返回步骤(3)。

2) 若$f_r \geqslant f_h$(比最差点还差)时，表明反射点$\boldsymbol{x}_r$移动太大，对其进行更大的收缩，取收缩点$\boldsymbol{x}_c$为

$$\boldsymbol{x}_c = \bar{\boldsymbol{x}} + \beta(\boldsymbol{x}_h - \bar{\boldsymbol{x}})$$

式中 β——收缩系数，小于1，一般取0.5。

计算收缩点函数值：

$$f_c = f(\boldsymbol{x}_c)$$

如果$f_c < f_h$，则以收缩点x_c代替最差点x_h，构成新的单纯形，然后返回步骤(3)；否则，转到步骤(9)。

(9) 缩边。将各向量$\boldsymbol{x}_i (i = 0, 1, \cdots, n)$的长度以最好点$\boldsymbol{x}_1$为中心都缩小1/2并返回步骤(2)。

$$\boldsymbol{x}_i = \frac{1}{2}(\boldsymbol{x}_i + \boldsymbol{x}_1)$$

单纯形法程序流程框图如图5-8所示。

【例5-6】 试用单纯形法求$f(\boldsymbol{x}) = 3(x_1 - 2)^2 + (x_2 - 3)^2$的极小值点和极小值。

解 方法一：解析法求解。

选取初始点$\boldsymbol{x}_0 = [5 \quad 6]^T$，步长$h = 1$，构造单纯形如下：

$$\boldsymbol{x}_1 = \boldsymbol{x}_0 + h\boldsymbol{e}_1 = [6 \quad 6]^T$$

$$\boldsymbol{x}_2 = \boldsymbol{x}_0 + h\boldsymbol{e}_2 = [5 \quad 7]^T$$

计算各顶点的函数值：

$$f_0 = f(\boldsymbol{x}_0) = 36, f_1 = f(\boldsymbol{x}_1) = 57, f_2 = f(\boldsymbol{x}_2) = 43$$

最好点$\boldsymbol{x}_1 = \boldsymbol{x}_0$，最差点$\boldsymbol{x}_h = \boldsymbol{x}_1$，次差点$\boldsymbol{x}_g = \boldsymbol{x}_2$

求重心：

$$\bar{\boldsymbol{x}} = \frac{1}{2}(\boldsymbol{x}_0 + \boldsymbol{x}_2) = [5 \quad 13/2 \quad]^T$$

求反射点：

$$\boldsymbol{x}_r = 2\bar{\boldsymbol{x}} - \boldsymbol{x}_1 = [4 \quad 7]^T, f_r = f(\boldsymbol{x}_r) = 28$$

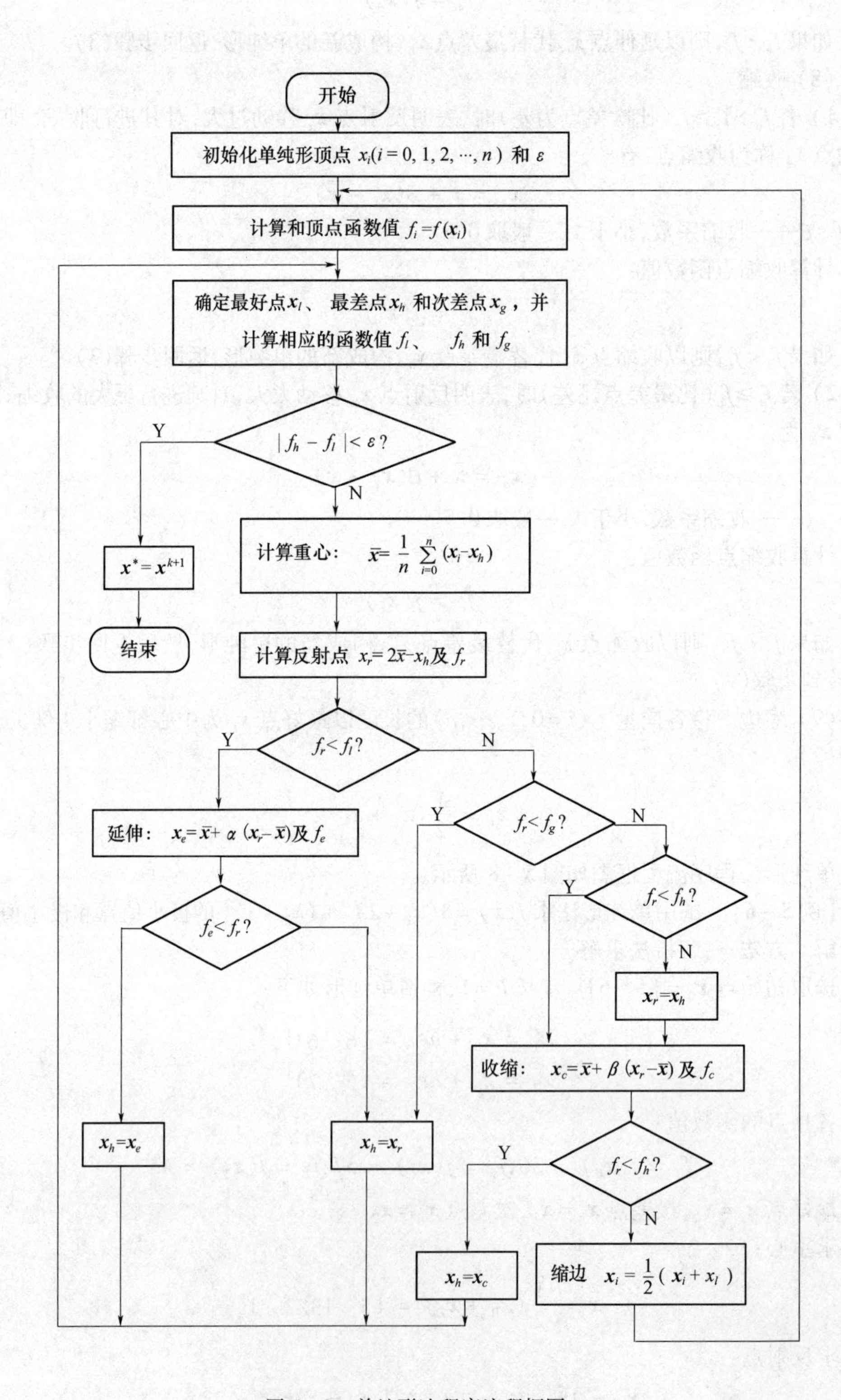

图 5-8 单纯形法程序流程框图

由于$f_r < f_0$，所以需要扩张，取扩张因子 $a=2$，则有

$$\boldsymbol{x}_e = \bar{\boldsymbol{x}} + 2(\boldsymbol{x}_r - \bar{\boldsymbol{x}}) = [3 \quad 15/2]^T, f_e = f(\boldsymbol{x}_e) = 23.25$$

由于$f_e < f_r$，故以$\boldsymbol{x}_e$点代替$\boldsymbol{x}_1$点，由$\boldsymbol{x}_0$、$\boldsymbol{x}_2$、$\boldsymbol{x}_e$构成新单纯形进行下一循环。重复上述过程，直到函数目标值满足精度要求。大约经过 36 次迭代后，目标函数值可降到 1×10^{-7}以下。

方法二：用 MATLAB 软件求解本题。在 MATLAB 的 M 文件编辑器中编写改进单纯形法 M 主文件如下：

```
% 文件名 eg5_6.m
% 单纯形替换算法求解二元二次函数的最优解
x0 =[5;6];                                   % 初始点
a =2;                                        % 延伸系数
b =0.5;                                      % 收缩系数
ideal_error =10^(-7);                        % 理想误差
LoopNum =0;                                  % 迭代变量
MaxLoopNum =100;                             % 最大迭代次数
x =initial(x0);                              % 调用初始化程序,初始化单纯形顶点
fx =fun(x);                                  % 计算单纯形各顶点函数值
[fL,LCol] =min(fx);                          % 确定最好点
[fH,HCol] =max(fx);                          % 确定最差点
fx(HCol) =fL;                                % 确定次差点
[fG,GCol] =max(fx);
actural_error =abs(fH -fL);                  % 计算实际误差
% 迭代求解
while(actural_error > =ideal_error && LoopNum <MaxLoopNum)
    fx =fun(x);
    [fL,LCol] =min(fx);
    [fH,HCol] =max(fx);
    fx(HCol) =fL;
    [fG,GCol] =max(fx);
    actural_error =abs(fH -fL);
    % 计算重心
    x3 =zeros(2,1);
    for i =1:1:3
        x3 =x3 +x(:,i);
    end
    x3 =(1/2)*(x3 -x(:,HCol));
    % 计算反射点及其函数值
    xr =2*x3 -x(:,HCol);
    fr =fun(xr);
    % 反射
    if fL < =fr && fr <fG
        x(:,HCol) =xr;
```

```
    end
% 延伸
    if fr < fL
        xe = x3 + a * (xr - x3);
        fe = fun(xe);
        if fe < fr
            x(:,HCol) = xe;
        else
            x(:,HCol) = xr;
        end
     end
    % 收缩或缩边
    if fr > = fG
        if fr < fH
            xc = x3 + b * (xr - x3);
            fc = fun(xc);
        else
            xc = x3 + b * (x(:,HCol) - x3);
            fc = fun(xc);
        end
         if fc < fH
            x(:,HCol) = xc;
        else                                             % 缩边
            for i = 1:1:3
                x(:,i) = (1/2) * (x(:,i) + x(:,LCol));
            end
        end
     end
   LoopNum = LoopNum + 1;                                % 更新迭代变量
end

% 文件名:initial.m
% 初始化单纯形顶点
% 输入:初始点 x0
% 输出:单纯形顶点 x
function x = initial(x0)
h = 1;                                                   % 步长
e1 = [1;0];                                              % 单位向量
e2 = [0;1];
x = zeros(2,3);
% 初始化单纯形各顶点
x(:,1) = x0;
x(:,2) = x(:,1) + h * e1;
```

```
x(:,3) = x(:,1) + h * e2;
% 文件名:fun_DXTH.m
% 计算目标函数值
%  输入:变量 x,向量或单纯形顶点矩阵
%  输出:函数值
%  函数为例 5 - 6 所示函数,可修改
function fx = fun(x)
[row,col] = size(x);
fx = zeros(1,col);
for j = 1:1:col
    fx(j) = 3 * (x(1,j) - 2)^2 + (x(2,j) - 3)^2;
end
```

说明:

(1) 本例总共包含了三个独立的 M 文件:

- eg5_6.m:单纯形法主文件,文件内容是单纯形法的主要算法;
- initial.m:初始化单纯形各顶点的文件;
- fun_DXTH.m:计算目标函数值的文件。

(2) 当问题的维数较高时,单纯形法需要多次迭代才能满足精度的要求,因此,一般用于维数小于 10 的优化问题中。

5.8 无约束非线性规划 MATLAB 解法

在 MATLAB 优化工具箱中,有两个函数用来求解多维无约束优化问题,即 fminunc 和 fminsearch。

5.8.1 fminunc 函数

fminunc 函数调用格式如下:

[x,fval,exitflag,output,grad,hessian] = fminunc(fun,x0,…)

功能:返回解 x 及其对应的目标函数值,退出迭代的条件 exitflag,包含输出信息的结构体 output,函数在 x 点的梯度以及海赛矩阵,除 x 外其他均为可选项。

exitflag 的值和相应的含义见表 5 - 1 所列,output 的成员变量及相应的含义见表 5 - 2 所列。

表 5 - 1 参数 exitflag 的含义

exitflag 值	含义
1	收敛到目标函数最优解处
2	x 的变化值小于规定值
3	目标函数的变化值小于规定值
0	达到最大迭代次数或函数最大评价次数
-1	由输出函数终止
-2	沿当前方向进行线性搜索无法找到可接受的点

表 5-2 参数 output 的含义

output 成员变量	含义
output. iterations	所用迭代次数
output. funcCount	函数评价次数
output. algorithm	所用算法
output. cgiterations	共轭梯度法(PCG)使用次数
output. stepsize	最终步长

【例 5-7】 用 MATLAB 中优化工具箱中的函数求例 5-3 中函数 $f(\boldsymbol{x}) = x_1^2 + 4x_2^2 - 2x_1x_2 - 4x_1$ 的极小点及极小值。

解 (1) 在 MATLAB 的 M 文件编辑器中建立 myfun. m 文件。

```
% 文件名 myfun.m
function fun = myfun(x)
fun = x(1)^2 + 4 * x(2)^2 - 2 * x(1) * x(2) - 4 * x(1);
```

(2) 在 MATLAB 的 M 文件编辑器中建立名为 test. m 的主调用文件。

```
% 文件名 test.m
x0 = [1,1];
[x,fval] = fminunc(@ myfun,x0)
```

(3) 在 MATLAB 的 Command Window 中输入如下命令,并运行。

```
test
```

运行结果如下:

```
Warning: Gradient must be provided for trust - region method;
using line - search method instead.
 > In fminunc at 265
In test at 3
Optimization terminated: relative infinity - norm of gradient less than options.TolFun.
x =2.6667    0.6667
fval =  -5.3333
```

由最终的结果可以看到,与前面的手工求解结果相一致。

5.8.2 fminsearch 函数

fminsearch 函数使用 Nelder - Mead 单纯形方法,调用格式如下:

```
[x,fval,exitflag,output] = fminsearch(…)
```

功能:同时返回解 x 及其对应的目标函数值,退出迭代的条件 exitflag 以及包含输出信息的结构体 output,除 x 外其他均为可选项。output 的成员变量及相应的含义见表 5-2 所列,exitflag 的值和相应的含义见表 5-1 所列。

【例 5-8】 用 MATLAB 中优化工具箱中的函数求例 5-3 中函数 $f(\boldsymbol{x}) = x_1^2 + 4x_2^2 - 2x_1x_2 - 4x_1$ 的极小点及极小值。

解 (1) 在 MATLAB 的 M 文件编辑器中建立 myfun. m 文件。

```
% 文件名 myfun.m
function fun = myfun(x)
fun = x(1) ^2 +4 * x(2)^2 -2 * x(1) * x(2) -4 * x(1)
```

（2）在 MATLAB 的 M 文件编辑器中建立名为 test.m 的主调用文件。

```
% 文件名 test.m
x0 = [1,1]
[x,fval,exitflag,output] = fminsearch(@ myfun,x0)
```

（3）在 MATLAB 的 Command Window 中输入如下命令，并运行。

```
test
```

运行结果如下：

```
x =
   2.6666    0.6667
fval =
   -5.3333
exitflag =
   1
output =
    iterations: 48
     funcCount: 94
     algorithm: 'Nelder - Mead simplex direct search'
       message: [1x196 char]
>>
```

由结果可见，与用手工方法以及 fminunc 函数的结果是一样的。

习　题

5-1　用梯度法求函数 $f(\boldsymbol{x}) = 2x_1^2 + 3x_2^2$ 的极小点（迭代两次），在 MATLAB 中用优化工具箱中的函数求解函数的最优解。

5-2　用牛顿法求函数 $f(\boldsymbol{x}) = (x_1 - 1)^4 + (x_1 + 2x_2)^2$ 的极小点（迭代两次），在 MATLAB 中用优化工具箱中的函数求解函数的最优解。

5-3　用共轭梯度法求函数 $f(\boldsymbol{x}) = 2x_1^2 + 4x_1x_2 + x_2^2$ 的极小点，在 MATLAB 中用优化工具箱中的函数求解函数的最优解。

5-4　用鲍威尔法求函数 $f(\boldsymbol{x}) = 2x_1^2 + 4x_1x_2 + x_2^2$ 的极小点并与题 5-3 的共轭梯度法进行比较，在 MATLAB 中用优化工具箱中的函数求解函数的最优解。

5-5　用单纯形法求函数 $f(\boldsymbol{x}) = (x_1 - 2x_2)^2 + (x_1 - 4)^2$ 的极小点，在 MATLAB 中用优化工具箱中的函数求解函数的最优解。

第6章 多维搜索约束优化方法

6.1 概 述

工程实际中的优化问题大多数是约束优化问题,数学模型可以统一表示为

$$\begin{aligned} &\min f(\boldsymbol{x}) = \boldsymbol{f}(x_1, x_2, \cdots, x_n) \\ \text{s.t.} \quad &\boldsymbol{g}_u(\boldsymbol{x}) \geqslant \boldsymbol{0} \quad (\boldsymbol{u} = 1,2,\cdots,\boldsymbol{p}) \\ &\boldsymbol{h}_v(\boldsymbol{x}) = \boldsymbol{0} \quad (v = 1,2,\cdots,\boldsymbol{q}) \end{aligned} \tag{6-1}$$

由于加上了限制条件,而且工程问题的函数表达式复杂多变,因此约束优化问题的求解更为复杂,形式更为多样化。根据求解的方式不同,约束优化问题的求解可以分为直接法和间接法两大类。

1. 直接解法

1）基本思想

在可行域内选取初始点选 $\boldsymbol{x}^0$,沿着某一可行方向寻找下一个迭代点,以使函数值减小,不断往复循环,直至满足收敛条件,迭代终止。这类解法中的代表是随机方向法和复合形法。

2）基本迭代公式

$$\boldsymbol{x}^{k+1} = \boldsymbol{x}^k + \lambda_k \boldsymbol{d}^k \tag{6-2}$$

式中 $\boldsymbol{x}^{k+1}$、$\boldsymbol{x}^k$——相邻两次迭代点;

$\boldsymbol{d}^k$——第 k 次迭代方向。在约束优化问题中的迭代方向必须是可行方向,可行方向包含两个要素,一是,该方向为使函数值下降的方向,二是,该方向为不违背约束条件的方向;

λ_k——第 k 次迭代的步长。

3）特点:

(1) 求解过程通常在可行域内进行,因此迭代计算可以获得一系列可行的较优值,可供选择的最终方案较多。

(2) 在工程实际中为获得全局最优解,通常选差别较大的几个初始点分别计算,以确保求解的全面性。

(3) 适用于不等式约束优化问题。

2. 间接解法

1）基本思想

将约束函数转化到目标函数中,变为无约束优化问题进行求解。这类解法中的代表是惩罚函数法。

2）特点

可选用有效的无约束优化方法，易于处理同时具有不等式和等式约束问题。但是在构造惩罚函数时，若惩罚因子选择不当，会影响收敛速度，甚至导致计算失败。

6.2 随机方向法

6.2.1 随机方向法基本原理

随机方向法是求解约束优化问题的一种常用方法，下面以二维问题为例说明其基本原理。

（1）如图6－1所示，在约束可行域内选取初始点 $\boldsymbol{x}^0$。

（2）以较小的试探步长 λ 沿点 $\boldsymbol{x}^0$ 周围几个不同方向（以某种形式产生的随机方向）进行若干次探索。在这一步中可以看到，经过若干次探索所得到的点，位于以 $\boldsymbol{x}^0$ 为圆心、以 λ 为半径的圆周上。

（3）找出这探索得到的若干个点中函数值最小的点（$\boldsymbol{x}^{\mathrm{L}}$，$f(\boldsymbol{x}^{\mathrm{L}})$）。沿着 $\overrightarrow{\boldsymbol{x}^0\boldsymbol{x}^{\mathrm{L}}}$ 方向继续向前探索，达到该方向上的最小可行点 $\boldsymbol{x}^1$，作为下一轮迭代的初始点。

（4）以 $\boldsymbol{x}^1$ 作为新的出发点，重复上述过程。

按照以上四步反复迭代，直到满足收敛条件，便可停止迭代，输出最优解。

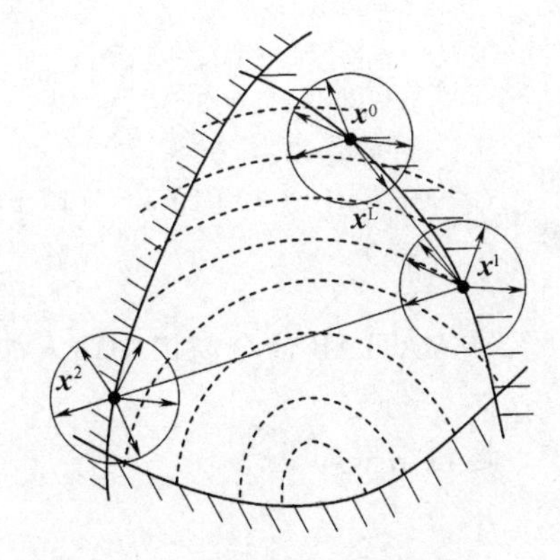

图6－1 随机方向法基本原理图

随机方向法是以随机的方式产生搜索方向，因此对目标函数的性态无特殊要求，迭代过程简单，探索步长选择灵活，收敛速度快，因此在小型的机械优化问题中应用广泛。但是为了避免可能出现局部最优解的情况，在实际应用时，应多选择几个差别较大的作为初始点，分别进行搜索，以尽量获得全局最优解。

6.2.2 随机方向法几个关键问题

运用随机方向求解无约束优化问题时，有如下三个关键问题要解决：

（1）初始点如何选择。

（2）随机方向如何产生。

（3）搜索步长如何确定。

下面分别叙述。

1. 随机初始点的选择

对于约束优化问题，初始点必须在可行域之内。通常，初始点的产生有以下两种方法。

（1）人为确定初始点 $\boldsymbol{x}^0$。当约束条件比较简单时，通常采用这种方法。

（2）随机确定初始点 $\boldsymbol{x}^0$。当约束条件繁多时，可以借助于工程软件中所自带的随机函数进行点的随机选取。计算步骤如下：

① 输入设计变量的下限和上限，即 $a_i \leqslant x_i \leqslant b_i$。

② 调用随机函数,产生 n 个随机数 r_i。

③ 计算各坐标方向的随机数:

$$x_i^0 = a_i + r_i(b_i - a_i) \tag{6-3}$$

则所产生的随机点为

$$\boldsymbol{x}^0 = [x_1^0, x_2^0, \cdots, x_n^0]$$

④ 判别随机点是否可行,若可行,则结束;否则,转②。

【例 6-1】 某四维优化问题,各坐标变量的上下限分别为:$-5 \leqslant x_1 \leqslant -1.5$,$-10 \leqslant x_2 \leqslant 0$,$-3 \leqslant x_3 \leqslant 8$ 和 $5 \leqslant x_4 \leqslant 17$,试随机产生一个初始点 $\boldsymbol{x}^0$,使其各坐标满足上下限。

解 在 M 文件编辑器中编写 M 文件,代码如下:

```
% 文件名 eg6_1.m
r = rand;
a = [ -5, -10, -3,5];
b = [ -1.5,0,8,17];
for i =1:4
    x(i) = a(i) + r*(b(i) - a(i));
end
x
```

在 MATLAB 命令窗口中输入如下命令:

```
eg6_1
```

运行结果如下:

```
x =
    -1.6745    -0.4987    7.4514    16.4016
```

2. 随机方向的产生

在矩阵论中,方向以矢量的方式表示。因此随机方向的实质是产生 n 个随机数,由这 n 个随机数组合成矢量,即为随机方向。

例如,二维空间中,r_1, r_2 为$[-1,1]$区间内均匀分布的伪随机数,则其所组成的单位随机向量为

$$\boldsymbol{e} = \frac{1}{[(r_1)^2 + (r_2)^2]^{\frac{1}{2}}} \begin{bmatrix} r_1 \\ r_2 \end{bmatrix} \tag{6-4}$$

同理,n 维空间中,由随机函数产生的 n 个伪随机数为 r_i,则经过其组合产生的单位随机方向为

$$\boldsymbol{d} = \frac{[r_1, r_2, \cdots, r_n]^{\mathrm{T}}}{\sqrt{\sum_{i=1}^{n} r_i^2}} \quad (i = 1,2,\cdots,n) \tag{6-5}$$

【例 6-2】 编写 M 文件,在三维空间中产生五个随机方向,并画图表示。

解 在 M 文件编辑器中编写 M 文件,代码如下:

```
% 文件名 eg6_2.m
for i =1:5
    r = rand(1,3);                      % 产生 1 ×3 的随机矩阵
    x =2 * r -1;                        % 将矩阵中各元素转换为(-1,1)内的随机数
    d(:,i) = x'/sqrt(sum(x.^2));        % 求单位矩阵,并赋值到矩阵 d 中
```

```
        plot3([0,d(1,i)],[0,d(2,i)],[0,d(3,i)],'k','LineWidth',3) % 画随机方向
        axis on;
        hold on
end
disp'五个随机方向以矢量形式表示如下:'        % 屏幕显示五个随机方向
d                % d 为 3 ×5 的矩阵,其中每一列代表一个方向
```

在 MATLAB 命令窗口中输入如下命令:

```
eg6_2
```

运行结果如下:

五个随机方向以矢量形式表示如下:

```
d =
    -0.8866    0.9798    0.7575    0.2812    0.4568
     0.4514   -0.0772    0.0550    0.5524   -0.3037
    -0.1004   -0.1846   -0.6506   -0.7847    0.8361
```

MATLAB 的图形窗口如图 6-2 所示。

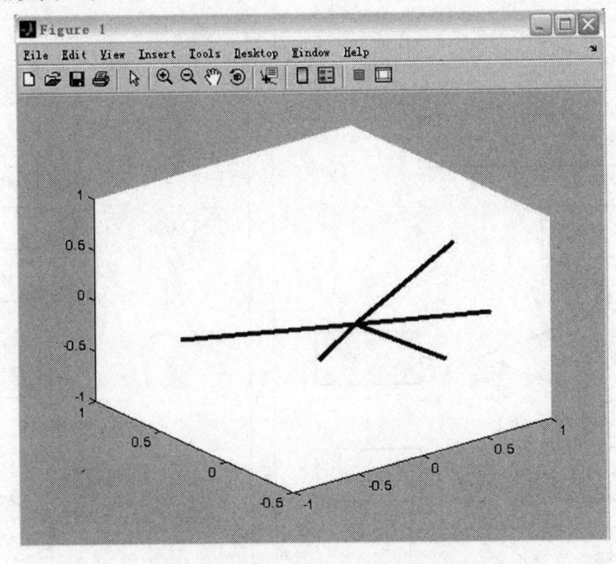

图 6-2　例 6-2 产生随机方向图

3. 探索步长的确定

随机方向法中的初始步长为试探步长 λ_0,取值较小。当搜索方向(图 6-1 中$\overrightarrow{\boldsymbol{x}^0\boldsymbol{x}^L}$)确定下来以后,沿着该方向继续向前探索采用加速步长法来确定,每次迭代的步长计算式如下:

$$\lambda = \alpha\lambda \tag{6-6}$$

式中　α——步长加速因子,取值范围 1.0~1.5;

　　　λ——步长,初始值取 $\lambda = \lambda_0$。

6.2.3　随机方向法流程

随机方向法流程图如图 6-3 所示。

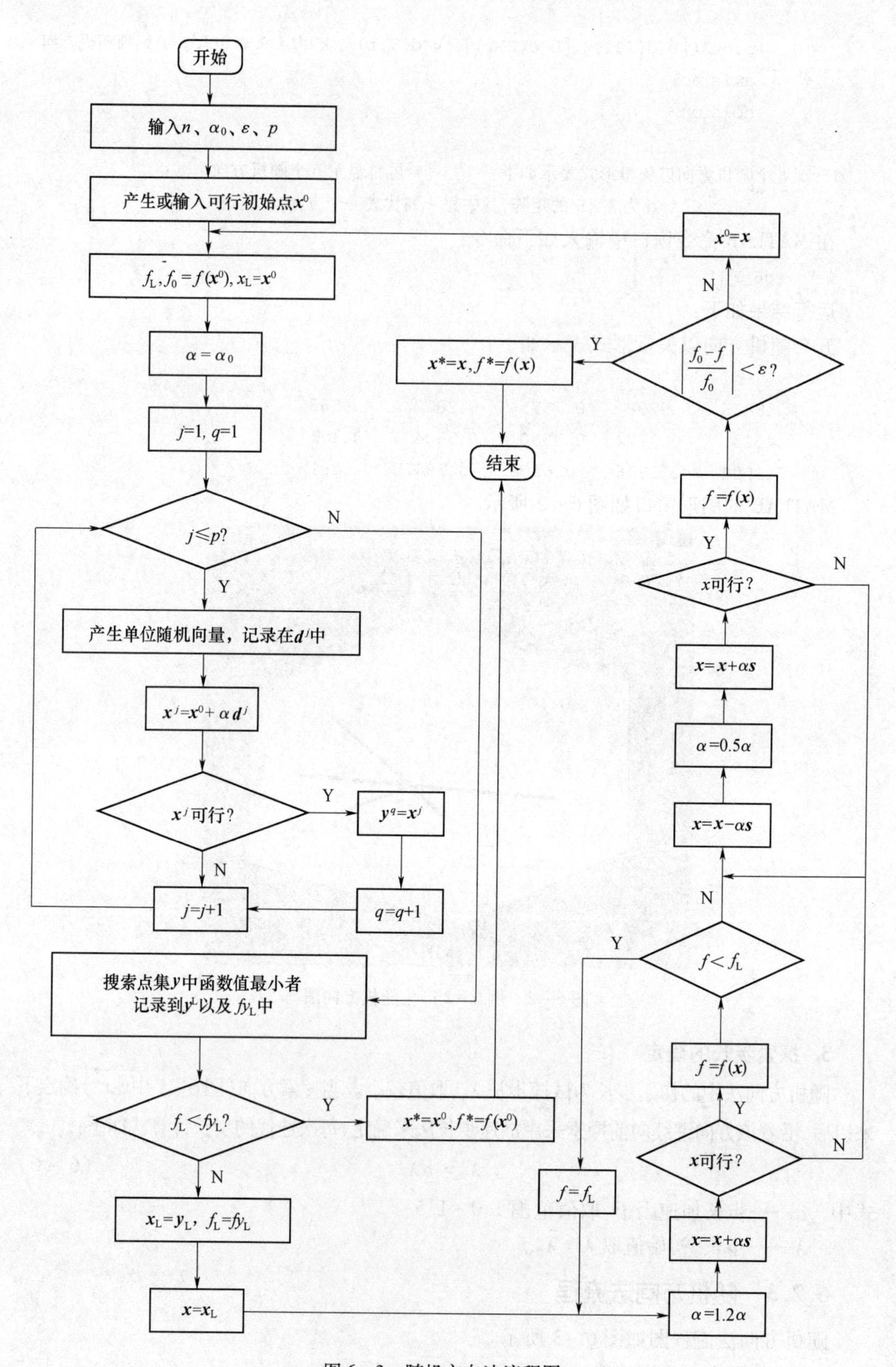

图6－3　随机方向法流程图

【例 6-3】 用随机方向求下面约束优化问题的最优解：

$$\min f(\boldsymbol{x}) = (x_1 - 5)^2 + 4(x_2 - 6)^2$$

$$\text{s.t.} \quad g_1(x) = x_1^2 + x_2^2 - 64 \geqslant 0$$

$$g_2(x) = x_1 - x_2 + 10 \geqslant 0$$

$$g_3(x) = 10 - x_1 \geqslant 0$$

解 根据流程框图编写随机方向法 M 文件，在计算机上运行。初始点取 $\boldsymbol{x}^0 = [10, 10]^{\mathrm{T}}$，共迭代 48 次，求得最优解 $x^* = [4.9881, 6.0470]^{\mathrm{T}}$，$f(\boldsymbol{x}^*) = 0.0089$。用 MATLAB 编写画图程序，该约束优化问题的可行域以及目标函数的等值线如图 6-4 所示。

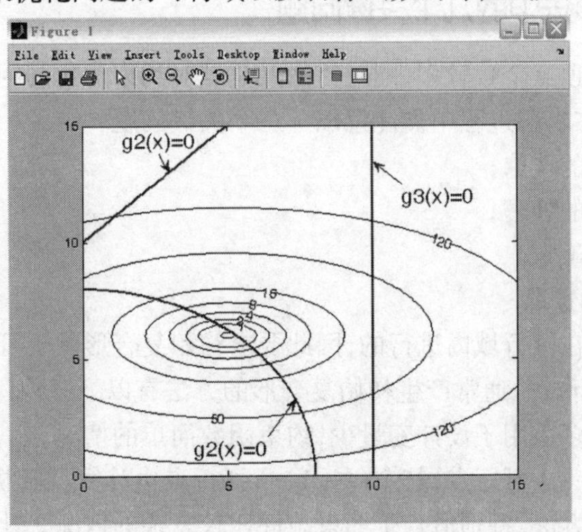

图 6-3 例 6-3 的约束可行域以及目标函数的等值线

6.3 复合形法

6.3.1 复合形法基本原理

复合形法来源于求解无约束优化问题的单纯形法，其基本思路同单纯形法类似。在可行域内构造一个有 $k(n+1 \leqslant k \leqslant 2n)$ 个顶点的初始复合形，计算各顶点的函数值，并记录以下三个重要点：

(1) 最好点 $(\boldsymbol{x}^{\mathrm{L}}, f(\boldsymbol{x}^{\mathrm{L}}))$：函数值最小点，$f(\boldsymbol{x}^{\mathrm{L}}) = \min f(\boldsymbol{x}^i)\ (i = 1, 2, \cdots, k)$；

(2) 最差点 $(\boldsymbol{x}^{\mathrm{H}}, f(\boldsymbol{x}^{\mathrm{H}}))$：函数值最大点，$f(\boldsymbol{x}^{\mathrm{H}}) = \max f(\boldsymbol{x}^i)\ (i = 1, 2, \cdots, k)$；

(3) 次差点 $(\boldsymbol{x}^{\mathrm{G}}, f(\boldsymbol{x}^{\mathrm{G}}))$：函数值次大点，$f(\boldsymbol{x}^{\mathrm{H}}) = \max f(\boldsymbol{x}^i)\ (i = 1, 2, \cdots, k$，但 $i \neq H)$。

然后按照一定规则求出函数值有所下降的新的可行点，并用此点代替最差点 $(\boldsymbol{x}^{\mathrm{H}}, f(\boldsymbol{x}^{\mathrm{H}}))$ 构成新的复合形。如此反复迭代计算，复合形在不断地反射、扩张或压缩过程中逐渐向最优点靠拢，直至满足收敛条件，便可以认为最终复合形中的最好点 $(\boldsymbol{x}^{\mathrm{L}}, f(\boldsymbol{x}^{\mathrm{L}}))$ 即为约束优化问题的最优点。

由此可见，复合形法与无约束优化问题的单纯形法的计算步骤极为相似，表 6-1 列出单纯形法和复合形法的对比。

表 6-1 单纯形法和复合形法的对比

	单纯形法	复合形法
适用问题	无约束优化问题	约束优化问题
初始几何图形名称	单纯形	复合形
初始复合形顶点个数	$n+1$ 个顶点	$k(n+1\leqslant k\leqslant 2n)$ 个顶点，自由选择
初始几何图形要求	顶点随意选取	初始复合形必须在可行域内
基本计算步骤	反射、压缩、扩张	反射、压缩、扩张

6.3.2 复合形法中的几个关键问题

由于复合形法的顶点个数较多，同时该法又是针对约束优化问题的求解方法，因此实际求解过程很复杂，在求解过程中需注意以下三个关键问题：

(1) 初始复合形的选取；

(2) 对非可行点的处理；

(3) 收敛条件的确定。

1. 初始复合形的选取

由于复合形法是在可行域内进行的，因此要求初始复合形位于可行域内，即复合形的 k 个顶点都必须是可行点。通常产生初始复合形的方法有以下三种：

(1) 人为定点。多适用于设计变量少，约束函数简单的情况。

(2) 设计者选定一个可行点，其余$(k-1)$个可行点由计算机随机产生。这是最常用的产生初始复合形的方法，特别适合于约束条件比较复杂的情况。计算步骤如下：

① 输入设计变量的下限和上限，即 $a_i\leqslant x_i\leqslant b_i$。

② 人为给定第一个可行点 $\boldsymbol{x}^0$。

③ 令 $j=1$。

④ 随机产生一个顶点 $\boldsymbol{x}^j=[x_1^j,x_2^j,\cdots,x_n^j]^{\mathrm{T}}$，其中 $x_i^j=a_i^j+r_i^j(b_i^j-a_i^j)$。

⑤ 检验 $\boldsymbol{x}^j$ 是否满足约束条件，若不满足，转⑥；若满足，转⑦。

⑥ 将 $\boldsymbol{x}^j$ 调至可行域。其流程如图 6-5(a)所示，二维问题的几何示意如图 6-5(b)所示。

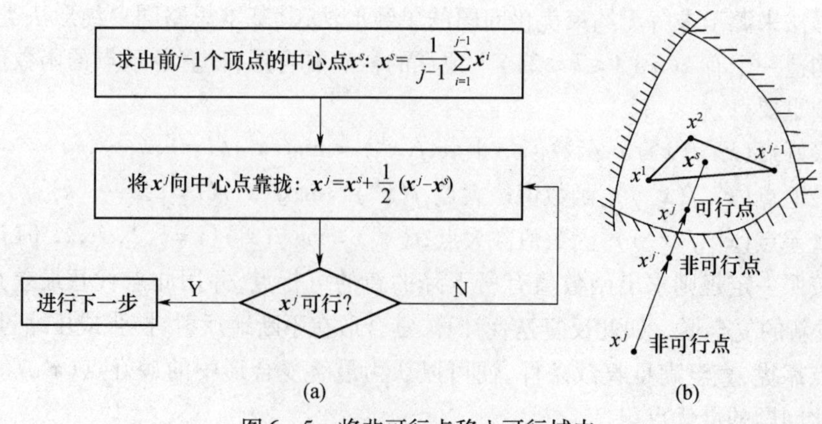

图 6-5 将非可行点移入可行域内

(a) 流程图；(b) 几何示意图。

⑦ 若$j<k$,则$j=j+1$,转④;否则,说明已产生了k个点,结束。

(3) 随机产生所有顶点。这种方法可用于维数较高,且约束条件特别复杂的优化问题。这种方法第二种方法的区别是,第一个顶点$\boldsymbol{x}^0$是用随机方法产生的。如果随机产生的第一点$\boldsymbol{x}^0$不在可行域内,在需要不断反复调用随机函数计算,直至$\boldsymbol{x}^0$是可行点(具体方法同6.2节解随机初始点的产生)。

2. 对非可行点的处理

约束优化问题求解过程中,凡是计算得到的点都要进行可行性检验。只有其在可行域内,迭代步骤的进行才有意义。

通常,对非可行点的处理方法是,将其向某个特定的可行点逐步靠拢,直至其回到可行域内为止。例如,在构成初始复合形时,当第j个顶点$\boldsymbol{x}^j$顶点在可行域之外,则将其向前$j-1$个点的中心点靠拢即可。

3. 收敛条件的确定

复合形法的收敛准则可选用以下任何一条:

(1) 复合形各顶点的函数值相差足够小。

$$\frac{1}{k}\left\{\sum_{j=1}^{k}\left[f(\boldsymbol{x}^j)-f(\boldsymbol{x}^{\mathrm{L}})\right]^2\right\}^{\frac{1}{2}}<\varepsilon_1 \tag{6-7}$$

式中 $\boldsymbol{x}^{\mathrm{L}}$——复合形中函数值最小的点;

$\boldsymbol{x}^j$——复合形的各顶点;

k——复合形顶点个数。

(2) 复合形形状收缩得足够小。

$$\frac{1}{k}\left\{\sum_{j=1}^{k}\|\boldsymbol{x}^j-\boldsymbol{x}^Q\|\right\}<\varepsilon_2 \tag{6-8}$$

式中 $\boldsymbol{x}^Q$——复合形的中心点,$\boldsymbol{x}^Q=\frac{1}{k}\sum_{j=1}^{k}\boldsymbol{x}^j$。

式中其余符号含义同前。

6.3.3 复合形法流程

复合形法流程图如图6-6所示。

【例6-4】 编写复合形法M文件,求解例6-3的约束优化问题。初始复合形各顶点为:$\boldsymbol{x}^1=[8,10]^{\mathrm{T}}$,$\boldsymbol{x}^2=[10,10]^{\mathrm{T}}$,$\boldsymbol{x}^3=[5,13]^{\mathrm{T}}$。

解 复合形法的M文件如下:

```
% eg6_4.m
k=3;alpha0=1.2;
x0=[8,10;10,10;5,13];                              % 初始复合形顶点赋值
x1=x0;
flag=0;                                            % 旗帜变量,表明是否为更换H和G点
for i=1:k                                          % 求初始复合形各顶点函数值及约束值
    [f(i),g(i,1),g(i,2),g(i,3)]=fhx_FG(x1(i,1),x1(i,2));
end
```

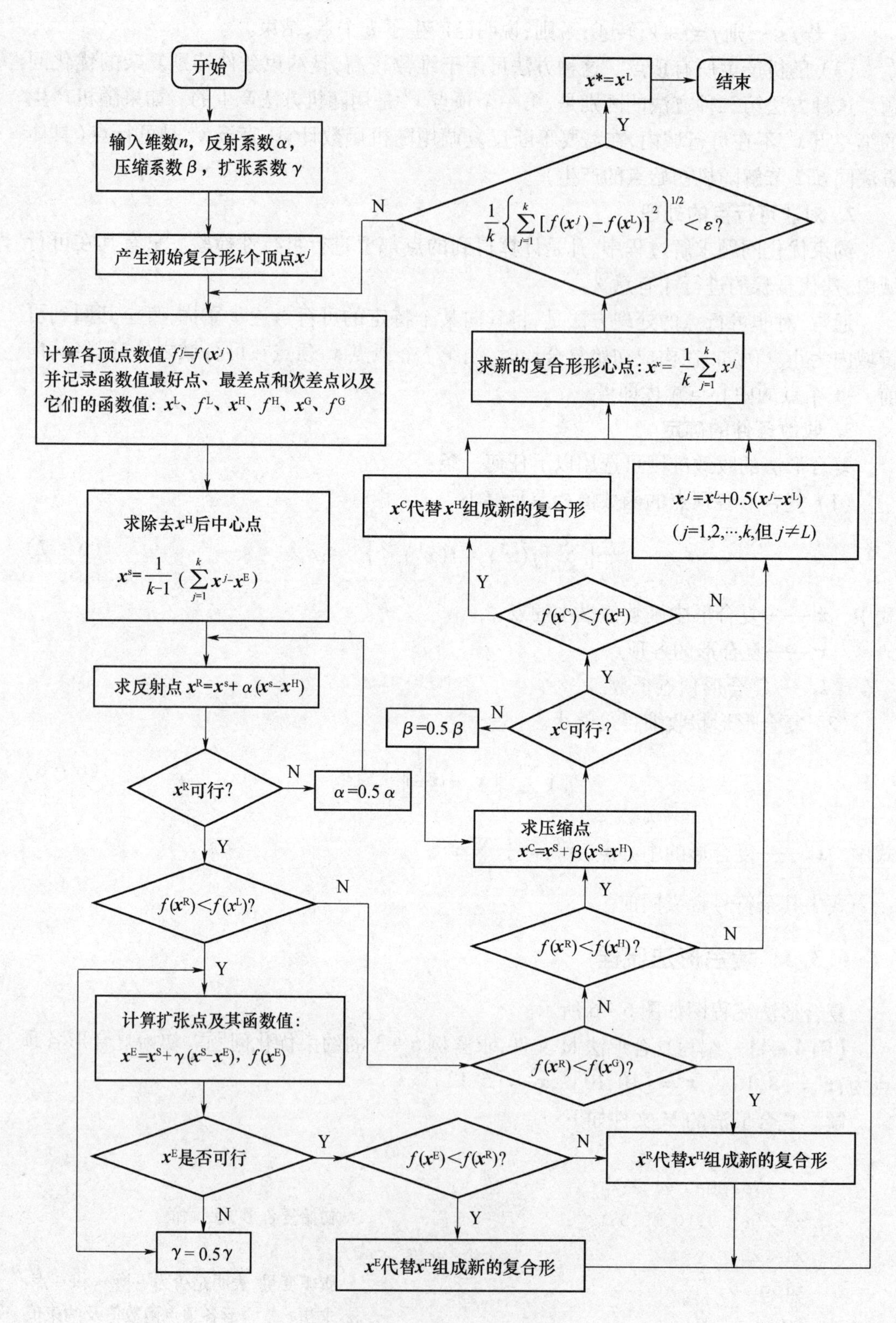

开始
输入维数n，反射系数α，
压缩系数β，扩张系数γ
产生初始复合形k个顶点x^j
计算各顶点数值$f^j=f(x^j)$
并记录函数值最好点、最差点和次差点以及
它们的函数值：x^L、f^L、x^H、f^H、x^G、f^G
求除去x^H后中心点
$x^s=\frac{1}{k-1}(\sum_{j=1}^{k}x^j-x^E)$
求反射点$x^R=x^s+\alpha(x^s-x^H)$
x^R可行？
$\alpha=0.5\alpha$
$f(x^R)<f(x^L)$?
计算扩张点及其函数值：
$x^E=x^S+\gamma(x^S-x^E)$，$f(x^E)$
x^E是否可行
$\gamma=0.5\gamma$
$f(x^E)<f(x^R)$?
x^E代替x^H组成新的复合形
x^R代替x^H组成新的复合形
$f(x^R)<f(x^G)$?
$f(x^R)<f(x^H)$?
求压缩点
$x^C=x^S+\beta(x^S-x^H)$
x^C可行？
$\beta=0.5\beta$
$f(x^C)<f(x^H)$
x^C代替x^H组成新的复合形
$x^j=x^L+0.5(x^j-x^L)$
$(j=1,2,\cdots,k,$但$j\neq L)$
求新的复合形形心点：$x^c=\frac{1}{k}\sum_{j=1}^{k}x^j$
$\frac{1}{k}\left\{\sum_{j=1}^{k}[f(x^j)-f(x^L)]^2\right\}^{1/2}<\varepsilon$?
$x^*=x^L$
结束
Y
N

图6-6　复合形法流程图

```
[L,H] = fhx_LH(f(1),f(2),f(3));                 % 判定初始复合形的坏点
shoulian = 0;
for i = 1:k
    shoulian = shoulian + (f(i) - f(L))^2;
end
shoulian = shoulian/k;shoulian = sqrt(shoulian); % 求判断收敛变量值
kk = 1;
% 开始复合形法求优的循环
while shoulian > = 0.001
   fprintf(1,' 迭代次数 = % 3.4f \n',kk);
   fprintf(1,' 迭代点 \n');
   disp(x1)
   disp  '复合形顶点的目标函数和约束函数值'
   disp  '    f     g1     g2     g3'
   for i = 1:k
      disp([f(i),g(i,1),g(i,2),g(i,3)])
      end
      if flag = =1
      flag = 0;
      dis P(flag)
 else
      [L,H] = fhx_LH(f(1),f(2),f(3)); % 判定复合形的坏点
 end
 disp  '复合形(去掉坏点)几何中心和映射点'
 disp  '几何中心'
 xc = 0;alpha = alpha0;
 for i = 1:k
      xc = xc + x1(i,:);
 end
 xc = xc - x1(H,:); xc = xc/(k-1); disp(xc)     % 求除去最坏点的中心点
 disp  '    映射点'
 xr = xc + alpha * (xc - x1(H,:));              % 求映射点坐标
 [fr,gr11,gr12,gr13] = fhx_FG(xr(1),xr(2));
                                                % 求映射点目标函数及约束函数值
 while (gr11 <0 |gr12 <0 |gr13 <0)              % 判定映射点是非可行点
    alpha = 0.5 * alpha;                        % 反射系数减半
    xr = xc + alpha * (xc - x1(H,:));           % 映射点向可行域靠拢
   [fr,gr11,gr12,gr13] = fhx_FG(xr(1),xr(2));
 end
 disp(xr)
 fprintf(1,' 映射后映射系数 alpha = % 3.4f \n',alpha);
 alpha = alpha0;
 if fr < = f(H)                                 % 反射成功
```

```
        f(H) = fr;x1(H,:) = xr;          % 函数值较小的映射点替换复合形的坏点
        g(H,1) = gr11;g(H,2) = gr12;g(H,3) = gr13;
    else                                                  % 反射不成功
        while alpha > = 0.00001
        alpha = 0.5 * alpha;                              % 反射系数减半
        xr = xc + alpha * (xc - x1(H,:));                 % 压缩
        [fr,gr11,gr12,gr13] = fhx_FG(xr(1),xr(2));
        if fr < f(H)                                      % 压缩成功
            f(H) = fr;x1(H,:) = xr;                       % 函数值较小的压缩点替换最坏点
          g(H,1) = gr11;g(H,2) = gr12;g(H,3) = gr13;
          break;
       end
    end
end
if alpha < 0.00001                                        % 反射系数已经缩减很小
    flag = 1;                                             % 标志,更换 H 与 G 点
    xw = x1(H,:);fw = f(H);
    for i = 1:k
       gw(i) = g(H,i);
    end
    for i = 1:k
       if (i ~ = L) |(i ~ = H)
          x1(H,:) = x1(i,:);f(H) = f(i);g(H,:) = g(i,:);
          x1(i,:) = xw;f(i) = fw;g(i,:) = gw;
       end
    end
end
shoulian = 0;
for i = 1:k
    shoulian = shoulian + (f(i) - f(L))^2;
end
shoulian = shoulian/k; shoulian = sqrt(shoulian);
kk = kk + 1;
    end                                                   % 复合形法循环过程结束
    disp '          最优点                最优值'
    disp([x1(L,:),f(L)])

    % 文件名 fhx_FG.m
    % 复合形法二维约束优化问题的数学模型,例 6 - 4 中的调用文件
    function [f,g1,g2,g3] = fhx_FG(x1,x2)
    f = (x1 - 5)^2 + 4 * (x2 - 6)^2;                      % 求目标函数值
    g1 = x1^2 + x2^2 - 64;                                % 求 g1 约束函数值
    g2 = 10 - x2 + x1;                                    % 求 g2 约束函数值
```

```
g3 =10 -x1;                                    % 求 g3 约束函数值

% 文件名 fhx_LH.m
% 判断复合形中的坏点和好点,第 6 章中例 6 -4 中的调用文件
function [L,H] = fhx_LH(f1,f2,f3)
f =[f1,f2,f3];
fmin =min(f);                                  % 求最小值
switch fmin
    case f1;L =1;
    case f2;L =2;
    case f3;L =3;
end
fmax =max(f);                                  % 求最大值
switch fmax
    case f1;H =1;
    case f2;H =2;
    case f3;H =3;
end
```

运行时,在 MATLAB 命令窗口中输入:

```
eg6_4
```

运行结果如下:

```
迭代次数 =29.0000
 迭代点
   5.2213  6.0643
   5.1913  6.0901
   5.2006  6.0801
复合形顶点的目标函数和约束函数值
     f        g1       g2       g3
  0.0655  0.0380  9.1570  4.7787
  0.0691  0.0396  9.1012  4.8087
  0.0660  0.0149  9.1205  4.7994
 复合形(去掉坏点)几何中心和映射点
 几何中心
5.2110    6.0722
 映射点
5.2345    6.0508
        最优点          最优值
  5.2213    6.0643    0.0655
```

也即经过 29 次迭代,得到最优点 $\boldsymbol{x}^* = [5.2213, 6.0643]^{\mathrm{T}}$,最优值 $f(\boldsymbol{x}^*) = 0.0655$。

说明:

(1) 本例共包含如下三个独立的 M 文件:

① eg6_4.m:复合形法主文件,文件内容是复合形法的主要算法;

② fhx_FG.m:求目标函数值及约束函数值的文件;

③ fhx_LH.m:判断复合形中最好点、最差点及次差点文件。

在运行时,只需要在 MATLAB 命令窗口中输入主文件名 eg6_4 即可。

(2) 本例 M 文件中采用了反射、压缩,对调最坏点与次坏点等步骤,读者可以尝试将扩张等步骤编入其中。

6.4 惩罚函数法

惩罚函数法是一类间接解法,其基本思想是将式(6-1)的约束优化模型中的约束条件以某种形式组合到目标函数中,形成一个新的目标函数 $\phi(\boldsymbol{x},r_1^k,r_2^k)$,即

$$\phi(\boldsymbol{x},r_1^k,r_2^k) = f(\boldsymbol{x}) + r_1^k \sum_{u=1}^{p} G[g_u(x)] + r_2^k \sum_{v=1}^{q} H[h_v(\boldsymbol{x})] \tag{6-9}$$

这样原来的约束优化问题便转换为对 $\phi(\boldsymbol{x},r_1,r_2)$ 的无约束优化问题,直接调用无约束优化方法求解即可。式中 $r_1^k \sum_{u=1}^{p} G[g_u(x)]$ 和 $r_2^k \sum_{v=1}^{q} H[h_v(\boldsymbol{x})]$ 是由惩罚因子和约束函数构成的惩罚项。

根据迭代过程是否在可行域内进行,惩罚函数法可分为外点惩罚函数法、内内点惩罚函数法以及混合惩罚函数法。

6.4.1 外点惩罚函数法

外点惩罚函数法简称外点法,其特点是迭代计算的初始点 $\boldsymbol{x}^0$ 可以任意选取,既可以在可行域内,也可以选在可行域之外。

1. 算法原理

设约束优化问题的数学模型如下:

$$\begin{aligned} &\min f(\boldsymbol{x}) \\ \text{s.t.}\quad & g_u(\boldsymbol{x}) \geqslant 0 \quad (u = 1,2,\cdots,p) \\ & h_v(\boldsymbol{x}) = 0 \quad (v = 1,2,\cdots,q) \end{aligned}$$

则转换后惩罚函数的形式为

$$\phi(\boldsymbol{x},r^k) = f(\boldsymbol{x}) + r^k\left\{ \sum_{u=1}^{p} \{\min[g_u(\boldsymbol{x}),0]\}^2 + \sum_{v=1}^{q} [h_v(\boldsymbol{x})]^2 \right\} \tag{6-10}$$

式中 r^k——惩罚因子,是一个递增序列,即 $r^1 < r^2 < \cdots < r^k < \cdots$,且 $\lim\limits_{k\to\infty} r^k = \infty$;

$\sum_{u=1}^{p} \{\min[g_u(\boldsymbol{x}),0]\}^2$, $\sum_{v=1}^{q} [h_v(\boldsymbol{x})]^2$ ——不等式约束和等式约束函数的惩罚项。

将式(6-10)作为目标函数进行无约束求优,即是对原约束优化问题的求优,原因如下:

(1) 当迭代点在可行域之外,不论违反了哪个约束条件,惩罚项的值必然大于0。则惩罚函数 $\phi(\boldsymbol{x},r^k)$ 的值大于原来的目标函数 $f(\boldsymbol{x})$ 的值,也就是对迭代点不满足约束条件的惩罚。

(2) 在可行域之外,迭代点越靠近约束边界,约束函数 $g_u(\boldsymbol{x})$ 和 $h_v(\boldsymbol{x})$ 的值越接近于 0,从而惩罚项的值越接近于 0,惩罚作用越小;反之,迭代点越远离约束边界时,约束函数 $g_u(\boldsymbol{x})$ 和 $h_v(\boldsymbol{x})$ 的值离 0 越远,从而惩罚项的值越大,惩罚作用越大。

(3) 当最后迭代点落入可行域之内,根据惩罚函数的构造规则可知惩罚项 $\sum_{u=1}^{p}\{\min[g_u(\boldsymbol{x}),0]\}^2$ 和 $\sum_{v=1}^{q}[h_v(\boldsymbol{x})]^2$ 的值都为 0,此时有 $\phi(\boldsymbol{x},r^k) = f(\boldsymbol{x})$,也就说明了转化后惩罚函数的最优点和原目标函数的最优点是相同的。

(4) 惩罚因子 r^k 是一个递增序列,也即意味着,每一轮迭代的无约束最优点序列 $\{\boldsymbol{x}^{*k}\}(k=1,2,\cdots)$ 沿着以 r^k 为参数的一条轨迹,不断逼近约束最优点 $\boldsymbol{x}^*$。

2. 外点法流程图

外点法流程图如图 6-7 所示。

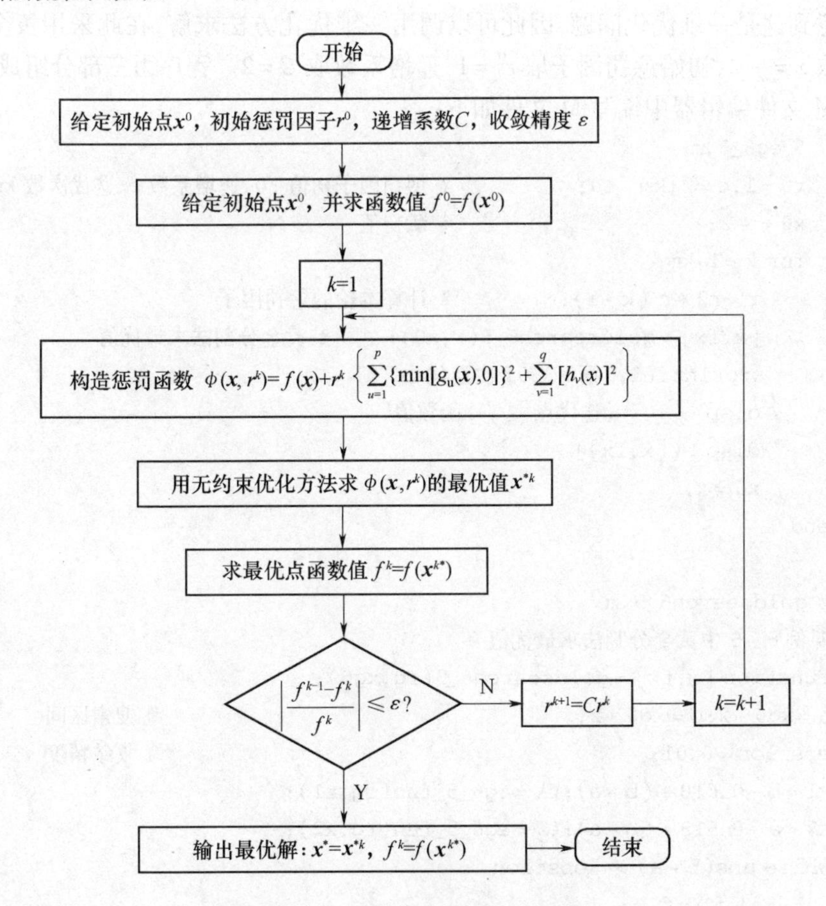

图 6-7 外点惩罚函数法流程图

3. 注意事项

外点法的收敛速度与惩罚因子及其递增系数的选择有很大的关系,如何选择这两个参数有很大的技巧。

(1) 初始惩罚因子 r^0。初始惩罚因子 r^0 选择过大,会使惩罚函数 $\phi(\boldsymbol{x},r^k)$ 的等值线变形或偏心,使得相应地无约束求优变得复杂和困难。但 r^0 选择过小,迭代次数就会增加。通常建议 $r^0=1$,也可以参考建议公式取值。

(2) 递增系数 C。递增系数 C 是相邻两轮迭代过程中,惩罚因子之间的递增值:

$$r^{k+1} = Cr^k (k = 0,1,2,\cdots) \tag{6-11}$$

其值取得太小,会增加迭代次数;但取得太大,则相邻两次惩罚函数性态变化太大,使得惩罚函数的性态性态变坏。经验推荐,一般取 $C=5\sim10$。

【例6-5】 编写外点法的M文件,求下面优化问题:

$$\min f(x) = x$$

$$\text{s.t. } g(x) = x-1 \geqslant 0$$

解 根据式(6-10)构造外点惩罚函数:

$$\phi(\boldsymbol{x},r^k) = x + r^k\{\min[(\boldsymbol{x}-1),0]\}^2$$

注意到这是一维优化问题,因此可以调用一维优化方法求解,在此采用黄金分割法。初始点取 $x=-2$,初始惩罚因子取 $r^0=1$,递增系数取 $C=2$。程序由三部分组成:

在M文件编辑器中编写M文件如下:

```
% eg6_5.m
r0 =1;c =2;km =10;                % 惩罚因子初值 r0、递增系数 c、迭代次数 km 赋初值
x0 = -2;                          % 赋初值
for k =1:km;
    r =r0 * c^(k -1);             % 计算本轮的惩罚因子
    [x,fx] =goldsearch6_5(r,x0);      % 黄金分割法求最优值
     fprintf(1,'第% 3.0f 次迭代\n',k)
    disp '        迭代点        函数值'
    disp  ([x,fx])
    x0 =x;
end


% goldsearch6_5.m
% 例6 -5 中黄金分割法求最优值
function [x,fx] =goldsearch6_5(rg,xg0);
a =xg0 -2;b =xg0 +2;                                    % 搜索区间
epsilon =0.01;                                          % 收敛精度
x1 =b -0.618 * (b -a);f1 =eg6_5_fun(rg,x1);
x2 =a +0.618 * (b -a);f2 =eg6_5_fun(rg,x2);
while abs(b -a) > =epsilon
    if f1 <f2
         b =x2;x2 =x1;f2 =f1;
         x1 =b -0.618 * (b -a);f1 =eg6_5_fun(rg,x1);
    else
         a =x1;x1 =x2;f1 =f2;
         x2 =a +0.618 * (b -a);f2 =eg6_5_fun(rg,x2);
  end
end
```

```
if f1 < f2
    x = x1;fx = f1;
else
    x = x2;fx = f2;
end


% eg6_5_fun.m
% 例 6 - 5 中求函数值的程序
function myf = eg6_5_fun(rk,x)
a = min(0,x - 1);
myf = x + rk * a * a;
```

运行时在 MATLAB 命令窗口输入：

```
> > eg6_5
```

运行结果摘录如下：

```
第 8 次迭代
  迭代点      函数值
  0.9958    0.9981
第 9 次迭代
  迭代点      函数值
  0.9973    0.9992
第 10 次迭代
  迭代点      函数值
  0.9988    0.9995
```

可以看出，迭代过程在可行域之外进行，逐步向可行域靠拢，最后达到最优点$[x,f(x)]=[0.9988,0.9995]$，当迭代次数趋于无穷大时，迭代最优点也会趋于理论最优点[1,1]。

说明：本例总共包含了三个独立的 M 文件。

（1）eg6_5.m：外点法求解约束优化问题的主文件。

（2）goldsearch6_5.m：黄金分割法求一维最优解文件。当主文件的惩罚函数构造完成以后，转该文件，用黄金分割法求所构造出来的惩罚函数的最优解。

（3）eg6_5_fun.m：求函数值的文件，供以上两个文件调用。

运行时，在 MATLAB 的命令窗口中输入主文件名 eg6_5 即可运行。

6.4.2 内点惩罚函数法

内点惩罚函数法又称内点法，其特点是迭代计算的初始点 $\boldsymbol{x}^0$ 必须选择在可行域内，整个迭代过程在可行域之内进行。

1. 算法原理

设约束优化问题的数学模型如下：

$$\min f(\boldsymbol{x})$$
$$\text{s.t. } g_u(\boldsymbol{x}) \geqslant 0 \quad (u = 1,2,\cdots,p)$$

则转换后惩罚函数的形式为

$$\phi(\boldsymbol{x},r^k) = f(\boldsymbol{x}) + r^k\sum_{u=1}^{p}\frac{1}{g_u(\boldsymbol{x})} \qquad (6-12)$$

或

$$\phi(\boldsymbol{x},r^k) = f(\boldsymbol{x}) - r^k\sum_{u=1}^{p}\ln|g_u(\boldsymbol{x})| \qquad (6-13)$$

式中　r^k——障碍因子,是一个递减序列,即 $r^1 > r^2 > \cdots > r^k > \cdots 0$,且 $\lim\limits_{k\to\infty} r^k = 0$;

$r^k\sum\limits_{u=1}^{p}\frac{1}{g_u(\boldsymbol{x})}$,$r^k\sum\limits_{u=1}^{p}\ln|g_u(\boldsymbol{x})|$——约束函数的障碍项。

将式(6-12)或式(6-13)作为目标函数,进行无约束求优,即是对原约束优化问题的求优,原因如下:

(1) 初始点 $\boldsymbol{x}^0$ 必须取在可行域之内,整个迭代过程在可行域内进行。

(2) 当迭代点靠近可行域边界时,约束函数 $g_u(\boldsymbol{x})$ 的值趋向于0,而相应的障碍项 $1/g_u(\boldsymbol{x})$ 趋向于无穷大,好像在可行域的边界上设置了一道陡峭的障碍,使迭代点自动保持在可行域之内。

(3) 随着迭代次数的增加,障碍因子 r^k 逐渐递减。最后当 $r^k\to 0$ 时,障碍项的值已经很小了,此时有 $\phi(\boldsymbol{x},r^k)\approx f(\boldsymbol{x})$,也即惩罚函数的最优值趋近于原目标函数的最优值。

(4) 注意到内点法中障碍函数的形式,等式约束是无法建立这种类型的障碍函数的。因此内点法不适用于含等式约束的优化问题。

2. 内点法的流程图

内点法的流程图与外点法的流程图基本类似,只是采用内点法构造惩罚函数。

3. 注意事项

内点法中的参数选择对迭代的收敛以及收敛速度有较大影响。

(1) 初始迭代点 $\boldsymbol{x}^0$ 的选择。初始点 $\boldsymbol{x}^0$ 必须选择在可行域之内,而且一般最好将远离约束边界的区域。因为若 $\boldsymbol{x}^0$ 靠近约束边界,所构造的惩罚函数的障碍项的值很大,使得惩罚函数的等值线发生严重变形,从而使得求解过程发生困难。

(2) 初始障碍因子 r^0 的选择。初始惩罚因子 r^0 选择过大势必会增加迭代次数。但 r^0 选择过小,容易使惩罚函数的性态变坏(约束边界呈现"深谷"形态),从而影响收敛性。通常取 $r^0 = 1 \sim 50$,也可按如下经验公式取值:

$$r^0 = \frac{f(\boldsymbol{x}^0)}{\sum\limits_{u=1}^{p}\frac{1}{g_u(\boldsymbol{x}^0)}} \qquad (6-14)$$

(3) 递减系数 C。递减系数 C 是相邻两轮迭代的障碍因子之间的递减值:

$$r^{k+1} = Cr^k \qquad (k = 0,1,2,\cdots) \qquad (6-15)$$

其值取得太小,会增加迭代次数。通常的取值范围 $C = 0.1 \sim 0.01$。

【例6-6】 编写内点法的M文件,求例6-5所给出的优化问题。

解 由式(6-12)构造内点惩罚函数:

$$\phi(\boldsymbol{x},r^k) = x + \frac{r^k}{x-1}$$

与例 6－5 类似，可调用黄金分割法求解，所不同的是构造的惩罚函数形式不同。程序的组成与外点法程序组成相似，由外点法的主文件 eg6_6. m、黄金分割法求最优值文件 goldsearch6_6. m 以及求函数值文件 eg6_6_fun. m 三个独立的 M 文件组成。

由于内点法初始点必须选在可行域之内，因此初始点取 $x=2$，初始惩罚因子取 $r^0=1$，递减系数取 $C=0.5$。

在 M 文件编辑器中编写 M 文件如下：

```
% eg6_6.m
r0 =1;c =0.1;km =10;            % 惩罚因子初值 r0、递减系数 c、迭代次数 km 赋初值
x0 =2;                          % 初始点幅值
for k =1:km;
    r =r0 * c^(k -1);
    [x,fx] =goldsearch6_6(r,x0);
    fprintf(1,'第% 3.0f 次迭代\n',k)
    disp '        迭代点        函数值'
    disp ([x,fx])
    x0 =x;
end

% goldsearch6_6.m
% 例 6.6 中黄金分割法求最优值
function [x,fx] =goldsearch6_6(rg,xg0);
a =xg0 -0.1;b =xg0 +0.1;                        % 搜索区间
epsilon =0.00001;                               % 收敛精度
x1 =b -0.618 * (b -a);f1 =eg6_6_fun(rg,x1);
x2 =a +0.618 * (b -a);f2 =eg6_6_fun(rg,x2);
while abs(b -a) > =epsilon
    if f1 <f2
          b =x2;x2 =x1;f2 =f1;
          x1 =b -0.618 * (b -a);f1 =eg6_6_fun(rg,x1);
    else
          a =x1;x1 =x2;f1 =f2;
          x2 =a +0.618 * (b -a);f2 =eg6_6_fun(rg,x2);
    end
end
if f1 <f2
    x =x1;fx =f1;
else
    x =x2;fx =f2;
end

% eg6_6_fun.m
% 例 6.6 中求函数值的程序
```

```
function myf = eg6_6_fun(rk,x)
myf = x + rk /(x - 1 + eps);
```

运行时在 MATLAB 命令窗口输入如下命令：

```
> > eg6_6
```

运行结果摘录如下：

```
第 8 次迭代
  迭代点      函数值
  1.3000    1.3000
第 9 次迭代
  迭代点      函数值
  1.2000    1.2000
第 10 次迭代
  迭代点    函数值
  1.1000    1.1000
```

可以看出，迭代点从可行域内部逐渐向可行域边界靠拢，迭代 10 次后达到最优点[x，$f(x)$] = [1.1000，1.1000]，当迭代次数趋于无穷大时，迭代最优点也会趋于理论最优点[1,1]。

6.4.3 混合惩罚函数法

1. 内点法和外点法的比较

内点法和外点法，特点比较见表 6 – 2。

表 6 – 2 内点法和外点法特点比较

比较内容	内点法	外点法
对 $\boldsymbol{x}^0$ 的要求	必须在可行域内	可行域内、外均可
适用对象	只适用于不等式约束优化问题	等式、不等式约束优化问题均可
迭代过程	在可行域内进行	在可行域外进行
迭代结果	得到一系列可行的较优点	最终最优解才是可行解

从表 6 – 2 可以看出，内点法与外点法各有所长，如果能将二者相结合，互相取长补短，那么适用范围将会更广泛，这样就产生了混合惩罚函数法。

2. 混合惩罚函数法算法原理

对于形如式(6 – 1)约束优化问题，构造混合惩罚函数如下：

$$\phi(\boldsymbol{x},r^k) = f(\boldsymbol{x}) + r^k \sum_{u=1}^{p} \frac{1}{g_u(\boldsymbol{x})} + \frac{1}{\sqrt{r^k}} \sum_{v=1}^{q} [h_v(\boldsymbol{x})]^2 \tag{6-16}$$

式中 r^k——惩罚因子，是一个递减序列，即 $r^1 > r^2 > \cdots > r^k > \cdots 0$，且 $\lim\limits_{k\to\infty} r^k = 0$；

$r^k \sum\limits_{u=1}^{p} \frac{1}{g_u(\boldsymbol{x})}$——不等式约束构成的惩罚项；

$\frac{1}{\sqrt{r^k}} \sum\limits_{v=1}^{q} [h_v(\boldsymbol{x})]^2$——等式约束构成的障碍项。

混合法构造的惩罚函数式(6-16),与内点法的惩罚函数构造类似。因此要求初始点 $\boldsymbol{x}^0$ 必须在可行域内,惩罚因子 r^k 以及递减系数 C 的取值参照内点法的经验选取。迭代过程也与内点法相近。

【例 6-7】 试写出下面约束优化问题的混合惩罚函数形式:

$$
\begin{aligned}
\min f(\boldsymbol{x}) &= x_1^2 - x_1x_2 - x_1 + x_2 + 1 \\
\text{s.t. } g_1(\boldsymbol{x}) &= x_1^2 + x_2^2 - 6 \geqslant 0 \\
g_2(\boldsymbol{x}) &= x_1 \geqslant 0 \\
g_3(\boldsymbol{x}) &= x_2 \geqslant 0 \\
h(\boldsymbol{x}) &= 2x_1 + 3x_2 - 9 = 0
\end{aligned}
$$

解 由式(6-16)可以得到惩罚函数:

$$
\phi(\boldsymbol{x}, r^k) = x_1^2 - x_1x_2 - x_1 + x_2 + 1 + r^k\left(\frac{1}{x_1^2 + x_2^2 - 6} + \frac{1}{x_1} + \frac{1}{x_2}\right) + \frac{2x_1 + 3x_2 - 9}{\sqrt{r^k}}
$$

式中 r^k——统一惩罚因子,是一个递减的正数序列。

6.5 约束优化问题 MATLAB 解法

MATLAB 中求解约束优化问题的函数是 fmincon、linprog 以及 quadprog。其中,fmincon 是最普遍的约束优化问题求解函数,linprog 主要求解的线性约束优化问题,而 quadprog 则是针对二次规划问题进行求解。

6.5.1 fmincon 函数

约束优化问题的数学模型:

$$
\begin{aligned}
&\min f(\boldsymbol{x}) \\
\text{s.t. } & c(\boldsymbol{x}) \leqslant 0 \text{(非线性不等式约束)} \\
& ceq(\boldsymbol{x}) = 0 \text{(非线性等式约束)} \\
& \boldsymbol{A} \cdot \boldsymbol{x} \leqslant \boldsymbol{b} \text{(线性不等式约束)} \\
& \boldsymbol{Aeq} \cdot \boldsymbol{x} = \boldsymbol{beq} \text{(线性等式约束)} \\
& \boldsymbol{lb} \leqslant \boldsymbol{x} \leqslant \boldsymbol{ub} \text{(边界约束)}
\end{aligned}
\tag{6-17}
$$

在 MATLAB 中,fmincon 函数的调用格式有 11 种之多,其中最全面的调用格式有两种:

调用格式 1: x = fmincon(fun,x0,A,b,Aeq,beq,lb,ub,nonlcon,options)

调用格式 2: [x,fval,exitflag,output,lambda,grad,hessian]
= fmincon(fun,x0,A,b,Aeq,beq,lb,ub,nonlcon,options)

调用格式 1 中仅仅返回一个参数——最优点的 x 的坐标值;格式 2 中的返回参数较多。以上两种调用格式中的参数说明具体如下:

(1) x:返回约束优化问题的最优点坐标值。

(2) fval:返回约束问题在最优点 x 处的函数值。

(3) exitflag:返回函数 fmincon 的结束状态。exitflag >0,表示函数收敛于 x;exitflag =

0,表示超过函数估计值或迭代的最大数值;exitflag <0,表示函数不收敛于 x。

（4）output:返回优化算法的信息,见表 5-2。

（5）lambda:返回最优点 x 处的拉格朗日乘子信息。

（6）grad:返回最优点 x 处的梯度。

（7）hessian:返回最优点 x 处的海赛矩阵。

（8）fun:目标函数。当目标函数以语句的格式与 fmincon 命令出现在同一个文件中,直接用目标函数名即可;当目标函数以单独的 M 文件存放,则 fun 是目标函数的文件名,此时 fmincon 中调用的格式相应变为@ fun。

（9）x0:初始点。

（10）A:线性不等式约束的系数矩阵。

（11）b:线性不等式约束的常数矩阵。

（12）Aeq:线性等式约束的系数矩阵。

（13）beq:线性等式约束的常数矩阵。

（14）lb:变量 x 的下限矩阵。

（15）ub:变量 x 的上限矩阵。

（16）nonlcon:非线性约束条件的函数名。同样,当非线性约束函数以单独的文件存放时,在调用时该项应写成“@ nonlcon”。

（17）options:设置优化选项的参数。

以上各项中,若没有定义项,可用空矩阵“[ ]”代替。若连续某几项参数直至输出参数(或输入参数)结束,则这些参数可省略不写。

【例 6-8】 用 fmincon 函数求解下面优化问题的最优解:

$$\min f(\boldsymbol{x}) = (x_1-5)^2+4(x_2-6)^2$$

$$\text{s.t. } g_1(\boldsymbol{x}) = x_1^2+x_2^2-64 \geqslant 0$$

$$g_2(\boldsymbol{x}) = x_1-x_2+10 \geqslant 0$$

$$g_3(\boldsymbol{x}) = 10-x_1 \geqslant 0$$

初始点取 $\boldsymbol{x}^0=[10,10]^{\mathrm{T}}$。

解 (1)在 M 文件编辑器中编写目标函数文件 eg6_8_mubiao. m。

```
% 文件名 eg6_8_mubiao.m
% 例 6-8 的目标函数文件
function f = ex6_8_mubiao(x)
f = (x(1) -5)^2 +4 * (x(2) -6)^2;          % 目标函数表达式
```

（2）在 M 文件编辑器中编写非线性约束函数文件 eg6_8_yueshu. m。

```
% 文件名 eg6_8_yueshu.m
% 例 6-8 的非线性约束文件
function [g,ceq] = eg6_8_yueshu(x);
g(1) = 64 - x(1)^2 - x(2)^2;                % 非线性不等式约束条件
ceq = [];                                    % 非线性等式约束系数矩阵为空
```

（3）在 M 文本辑器中编写调用 fmincon 的文件 eg6_8. m。

```
% 文件名 eg6_8.m
```

```
% 例 6.6 的调用文件
x0 =[10;10];                                    % 初始点
A =[ -1,1;1,0];                                 % 线性不等式约束系数矩阵
b =[10;10];                                     % 线性等式约束的常数矩阵
[x,fn ,exitflag,outflag] =…
    fmincon(@ eg6_8_mubiao,x0,A,b,[],[],[],[],@ eg6_8_yueshu)
```

(4) 在 MATLAB 命令窗口中输入命令:

```
eg6_8
```

运行结果如下:

```
Warning: Large - scale (trust region) method does not currently solve this
type of problem, switching to medium - scale (line search).
> In fmincon at 260
Optimization terminated: first - order optimality measure less than options.
TolFun and maximum constraint violation is less than options.TolCon.
Active inequalities (to within options.TolCon = 1e -006):
lower    upper    ineqlin    ineqnonlin
                                 1

x =
   5.2186
   6.0635
fn =
    0.0639
exitflag =
       1
outflag =
                       iterations: 7
                       funcCount: 31
                       stepsize: 1
                       algorithm: 'medium - scale: SQP, Quasi - Newton, line -
                       search'
                       firstorderopt: 1.2250e -007
                       cgiterations: []
                       message: [1x144 char]
```

求得最优解为 $x^* = [5.2186, 6.0635]^T$。输出的警告信息说明了求解的结束状态。从 exitflag 来看,其值为 1,表示收敛到目标函数最优解处。从 output 输出结构的结果来看,迭代次数为 7,迭代步长为 1,算法用到了 SQP、Quasi – Newton 以及 line – search。

6.5.2 linprog 函数

linprog 函数主要用于解决线性规划问题,即目标函数和约束函数都是线性形式,此时的数学模型为:

$$\min f(\boldsymbol{x})$$

$$\text{s.t. } \boldsymbol{A} \cdot \boldsymbol{x} \leqslant \boldsymbol{b} \text{(线性不等式约束)}$$

$$\boldsymbol{Aeq} \cdot \boldsymbol{x} = \boldsymbol{beq}\text{（线性等式约束）}$$

$$\boldsymbol{lb} \leqslant \boldsymbol{x} \leqslant \boldsymbol{ub}\text{（边界约束）}$$

在 MATLAB 中，linprog 的调用格式有 8 种，其中最全面的调用格式有两种：

调用格式 1：　　x = linprog(f,A,b,Aeq,beq,lb,ub,x0,options)

调用格式 2：　　[x,fval,exitflag,output,lambda]

　　　　　　　　= linprog(f,A,b,Aeq,beq,lb,ub,x0,options)

调用格式 1 中仅仅返回一个参数——最优点的 x 的坐标值；格式 2 中的返回参数较多。以上两种调用格式中的参数说明具体如下：

（1）x：返回约束优化问题的最优点坐标值。

（2）fval：返回约束问题在最优点 x 处的函数值。

（3）exitflag：返回函数 linprog 的结束状态。exitfalg > 0，表示函数收敛于 x；exitfalg = 0，表示超过函数估计值或迭代的最大值；exitflag < 0，表示函数不收敛于 x。

（4）output：返回优化算法的信息，见表 5－2。

（5）lambda：返回最优点 x 处的拉格朗日乘子信息。

（6）f：目标函数各维变量的系数向量。

（7）A：线性不等式约束的系数矩阵。

（8）b：线性不等式约束的常数矩阵。

（9）Aeq：线性等式约束的系数矩阵。

（10）beq：线性等式约束的常数矩阵。

（11）lb：变量 x 的下限矩阵。

（12）ub：变量 x 的上限矩阵。

（13）x0：初始点。

（14）options：设置优化选项的参数。

以上各项中，若没有定义项，可用空矩阵“[ ]”代替。若连续某几项参数直至输出参数（或输入参数）结束，则这些参数可省略不写。

【例 6－9】 某车间有甲、乙两台机床，可用于加工 3 种工件。假定这两台车床的可用台时数分别为 270 和 400，3 种工件的数量分别为 200、180 和 250，且已知单位工件所需台时数和加工费用见下表 6－3。试问如何分配车床的加工任务，才能既满足加工工件的要求，又使加工费用最低？

表 6－3　单位工件所需台时数和加工费用

车床类型	单位工件所需加工台时数			单位工件的加工费用			可用台时数
	工件 A	工件 B	工件 C	工件 A	工件 B	工件 C	
甲	0.8	1.2	1.0	5	10	8	270
乙	0.6	0.8	1.2	6	8	10	400

解　（1）设在甲车床上加工工件 A、B、C 的数量分别为 x_1、x_2、x_3，在乙车床上加工工件 A、B、C 的数量分别为 x_4、x_5、x_6。

因此设计变量　　　　$\boldsymbol{x} = [x_1, x_2, x_3, x_4, x_5, x_6]^{\mathrm{T}}$

目标函数为加工费用最低

$$\min c = 5x_1 + 10x_2 + 8x_3 + 6x_4 + 8x_5 + 10x_6$$

根据题意,可分析得到约束条件如下:

$$\text{s. t.}\ x_1 + x_4 = 200$$
$$x_2 + x_5 = 180$$
$$x_3 + x_6 = 250$$
$$0.8x_1 + 1.2x_2 + 1.0x_3 \leqslant 270$$
$$0.6x_4 + 0.8x_5 + 1.2x_6 \leqslant 400$$
$$x_i \geqslant 0 (i = 1 \sim 6)$$

(2) 编写 M 文件。根据数学模型,以及 linprog 对参数的要求,可以得到:

目标函数各维变量系数向量 $\boldsymbol{f} = [5,10,8,6,8,10]$

线性不等式约束系数矩阵 $\boldsymbol{A} = \begin{bmatrix} 0.8 & 1.2 & 1.0 & 0 & 0 & 0 \\ 0 & 0 & 0 & 0.6 & 0.8 & 1.2 \end{bmatrix}$

线性不等式约束常数向量 $\boldsymbol{b} = [270,400]^{\mathrm{T}}$

线性等式约束系数矩阵 $\boldsymbol{Aeq} = \begin{bmatrix} 1 & 0 & 0 & 1 & 0 & 0 \\ 0 & 1 & 0 & 0 & 1 & 0 \\ 0 & 0 & 1 & 0 & 0 & 1 \end{bmatrix}$

线性等式约束常数向量 $\boldsymbol{beq} = [200,\ 180,\ 250]^{\mathrm{T}}$

在 M 文件编辑器中编写 M 文件如下:

```
% 文件名 eg6_9.m
f =[5,10,8,6,8,10];
A =[0.8,1.2,1.0,0,0,0;0,0,0,0.6,0.8,1.2];
b = [270;400];
Aeq=[1,0,0,1,0,0;0,1,0,0,1,0;0,0,1,0,0,1];
beq=[200;180;250];
lb = zeros(6,1);
ub=[];
[x,fn]=linprog(f,A,b,Aeq,beq,lb,ub)
```

编写完成后,以 eg6_9.m 为文件名保存。

(3) 在 MATLAB 命令窗口中输入命令:

```
eg6_9
```

运行结果如下:

```
Optimization terminated.
x =
  25.0000
    0.0000
 250.0000
 175.0000
 180.0000
   0.0000
```

```
fn =

    4.6150e+003
```

也即设在甲车床上加工工件 A、B、C 的数量分别为 25、0、250,在乙车床上加工工件 A、B、C 的数量分别为 175、180、0,加工费用共计 4615 元。

6.5.3 quadprog 函数

quadprog 函数主要用于二次规划规划问题。这类问题的目标函数是二次函数,而约束函数是线性函数,此时的数学模型为

$$\min f(\boldsymbol{x}) = \frac{1}{2}\boldsymbol{x}^{T}H\boldsymbol{x} + f^{T}\boldsymbol{x}$$

$$\text{s.t. } \boldsymbol{A}\cdot\boldsymbol{x} \leqslant \boldsymbol{b}\text{(线性不等式约束)}$$

$$\boldsymbol{Aeq}\cdot\boldsymbol{x} = \boldsymbol{beq}\text{(线性等式约束)}$$

$$\boldsymbol{lb} \leqslant \boldsymbol{x} \leqslant \boldsymbol{ub}\text{(边界约束)}$$

在 MATLAB 中,guadprog 的调用格式有 9 种,其中最全面的调用格式有两种:

调用格式 1:　　x = quadprog(H,f,A,b,Aeq,beq,lb,ub,x0,options)

调用格式 2:　　[x,fval,exitflag,output,lambda]

　　　　　　　　= quadprog(H,f,A,b,Aeq,beq,lb,ub,x0,options)

调用格式 1 中仅仅返回一个参数——最优点的 x 的坐标值;格式 2 中的返回参数较多。以上两种调用格式中的参数说明具体如下:

(1) x:返回约束优化问题的最优点坐标值。

(2) fval:返回约束问题在最优点 x 处的函数值。

(3) exitflag:返回函数 linprog 的结束状态。exitfalg >0,表示函数收敛于 x;exitflag = 0,表示超过函数估计值或迭代的最大值;exitflag <0,表示函数不收敛于 x。

(4) output:返回优化算法的信息,见表 5-2。

(5) lambda:返回最优点 x 处的拉格朗日乘子信息。

(6) H:目标函数的海赛矩阵。

(7) f:目标函数各维变量的系数向量。

(8) A:线性不等式约束的系数矩阵。

(9) b:线性不等式约束的常数矩阵。

(10) Aeq:线性等式约束的系数矩阵。

(11) beq:线性等式约束的常数矩阵。

(12) lb:变量 x 的下限矩阵。

(13) ub:变量 x 的上限矩阵。

(14) x0:初始点。

(15) options:设置优化选项的参数。

以上各项中,若没有定义项,可用空矩阵"[ ]"代替。若连续某几项参数直至输出参数(或输入参数)结束,则这些参数可省略不写。

【例 6-10】 求下面优化问题的极值:

$$\min f(\boldsymbol{x}) = x_1^2 + 2x_2^2 + 3x_3^2 + 2x_1x_2 - x_2x_3 + x_1 - 6x_2$$

$$\text{s.t. } x_1 + x_2 \leqslant 2$$
$$x_1 + 2x_2 - 1.5x_3 \leqslant 7$$
$$x_i \geqslant 0 (i = 1,2,3)$$

解 (1)将目标函数写成二次函数形式:

$$f(\boldsymbol{x}) = \frac{1}{2}\boldsymbol{x}^{\mathrm{T}} H \boldsymbol{x} + f^{\mathrm{T}} \boldsymbol{x}$$

式中

$$\boldsymbol{x} = \begin{bmatrix} x_1 \\ x_2 \\ x_3 \end{bmatrix}, \boldsymbol{H} = \begin{bmatrix} \frac{\partial^2 f}{\partial x_1^2} & \frac{\partial^2 f}{\partial x_1 \partial x_2} & \frac{\partial^2 f}{\partial x_1 \partial x_3} \\ \frac{\partial^2 f}{\partial x_2 \partial x_1} & \frac{\partial^2 f}{\partial x_2^2} & \frac{\partial^2 f}{\partial x_2 \partial x_3} \\ \frac{\partial^2 f}{\partial x_3 \partial x_1} & \frac{\partial^2 f}{\partial x_3 \partial x_2} & \frac{\partial^2 f}{\partial x_3^2} \end{bmatrix} = \begin{bmatrix} 2 & 2 & 0 \\ 2 & 4 & -1 \\ 0 & -1 & 6 \end{bmatrix}, \boldsymbol{f} = \begin{bmatrix} 1 \\ -6 \\ 0 \end{bmatrix}$$

线性不等式约束系数矩阵 $\boldsymbol{A} = \begin{bmatrix} 1 & 1 & 0 \\ 1 & 2 & -1.5 \end{bmatrix}$

线性不等式约束常数向量 $\boldsymbol{b} = [2,7]^{\mathrm{T}}$

线性等式约束系数矩阵 $\boldsymbol{Aeq} = [\,]$

线性等式约束常数向量 $\boldsymbol{beq} = [\,]$

(2) 在 M 文件编辑器中编写 M 文件如下:

```
% 文件名 eg6_10.m
H=[2,2,0;2,4,-1;0,-1,6];
f=[1,-6,0];
A=[1,1,0;1,2,-1.5];
b=[2;7];
Aeq=[];
beq=[];
lb=zeros(3,1);
[x,fn]=quadprog(H,f,A,b,Aeq,beq,lb)
```

编写完成后,以 eg6_10.m 为文件名保存。

(3) 在 MATLAB 命令窗口中输入命令:

```
eg6_10
```

运行结果如下:

```
Optimization terminated.
x =
         0
    1.5652
    0.2609
fn =
   -4.6957
```

习 题

6-1 用合适的方法求解下列约束优化问题的最优解。

(1) $\min f(\boldsymbol{x}) = x_1^2 + 2x_2^2 - 2x_1x_2 - 3x_1 + 2x_2 + 5$

s. t. $g_1(\boldsymbol{x}) = x_2 - x_1 + 2 \geqslant 0$

$g_2(\boldsymbol{x}) = 5 - x_1 - 5x_2 \geqslant 0$

$g_3(\boldsymbol{x}) = x_1 \geqslant 0$

$g_4(\boldsymbol{x}) = x_2 \geqslant 0$

(2) $\min f(\boldsymbol{x}) = x_1^2 + 2x_2^2 - 2x_1^2x_2^2$

s. t. $g_1(\boldsymbol{x}) = 2 - x_1x_2 - x_1^2 - x_2^2 \geqslant 0$

$g_2(\boldsymbol{x}) = x_1 \geqslant 0$

$g_3(\boldsymbol{x}) = x_2 \geqslant 0$

(3) $\min f(\boldsymbol{x}) = 4x_1 - x_2^2 - 12$

s. t. $g_1(\boldsymbol{x}) = 10x_1 + 10x_2 - x_1^2 - x_2^2 - 34 \geqslant 0$

$g_2(\boldsymbol{x}) = x_1 \geqslant 0$

$g_3(\boldsymbol{x}) = x_2 \geqslant 0$

$h_1(\boldsymbol{x}) = 25 - x_1^2 - x_2^2$

6-2 用惩罚函数法求解下面优化问题。

(1) $\min f(\boldsymbol{x}) = x_1^2 + 2x_2^2$

s. t. $g(\boldsymbol{x}) = x_1 + x_2 - 1 \geqslant 0$

(2) $\min f(\boldsymbol{x}) = 10x$

s. t. $g(\boldsymbol{x}) = x - 5 \geqslant 0$

第7章 多目标和离散变量优化方法

7.1 多目标优化问题

在实际工程问题中,往往期望多项设计指标达到最优,会提出多个目标函数,这就是多目标优化问题。

例如,机械系统中最常见的齿轮箱的设计,就会经常提及下面几个要求:

(1) 齿轮箱结构紧凑,即各齿轮副的中心距总和$f_1(\boldsymbol{x})$越小越好;

(2) 用材尽可能少,即齿轮的体积总和$f_2(\boldsymbol{x})$越小越好;

(3) 齿轮箱工作传动尽可能平稳,即重合度$f_3(\boldsymbol{x})$越大越好;

(4) 啮合齿轮副材料力学性能得到充分利用,即啮合齿轮副强度之差$f_4(\boldsymbol{x})$越小越好。

又如,车辆制动器的设计会提出以下几个要求:

(1) 制动器用材尽量少,即体积$f_1(\boldsymbol{x})$小;

(2) 制动效果最好,即效能因素$f_2(\boldsymbol{x})$越大越好;

(3) 制动能耗小,即可转化为求制动器温升$f_3(\boldsymbol{x})$越小越好。

还比如,数控机床的主轴设计,既要减轻重量,降低成本,又希望主轴刚度大,挠度小,保证切削加工的精度。弹簧的设计,既要求用材少,重量轻,又要求使用寿命长,疲劳安全系数大。生产调度要合理进行资源分配和进行作业排序。由于目标函数越多,综合设计的效果越好,同时随着社会对产品质量和性能越来越高的要求,多目标优化设计在机械优化设计中占据着越来越重要的地位。

若某个机械优化设计问题有r个目标函数,则多目标优化问题的数学模型可以表述如下:

$$
\begin{aligned}
& V-\min[f_1(\boldsymbol{x}),f_2(\boldsymbol{x}),\cdots,f_r(\boldsymbol{x})]^{\mathrm{T}} \\
& \boldsymbol{x}=[x_1,x_2,\cdots,x_n]^{\mathrm{T}} \\
& \text{s.t. } g_u(\boldsymbol{x})\geqslant 0\ (u=1,2,\cdots,p) \\
& \qquad h_v(\boldsymbol{x})=0\ (v=1,2,\cdots,q)
\end{aligned}
\tag{7-1}
$$

多目标优化问题中的各个目标函数的最优点很难达到统一,即不能同时达到最优解,有的甚至相互对立。这就需要各目标函数之间相互协调,以便取得整体最优方案。虽然20世纪60年代以来,多目标优化求解方法的研究引起了科研工作者的重视,但是迄今为止,很难说哪一种方法的效果很理想,多目标优化的算法和理论还需要进一步的研究和完善。目前,通常的做法是将多目标优化问题转化为单目标优化问题进行求解,因为单目标优化问题有很多有效的方法。需要指出的是,经过这种方法求出的解,通常不是所有单目标函数的最优解,而是各个单目标函数相互“妥协”后得到的较为理想的解。

7.2 多目标优化方法

多目标优化方法最常见的是将多目标函数转化为单一目标函数进行求解，常见的有线性加权法、理想点法、分目标乘除法、功效系数法、主要目标法等。下面就这些方法作简要介绍。

7.2.1 线性加权法

线性加权法是处理多目标优化问题最常用的一种方法。其基本思想是考虑每个分目标的重要程度选取加权因子，然后将各分目标函数 $f_j(\boldsymbol{x})$ 进行加权组合，形成一个综合目标函数 $F(\boldsymbol{x})$，这样多目标优化问题就转化为单目标 $F(\boldsymbol{x})$ 的优化问题了。

对于形如式(7－1)所示的多目标优化问题，综合目标函数 $F(\boldsymbol{x})$ 构造如下：

$$\min F(\boldsymbol{x}) = \sum_{j=1}^{r} \omega_j f_j(\boldsymbol{x}) \tag{7-2}$$

式中 ω_j——第 j 个分目标的函数 $f_j(\boldsymbol{x})$ 的加权因子。

这种方法的关键是加权因子的选择，不同的选择方法反映了综合目标函数的不同组合思想。加权因子选择有以下几种方法：

1. 容限法

已知各分目标 $f_j(\boldsymbol{x})$ 函数值的变动范围为

$$\alpha_j \leqslant f_j(\boldsymbol{x}) \leqslant \beta_j \quad (j = 1,2,\cdots,r) \tag{7-3}$$

则各分目标的容限为

$$\Delta f_j(\boldsymbol{x}) = \frac{\beta_j - \alpha_j}{2} \quad (j = 1,2,\cdots,r) \tag{7-4}$$

于是各分目标函数的加权因子为

$$\omega_j = 1/[\Delta f_j(\boldsymbol{x})]^2 \quad (j = 1,2,\cdots,r) \tag{7-5}$$

按容限法选取加权因子可以使各分目标函数在数量级上达到统一平衡。因为若某项分目标函数值变化范围越宽，其分目标容限 $\Delta f_j(\boldsymbol{x})$ 就越大，从而其分目标的加权因子 ω_j 就越小；反之，当分目标函数值变化范围越窄时，其分目标的容限值 $\Delta f_j(\boldsymbol{x})$ 越小，从而相应的加权因子 ω_j 的取值就越大。此外，当采用这种方法确定加权因子时，要求设计者对各分目标函数值的取值范围有大致的了解。

2. 分目标最优值法

已知各分目标函数的最优值为 $f_j(\boldsymbol{x}^*)$，则取最优函数值的倒数作为加权因子，即

$$\omega_j = 1/f_j(\boldsymbol{x}^*) \tag{7-6}$$

这种方法可以反映各分目标函数离开各自最优值的程度。由于综合目标函数 $F(\boldsymbol{x})$ 是由 $\omega_j f_j(\boldsymbol{x})$ 相加而成，对于每一个 $\omega_j f_j(\boldsymbol{x})$，其值越接近于1，说明求取的方案越靠近单目标的最优方案；反之，若 $\omega_j f_j(\boldsymbol{x})$ 值离1越远，说明求得的方案离单目标最优方案越远。

3. 组合系数法

前述两种加权因子的确定方法基于各分目标函数在整个问题中具有同等重要的程

度,若各分目标重要程度不相等,则需要加入考虑相对重要程度的加权因子。加权因子可以按如下公式计算:

$$\omega_j = \omega_{j1} \cdot \omega_{j2} \tag{7-7}$$

式中　ω_{j1}——分目标 $f_j(\boldsymbol{x})$ 重要程度的加权因子,其值可参考相关资料,按经验选取,且 $\sum_{j=1}^{r} \omega_{j1} = 1$;

　　ω_{j2}——分目标 $f_j(\boldsymbol{x})$ 的本征加权因子,可按容限法或分目标最优值法确定。

【例 7-1】 对数控机床的主轴进行优化设计。已知数控机床的主轴为空心轴,其工作时的力学模型如图 7-1(a)所示,假设在支承段内其为等截面轴(图 7-1(b))。追求目标为质量小、加工精度高。试写出其综合目标函数。

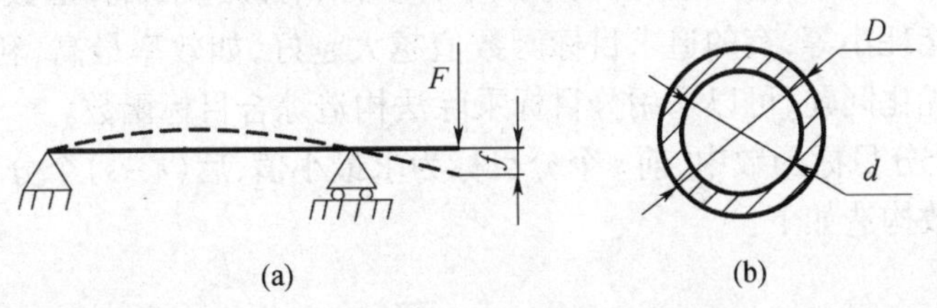

图 7-1　例 7-1 数控机床主轴示意图

(a) 力学模型简图;(b) 截面示意图。

解　(1)设计变量。设计变量选取主轴外径 D、内孔直径 d、跨距 l 和外伸端长度 t,即

$$\boldsymbol{x} = [x_1, x_2, x_3, x_4]^{\mathrm{T}} = [D, d, l, t]^{\mathrm{T}}$$

(2) 目标函数。要求质量尽可能小,可以得到第一个目标函数为

$$\min f_1(\boldsymbol{x}) = \rho\pi(D^2 - d^2)(l + t)/4$$

要求加工精度高作为第二个目标函数。由于主轴的外伸端挠度越大,加工精度越低,因此可以将主轴外伸端挠度作为目标函数,要求其值越小越好,即

$$\min f_2(\boldsymbol{x}) = \frac{Ft^2(l+t)}{3EI}$$

式中　I——轴的截面惯性矩,$I = \pi(D^4 - d^4)/4$。

这样统一目标函数可以表示为如下形式:

$$\min F(\boldsymbol{x}) = \omega_1 f_1(\boldsymbol{x}) + \omega_2 f_2(\boldsymbol{x})$$

式中　ω_1, ω_2——分目标的加权系数,可采用容限法选取。

7.2.2　理想点法

多目标优化设计中,一般而言所有的分目标很难同时到达最优解。但若能使各个分目标尽可能接近其最优点,也是一个较好的方案。设每个分目标函数 $f_j(\boldsymbol{x})$ 的最优解是 f_j^*,那么综合目标函数可以按如下方式构造:

$$\min F(\boldsymbol{x}) = \sum_{j=1}^{r} \left(\frac{f_j(\boldsymbol{x}) - f_j^*}{f_j^*} \right)^2 \tag{7-8}$$

上式说明,当各分目标函数值达到各自最优值 f_j^* 时,综合目标函数 $F(\boldsymbol{x})$ 值达到最

小。这种方法的关键是理想值f_j^*的选择，f_j^*既可根据经验值给定，也可用单目标函数求优得到。

此外，式(7-8)中也可以引入加权因子，以反映各分目标函数在综合目标函数中的重要程度：

$$\min F(\boldsymbol{x}) = \sum_{j=1}^{r}\left\{\omega_j\left(\frac{f_j(\boldsymbol{x}) - f_j^*}{f_j^*}\right)^2\right\} \tag{7-9}$$

式中 ω_j——第j个分目标的函数的加权因子，可参照前述方法选取。

7.2.3 分目标乘除法

工程实际优化问题中目标函数的形式多种多样，有的追求目标函数值越小越好，如成本低、质量小、能耗小等，有的追求目标函数值越大越好，如效率最高、利润最大等。针对这样的多目标优化问题，可以采用分目标乘除法构造综合目标函数。

假设在r个分目标函数中，前s个分目标为求最小值，后$(r-s)$个分目标为求最大值，则综合目标函数构造如下：

$$\min F(\boldsymbol{x}) = \frac{\sum_{j=1}^{s}\omega_j f_j(\boldsymbol{x})}{\sum_{j=s+1}^{r}\omega_j f_j(\boldsymbol{x})} \tag{7-10}$$

式中 ω_j——第j个分目标的函数的加权因子，可参照前述方法选取。

【例7-2】 现要设计一两段的变螺距式弹簧，要求质量尽可能小，疲劳安全系数尽可能大。试按照乘除法建立综合目标函数。

解 (1)设计变量。取弹簧簧丝直径d，弹簧中径D，以及不同螺距段的工作圈数分别为n_1和n_2为设计变量，即

$$\boldsymbol{x} = [x_1, x_2, x_3, x_4]^{\mathrm{T}} = [d, D, n_1, n_2]^{\mathrm{T}}$$

(2)目标函数。要求质量尽可能小，可以得到第一个目标函数为

$$\min f_1(\boldsymbol{x}) = \rho\pi^2 d^2 D(n_1 + n_2)/4$$

要求疲劳安全系数尽可能大，可以得到第二个目标函数为

$$\max f_2(\boldsymbol{x}) = \frac{\tau_0 + 0.75\tau_{\min}}{\tau_{\max}}$$

式中 $\tau_{\max}$——最大循环切应力，$\tau_{\max} = 8KDF_{\max}/(\pi d^3)$；

$\tau_{\min}$——最小循环切应力，$\tau_{\min} = 8KDF_{\min}/(\pi d^3)$；

K——弹簧总刚度，$K = \frac{K_1K_2}{K_1 + K_2}$（$K_1$、$K_2$为两段弹簧各自的刚度，$K_1 = \frac{Gd^4}{8D^3n}$，$K_2 = \frac{Gd^4}{8D^3n}$）。

这样，统一目标函数可以表示为如下形式：

$$\min F(\boldsymbol{x}) = \frac{\omega_1 f_1(\boldsymbol{x})}{\omega_2 f_2(\boldsymbol{x})}$$

式中　ω_1、ω_2——分目标的加权系数，可采用容限法选取。

7.2.4　功效系数法

功效系数 $e(0 \leqslant e \leqslant 1)$ 是一个用于评价设计方案好坏的参数。当 $e=0$ 时，表示方案最差，完全不可接受；当 $e=1$ 时，表示方案最好；在 0 ~1 范围内，e 的取值越大，表示设计方案越理想。

多目标优化问题的功效系数法的基本思想是，求取各分目标函数的功效系数 e_j，然后将所有功效系数的几何平均值作为综合目标函数进行求解。在实际处理问题时，具体步骤如下：

(1) 求各个分目标函数 $f_j(\boldsymbol{x})$ 的功效系数 e_j，即

$$e_j = F(f_j(\boldsymbol{x})) \tag{7-11}$$

式中　e_j——分目标函数的功效系数；

$F(f_j(\boldsymbol{x}))$——以某种方式构成的求功效系数的功效函数。

根据目标函数的不同要求，功效函数可以分为分目标函数值要求最小、分目标函数值要求最大、分目标函数值要求合适三类，见表 7－1。

表 7－1　功效函数类型

类型	分目标函数值要求最小	分目标函数值要求最大	分目标函数值要求合适
功效函数示意图	e_j; 1.0, 0.7, 0.4, 0.3, 0; f_j^L, f_j^H, f_j	e_j; 1.0, 0.7, 0.4, 0.3, 0; f_j^L, f_j^H, f_j	e_j; 1.0, 0.7, 0.4, 0.3, 0; f_j^L, f_j^{L1}, f_j^{H1}, f_j^H, f_j
使用说明	①分目标函数值 f_j 越大，功效系数 e_j 越大； ②当 $f_j \leqslant f_j^L$ 时，$e_j=0$； ③当 $f_j \geqslant f_j^H$ 时，$e_j=1$； ④当 $f_j^L \leqslant f_j \leqslant f_j^H$ 时，按斜直线表达式，根据 f_j 值求取 e_j	①分目标函数值 f_j 越小，功效系数 e_j 越大； ②当 $f_j \leqslant f_j^L$ 时，$e_j=1$； ③当 $f_j \geqslant f_j^H$ 时，$e_j=0$； ④当 $f_j^L \leqslant f_j \leqslant f_j^H$ 时，按斜直线表达式，根据 f_j 值求取 e_j	①分目标函数值 f_j 越接近 f_j^{L1} ~ f_j^{H1} 区段，功效系数 e_j 越大； ②当 $f_j \leqslant f_j^L$ 或 $f_j \geqslant f_j^H$ 时，$e_j=0$； ③当 $f_j^{L1} \leqslant f_j \leqslant f_j^{H1}$ 时，$e_j=1$； ④当 $f_j^L \leqslant f_j \leqslant f_j^{L1}$ 或 $f_j^{H1} \leqslant f_j \leqslant f_j^H$ 时，按斜直线表达式，根据 f_j 值求取 e_j

注：① 通常规定 $0.7 < e_j \leqslant 1.0$ 为方案较理想区域；$0.4 < e_j \leqslant 0.7$ 为方案可接受区域；$0.3 < e_j \leqslant 0.4$ 为边缘区域；$e_j \leqslant 0.3$ 为方案不可接受区域；

② 表中给出功效函数曲线为直线形式，读者也可以参考相关资料，借鉴实践经验构造不同类型的功效函数曲线，通常构造方法有折线法、指数法

(2) 构造综合目标函数。以各分目标函数的功效系数 e_j 的几何平均值作为综合目标函数。根据综合功效系数的定义可知，定义的综合目标函数值越大越好。

$$\max F(\boldsymbol{x}) = \sqrt[r]{e_1 e_2 \cdots e_r} \tag{7-12}$$

功效系数法的关键是功效函数的确定：一是，选择功效函数的类型（直线型、折线型或者指数型等）；二是，选择评价的关键点，如分目标函数值取多大时，功效系数确定为0、0.4、0.7、1.0等值。关键点对功效函数的具体表达式起着至关重要的作用。这就要求设计者对各分目标函数的取值范围做到心中有数。

功效系数法虽然计算比较复杂，但它是按照性能指标评价一个设计方案，非常直观。此外，在以下两个方面，功效系数法有着其他方法无法比拟的优点，因此得到了一定的应用。

（1）易于处理目标函数值希望在某一范围之内，而不是单纯求最大或最小的情况。

（2）当设计方案使得某一分目标函数的功效系数取值为0时，即使其他目标函数的功效系数很大，总的功效系数还是0，方案被否决。这就可避免某一目标函数值不能接受但整体函数值评价较好的误区。

【例7-3】 设计如图7-2所示的四杆机构，要求提高其传力性能，增强其急回性能。试用功效系数法建立综合目标函数。

解 （1）选择设计变量。如图7-2所示，各杆件长度分别为l_1、l_2、l_3和l_4，为了减少设计变量，先假设$l_1=1$，则l_2、l_3和l_4是各杆相对于l_1的相对长度。因此设计变量可取为

$$\boldsymbol{x}=[x_1,x_2,x_3]^{\mathrm{T}}=[l_2,l_3,l_4]^{\mathrm{T}}$$

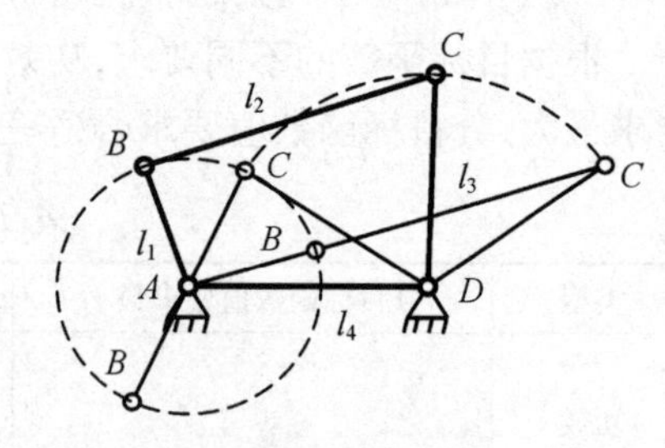

图7-2 例7-3图

（2）建立分目标函数。目标函数一要求提高传力性能。四杆机构的传力性能可以用压力角表示，最大压力角越小，传力性能越好。可分析得出传力性能的目标函数为

$$f_1(\boldsymbol{x})=\begin{cases}\dfrac{\pi}{2}-\arccos\dfrac{l_2^2+l_3^2-(l_4+1)^2}{2l_2l_3} & (l_2^2+l_3^2>(l_4+1)^2)\\ \arccos\dfrac{l_2^2+l_3^2-(l_4+1)^2}{2l_2l_3}-\dfrac{\pi}{2} & (l_2^2+l_3^2\leqslant(l_4+1)^2)\end{cases}$$

目标函数二要求提高急回性能。急回性能是以极位夹角θ表示，因此分析可以得到目标函数为

$$f_2(\boldsymbol{x})=\arccos\frac{(l_2+1)^2+l_4^2-l_3^2}{2(l_2+1)l_4}-\arccos\frac{(l_2-1)^2+l_4^2-l_3^2}{2(l_2-1)l_4}$$

（3）建立功效函数。选择直线式的功效函数。

对目标函数1，希望其值越小越好，取值范围0°~45°。因此选择：$f_1(\boldsymbol{x})=0°$时，功效系数$e_1=1$；$f_1(\boldsymbol{x})=45°$时，功效系数$e_1=0$。从而作出功效系数图（图7-3(a)），功效系数的函数为

$$e_1=\begin{cases}1 & (f_1(\boldsymbol{x})\leqslant 0)\\ -f_1(\boldsymbol{x})/45+1 & (0<f_1(\boldsymbol{x})\leqslant 45°)\\ 0 & (f_1(\boldsymbol{x})>45°)\end{cases}$$

对目标函数 2，希望其值越大越好，取值范围 0°~20°。因此选择：$f_2(\boldsymbol{x})=0°$时，功效系数 $e_2=0$；$f_2(\boldsymbol{x})=20°$时，功效系数 $e_2=1$。从而作出功效系数图（图 7-3(b)），功效系数的函数为

$$e_2=\begin{cases}0 & (f_1(\boldsymbol{x})\leqslant 0)\\ f_2(\boldsymbol{x})/20 & (0<f_1(\boldsymbol{x})\leqslant 20°)\\ 1 & (f_1(\boldsymbol{x})>20°)\end{cases}$$

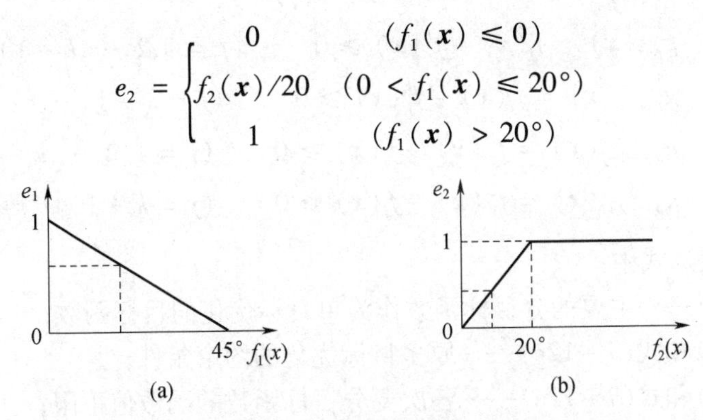

图 7-3　直线法功效系数图

(a) $f_1(\boldsymbol{x})$的功效系数 e_1；(b) $f_2(\boldsymbol{x})$的功效系数 e_2。

综合功效函数为

$$\max e=\sqrt{e_1e_2}$$

(4) 求解过程。图 7-4 可简单说明功效函数法求优化问题的基本过程。

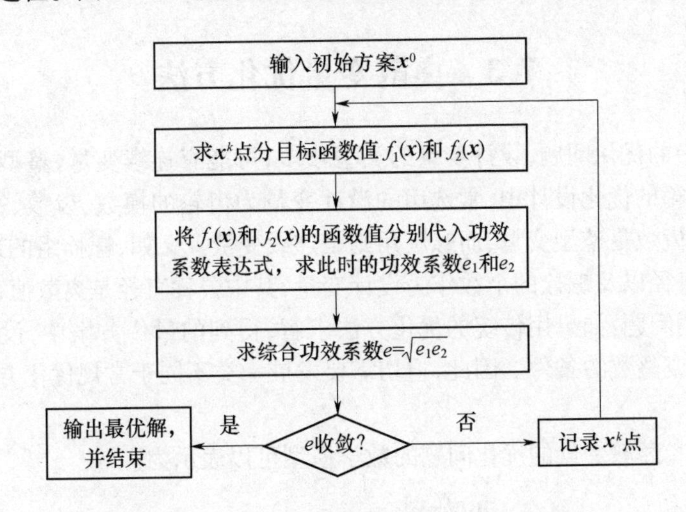

图 7-4　功效函数法求优化问题的基本过程

7.2.5　主要目标法

主要目标法的基本思想是，“抓住主要，兼顾次要”。求解时，选择一个最重要的目标作为目标函数，其余目标转化成约束函数，这样多目标优化问题就转化为了单目标优化问题。

对于式(7-1)所示的多目标优化问题，假设第 k 个目标是最重要的目标，则转化后的数学模型为

$$\min f_k(\boldsymbol{x}) \tag{7-12a}$$

$$\text{s.t. } g_u(\boldsymbol{x}) \geqslant 0 \quad (u = 1,2,\cdots,p) \tag{7-12b}$$

$$h_v(\boldsymbol{x}) = 0 \quad (v = 1,2,\cdots,q) \tag{7-12c}$$

$$g_{p+j}(\boldsymbol{x}) = f_j(\boldsymbol{x}) - f_j^L(\boldsymbol{x}) \geqslant 0 \quad (j = 1,2,\cdots,k-1) \tag{7-12d}$$

$$g_{p+j-1}(\boldsymbol{x}) = f_j(\boldsymbol{x}) - f_j^L(\boldsymbol{x}) \geqslant 0 \quad (j = k+1,\cdots,r) \tag{7-12e}$$

$$g_{p+r-1+j}(\boldsymbol{x}) = f_j^U(\boldsymbol{x}) - f_j(\boldsymbol{x}) \geqslant 0 \quad (j = 1,2,\cdots,k-1) \tag{7-12f}$$

$$g_{p+r-2+j}(\boldsymbol{x}) = f_j^U(\boldsymbol{x}) - f_j(\boldsymbol{x}) \geqslant 0 \quad (j = k+1,\cdots,r) \tag{7-12g}$$

上述系列表达式中：

式(7－12a)——主要的分目标函数作为单目标优化的目标函数；

式(7－12b)和式(7－12c)——原多目标优化的约束条件；

式(7－12d)和式(7－12e)——各次要分目标函数的函数值下限；

式(7－12f)和式(7－12g)——各次要分目标函数的函数值上限。

式(7－12d)～式(7－12g)表达了如下约束可行域：

$$D' = \{x \mid f_j^L \leqslant f_j \leqslant f_j^U\} \ (j = 1,2,\cdots,k-1,k+1,\cdots,r) \tag{7-13}$$

转化后的可行域，是原多目标约束条件所给定的可行域 D 与式(7－13)所给定的可行域 D' 的交集。

7.3 离散变量优化方法

工程实际中的优化问题，设计变量的类型较多，可能有连续变量、整型变量和离散变量。例如，齿轮箱的优化设计中，常选用的设计变量为齿轮的模数、齿数、螺旋角，其中模数是离散变量，齿数是整型变量，而螺旋角则是连续变量。又如，螺栓组的连接设计，可选择螺栓的公称直径以及螺栓的个数作为设计变量，其中公称直径是离散值，而螺栓的个数是整数。对这类问题，如果用传统的优化方法求解，得到的最优方案中，设计变量是连续值，不满足离散或整数的条件。因此，迫切需要发展一类不同于常规优化方法的离散变量优化求解方法。

工程实际中，离散变量的优化问题的数学模型可以表示为

$$\begin{aligned} &\min f(\boldsymbol{x}) \\ &\text{s.t. } g_u(\boldsymbol{x}) \geqslant 0 \quad (u = 1,2,\cdots,p) \\ &\boldsymbol{x} = \begin{bmatrix} \boldsymbol{x}^D \\ \boldsymbol{x}^C \end{bmatrix} \in R^n \end{aligned} \tag{7-14}$$

式中 $\boldsymbol{x}^D$——离散变量子集，假设共有 m 个离散变量，则 $\boldsymbol{x}^D = [x_1, x_2, \cdots, x_m]^T$；

$\boldsymbol{x}^C$——连续变量子集，$\boldsymbol{x}^C = [x_{m+1}, x_{m+2}, \cdots, x_n]^T$。

离散变量的优化方法是结合工程实际优化设计发展中的一个重要方向。求解方法多种多样，各有优、缺点，本书介绍几种常见方法。如果需要深入研究，读者可以参阅相关书籍和资料。

7.3.1 整型化解法

离散变量的整型化解法的基本思想是，先按照连续变量方法求解最优方案 $\{x^*,f(x^*)\}$，然后在 x^* 附近寻找与其最接近的整型变量或离散变量作为最优方案。求解结果可能出现三种情况。以图7-5二维问题为例进行说明，其中网格线的交点是整型变量点。

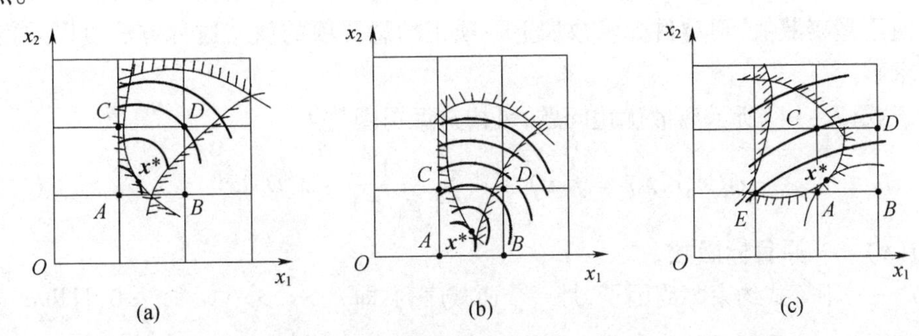

图7-5 连续变量离散化可能出现情形

(a) x^* 周围有一个最优点；(b) x^* 周围有整型点都不可行；(c) 离 x^* 较远整型点为最优解。

(1) 图7-5(a)中，最优点为 x^*，它周围有四个整型点 A、B、C 和 D，其中 A、B、C 均为非可行点，那么最优方案就是可行点 D。这种情况，整型化解法是可行的。

(2) 图7-5(b)中，最优点 x^* 周围的四个点 A、B、C 和 D 均为非可行点。这种情况，整型化解法就无法找到最优解。

(3) 图7-5(c)中，最优点 x^* 周围的四个点 A、B、C 和 D，其中 C 点可行。但比较起来，离 x^* 较远的可行点 E 点，其函数值比 C 点的函数值要小，即 E 点的方案更可优。这种情况，用整型化解法找到的最优点不是最的理想方案。

通过以上分析可以发现，整型法在连续参量离散化时，局限的范围太小。为了提高准确性，在实际操作中通常将整型化的区域放大，这样得到的结果更为合理一些。放大的范围，可根据实际情况，合适选择。

整型化解法，简单易行，但算法局限性较大。

7.3.2 离散变量固定，连续变量优化法

这种方法适用于混合离散变量的情况，即变量中既有连续变量，也有离散变量。其基本求解思路如下：

(1) 将所有变量假设为连续变量，进行优化，得到最优点 $x^*=[x_1^*,x_2^*,\cdots,x_n^*]$。

(2) 将离散变量离散化。假设第 j 个变量是离散变量，则在 x_j^* 附近将其离散。为了扩大搜索范围，可多取几个离散值。

(3) 离散变量固定，连续变量求优。将第 j 个变量固定为上一步离散的某一个值，将其他连续变量作为设计变量再进行优化。这样便可求得第 j 个变量取不同离散值时的最优方案。

(4) 全局比较。将步骤(3)中求得的不同离散值时得到的最优方案进行比较，函数值最小者为最优方案。

这种方法是一种拟离散方法，运用较为普遍。但它有一个缺陷，如果离散优化解不在连续优化解的附近，那么以上步骤(2)中的取值就会出现遗漏，导致最后寻找到的解可能不是全局最优解。

7.3.3 离散惩罚函数法

离散惩罚函数法的基本思想是，将设计变量的离散型作为对变量的约束，一旦设计变量的取值不是离散值，则对目标函数加上一项正的惩罚项的值。这种方法可以用连续解法进行求解。

对于式(7-14)所示离散优化问题，可构造惩罚函数为

$$\phi(\boldsymbol{x},r,\lambda) = f(\boldsymbol{x}) + r^k\sum_{u=1}^{p}\frac{1}{g_u(\boldsymbol{x})} + \lambda^k Q^k(\boldsymbol{x}^D) \tag{7-15}$$

式中 $f(\boldsymbol{x})$——原目标函数；

r^k——不等式约束障碍因子，是一个递减序列，即 $r^1 > r^2 > \cdots > r^k > \cdots 0$，且 $\lim\limits_{k\to\infty} r^k = 0$；

$g_u(\boldsymbol{x})$——不等式约束条件；

λ^k——离散点集惩罚因子，是一个递增序列，即 $\lambda^1 < \lambda^2 < \cdots < \lambda^k < \cdots$，且 $\lim\limits_{k\to\infty}\lambda^k = \infty$；

$Q^k(\boldsymbol{x}^D)$——离散惩罚项函数，可按下式构造，即

$$Q^k(\boldsymbol{x}^D) = \begin{cases} 0 & (\boldsymbol{x}^D \in R^D) \\ a > 0 & (\boldsymbol{x}^D \notin R^D) \end{cases}$$

上式说明，当设计变量满足离散点要求时，离散惩罚函数取值为零；否则，取正数。离散惩罚函数的构造形式多种多样，读者可以参阅有关资料。

7.4 多目标优化 MATLAB 解法

前面介绍的多目标优化问题的求解方法，是将多目标函数综合，然后对综合目标函数作单目标优化求解。本节介绍运用 MATLAB 优化工具箱函数进行多目标优化问题的求解，在编写程序求解过程中，操作者无需自行先进行综合目标函数的构造。MATLAB 优化工具箱中求解多目标优化问题的函数主要是 fminimax 和 fgoalattain。

7.4.1 fminimax 函数

fminimax 函数求解的多目标优化问题数学模型如下：

$$\begin{aligned} &\min_{x}\max_{f}\{f_1(\boldsymbol{x}), f_2(\boldsymbol{x}), \cdots, f_r(\boldsymbol{x})\} \\ \text{s. t. } & c(\boldsymbol{x}) \leqslant 0 \text{（非线性不等式约束）} \\ & ceq(\boldsymbol{x}) = 0 \text{（非线性等式约束）} \\ & \boldsymbol{A}\cdot\boldsymbol{x} \leqslant \boldsymbol{b} \text{（线性不等式约束）} \\ & \boldsymbol{Aeq}\cdot\boldsymbol{x} = \boldsymbol{beq} \text{（线性等式约束）} \\ & \boldsymbol{lb} \leqslant \boldsymbol{x} \leqslant \boldsymbol{ub} \text{（边界约束）} \end{aligned} \tag{7-16}$$

fminimax 函数的功能是将所有分目标函数值最大者进行最小化。由于当分目标取得

最大值时，意味着设计方案最糟糕，将这个最大值进行最小化，也就是求整个设计方案最坏的情况下的最好结果。

在 MATLAB 中，fminimax 函数的调用格式有 11 种，其中最全面的调用格式有两种：

调用格式 1：　　x = fminimax(fun,x0,A,b,Aeq,beq,lb,ub,nonlcon,options)

调用格式 2：　　[x,fval,maxfval,exitflag,output,lambda]

　　　　　　　　= fminimax(fun,x0,A,b,Aeq,beq,lb,ub,nonlcon,options)

调用格式 1 中仅仅返回一个参数——最优点的 x 的坐标值；格式 2 中的返回参数较多。以上两种调用格式中的参数说明具体如下：

(1) x：返回约束优化问题的最优点坐标值。

(2) fval：返回约束问题在最优点 x 处的函数值。

(3) maxfval：返回最优点时，函数值最大的那个分目标函数值。

(4) exitflag：返回函数 fminimax 的结束状态。

(5) output：返回优化算法的信息。

(6) lambda：返回最优点 x 处的拉格朗日乘子信息。

(7) fun：目标函数。当目标函数以语句的格式与 fminimax 命令出现在同一个文件中，直接用目标函数名即可；当目标函数以单独的 M 文件存放，则 fun 是目标函数的文件名，此时 fminimax 中调用的格式相应变为@ fun。

(8) x0：初始点。

(9) A：线性不等式约束的系数矩阵。

(10) b：线性不等式约束的常数矩阵。

(11) Aeq：线性等式约束的系数矩阵。

(12) beq：线性等式约束的常数矩阵。

(13) lb：变量 x 的下限矩阵。

(14) ub：变量 x 的上限矩阵。

(15) nonlcon：非线性约束条件的函数名。同样，当非线性约束函数以单独的文件存放时，在调用时该项应写成@ nonlcon。

(16) options：设置优化选项的参数。

以上各项中，若没有定义项，可用空矩阵“[ ]”代替。若连续某几项参数直至输出参数(或输入参数)结束，则这些参数可省略不写。

【例 7-4】 如图 7-5 所示一等截面传动轴，两端有轴承支承。该轴所传递的转矩 $T = 100000\text{N}\cdot\text{mm}$，轴材料的密度 $\rho = 7.85\times10^{-6}\text{kg/mm}^3$，剪切弹性模量 $G = 8.1\times10^4\text{MPa}$，材料的许用扭转应力 $[\tau] = 20\text{MPa}$。根据空间条件，要求 $30\leqslant d\leqslant70$，$50\leqslant l\leqslant100$。在保证扭转强度的条件下，使轴的质量最小，扭转角最小。

解 (1) 建立优化设计的数学模型。根据要求，取轴的直径 d 和轴承之间的跨度 l 作为设计变量：

$$\boldsymbol{x} = [d, l] = [x_1, x_2]^{\mathrm{T}}$$

目标函数分别为轴的质量 W 和在转矩 T 作用下轴的扭转角 φ。经过分析可知

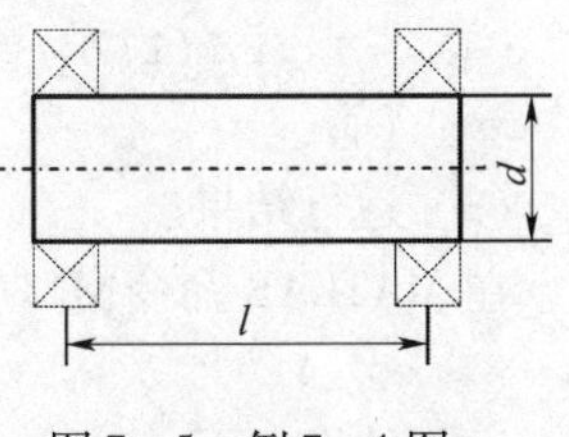

图 7-5　例 7-4 图

轴的质量　　　　$W = \rho\pi d^2 l/4$

轴的扭转角 $$\varphi = \frac{57.3 \times 32Tl}{\pi G d^4}$$

约束条件是保证扭转强度条件，即

$$g(\boldsymbol{x}) = \frac{16T}{\pi d^3} - [\tau] \leqslant 0$$

归纳总结，可以给出优化数学模型如下：

$$\min f_1(\boldsymbol{x}) = \rho \pi x_1^2 x_2 / 4$$

$$\min f_2(\boldsymbol{x}) = \left(\frac{57.3 \times 32 T x_2}{\pi G x_1^4}\right)^2$$

$$\text{s.t.}\ g(\boldsymbol{x}) = \frac{16T}{\pi x_1^3} - [\tau] \leqslant 0$$

$$30 \leqslant x_1 \leqslant 70$$

$$50 \leqslant x_2 \leqslant 100$$

(2) 编写 M 文件运算求解。

```
% 文件名 eg7_4.m
% 采用 fminimax 函数求多目标优化问题
x0 =[52,73];                % 输入初始变量
lb =[30;50];                % 设计变量的下限
ub =[70;100];               % 设计变量的上限
[xopt,fopt] = fminimax(@ eg7_4_mubiao,x0,[],[],[],[],lb,ub,@ eg7_4_yueshu)

% 文件名 eg7_4_mubiao.m
% 例 7 -4 中求目标函数值的 M 文件
function f = eg7_4_mubiao(x)
p =7.85 *10^( -6);                              % 材料密度值
T =1000000;                                     % 转矩值
G =8.1 *10^4;                                   % 材料剪切弹性模量
f(1) =p *pi *x(1)^2 *x(2)/4;                    % 求质量目标函数
f(2) =(57.3 *32 *T *x(2)/pi/G/x(1)^4)^2;        % 求扭转角目标函数

% 文件名 eg7_4_yueshu.m
% 例 7 -4 中非线性约束的 M 文件
function [c,ceq] =eg7_4_yueshu(x)
T =1000000;                                     % 转矩值
t =20;                                          % 许用剪切应力
c =16 *T/pi/x(1)^3 -t;                          % 非线性不等式约束函数值
ceq =[];                                        % 非线性等式约束函数值
```

(3) 运行结果。

在 MATLAB 命令窗口中输入：

```
> > eg7_4
```

运行结果如下：

```
Optimization terminated: magnitude of search direction less than 2 * options.TolX
and maximum constraint violation is less than options.TolCon.
Active inequalities (to within options.TolCon = 1e-006):
lower    upper    ineqlin    ineqnonlin
  2                              1
                                 2
xopt =
     63.3841    50.0000
fopt =
     1.2385    0.0005
```

因此,本优化问题的最优方案是 $\boldsymbol{x}=[d,l]^{\mathrm{T}}=[x_1,x_2]^{\mathrm{T}}=[63.3841,50.0000]^{\mathrm{T}}$。

此时轴的质量 $f_1(\boldsymbol{x})=1.2385\mathrm{kg}$,扭转角度 $f_2(\boldsymbol{x})=\sqrt{0.0005}=0.0224°$。

说明:

(1) 本例中的优化模型是按照 fminimax 函数要求的格式式(7-16)建立的。其中,$f_2(\boldsymbol{x})$的表达式,必须用扭转角的平方值作目标函数,才能保证扭转的角度很小。

(2) 本例中编写了三个独立的 M 文件,分别是执行 fminimax 命令进行多目标求优的主文件 eg7_4.m,求目标函数值的目标函数文件 eg7_4_mubiao.m 和求非线性约束函数值的非线性约束函数文件 eg7_4_yueshu.m。由于目标函数和约束函数都是以独立 M 文件存放,因此在 eg7_4.m 文件中,fminimax 语句里相应的地方使用的是@ eg7_4_mubiao 和@ eg7_4_yueshu。

(3) 在 eg7_4_yueshu.m 文件中,输出参数是非线性约束函数值,包括不等式和等式约束的函数值,其中不等式约束的函数值放于变量 c 中,等式约束的函数值放于变量 ceq 中。若在优化模型中没有等式约束,ceq 也必须要表示出来,将其赋值为[ ]。同理,若不等式约束不存在,就必须写成 c=[ ]。

7.4.2 fgoalattain 函数

fgoalattain 函数求解的多目标优化问题数学模型如下:

$$
\begin{aligned}
&\min r(\boldsymbol{x})\\
\text{s.t.}\ &f_i(\boldsymbol{x})-w_i r\leqslant goal_i\\
&c(\boldsymbol{x})\leqslant 0(\text{非线性不等式约束})\\
&ceq(\boldsymbol{x})=0(\text{非线性等式约束})\\
&\boldsymbol{A}\cdot\boldsymbol{x}\leqslant\boldsymbol{b}(\text{线性不等式约束})\\
&\boldsymbol{Aeq}\cdot\boldsymbol{x}=\boldsymbol{beq}(\text{线性等式约束})\\
&\boldsymbol{lb}\leqslant\boldsymbol{x}\leqslant\boldsymbol{ub}(\text{边界约束})
\end{aligned}
\tag{7-17}
$$

fgoalattain 函数功能是使各分目标函数值最接近目标值 goal。

在 MATLAB 中,fgoalattain 的调用格式有 11 种,其中最全面的调用格式有两种:

调用格式 1: x = fgoalattain(fun,x0, goal,eight,A,b,Aeq,beq,lb,ub,nonlcon,options)

调用格式 2: [x,fval,attainfactor,exitflag,output,lambda]

= fgoalattain(fun,x0,A,b,Aeq,beq,lb,ub,nonlcon,options)

调用格式1中仅仅返回一个参数——最优点的x的坐标值;格式2中的返回参数较多。以上两种调用格式中的参数说明具体如下:

(1) x:返回约束优化问题的最优点坐标值。

(2) fval:返回约束问题在最优点x处的函数值。

(3) attainfactor:返回代表fval与goal逼近程度的数值。

(4) exitflag:返回函数fgoalattain的结束状态。

(5) output:返回优化算法的信息,见表5-2。

(6) lambda:返回最优点x处的拉格朗日乘子信息。

(7) fun:目标函数。当目标函数以语句的格式与fgoalattain命令出现在同一个文件中,直接用函数名即可;当目标函数以单独的M文件存放,则fun是目标函数的文件名,此时fgoalattain中调用的格式相应变为@fun。

(8) x0:初始点。

(9) A:线性不等式约束的系数矩阵。

(10) b:线性不等式约束的常数矩阵。

(11) Aeq:线性等式约束的系数矩阵。

(12) beq:线性等式约束的常数矩阵。

(13) lb:变量x的下限矩阵。

(14) ub:变量x的上限矩阵。

(15) nonlcon:非线性约束条件的函数名。同样,当非线性约束函数以单独的文件存放时,在调用时该项应写成@nonlcon。

(16) options:设置优化选项的参数。

以上各项中,若没有定义项,可用空矩阵"[ ]"代替。若连续某几项参数直至输出参数(或输入参数)结束,则这些参数可省略不写。

【例7-5】 设计一个单级直齿圆柱齿轮减速器,其输入功率 $P=10\text{kW}$,输入转速 $n_1=980\text{r/min}$,传动比 $i=4$,大小齿轮均为40Cr调质。已知 $[\sigma_{H1}]=[\sigma_{H2}]=600\text{MPa}$,$[\sigma_{F1}]=[\sigma_{F2}]=220\text{MPa}$。希望两齿轮齿根弯曲应力尽量接近,减速箱体积最小。

解 (1) 建立优化设计的数学模型。根据要求,取齿轮的模数、小齿轮齿数以及齿轮接触宽度作为设计变量:

$$\boldsymbol{x} = [m, z_1, B]^{\mathrm{T}} = [x_1, x_2, x_3]^{\mathrm{T}}$$

目标函数1:要求两轮齿根弯曲应力尽量接近。

按齿轮的齿根弯曲疲劳强度条件,有

$$\sigma_F = \frac{2KT}{Bm^2 z_1 Y}$$

其中,齿形系数 Y 分别按下式计算:

$$Y_1 = 0.169 + 0.006666 z_1 - 0.0000854 z_1^2$$

$$Y_2 = 0.2824 + 0.0003539 (iz_1) - 0.000001576 (iz_1)^2$$

又根据已知条件,可求取转矩为

$$T = \frac{95.5 \times 10^5 P}{n_1} = \frac{95.5 \times 10^5 \times 10}{980} = 9.74 \times 10^4 (\mathrm{N \cdot mm})$$

代入数据和公式可以求得

$$\sigma_{F1} = \frac{2.53 \times 10^5}{Bm^2 z_1 (0.169 + 0.006666 z_1 - 0.0000854 z_1^2)}$$

$$\sigma_{F2} = \frac{2.53 \times 10^5}{Bm^2 z_1 (0.2824 + 0.00123865 z_1 - 0.000019306 z_1^2)}$$

因此目标函数 1 为

$$f_1(\boldsymbol{x}) = \left| \frac{2.53 \times 10^5}{x_1^2 x_2 x_3 (0.169 + 0.006666 x_2 - 0.0000854 x_2^2)} - \frac{2.53 \times 10^5}{x_1^2 x_2 x_3 (0.2824 + 0.0014156 x_2 - 0.000025216 x_2^2)} \right|$$

目标函数 2:要求质量最小,可以转化为体积最小,继而转化为求中心距最小,即

$$f_2(\boldsymbol{x}) = m(z_1 + z_2)/2 = m(z_1 + i z_1)/2 = m z_1 (i + 1)/2 = 2.5 m z_1$$

将设计变量代入,上式可以表示为

$$f_2(\boldsymbol{x}) = 2.5 x_1 x_2$$

约束条件分析如下:

首先,两轮的齿根弯曲应力应在疲劳极限以内,根据上面的分析,可得

$$\sigma_{F1} = \frac{2.53 \times 10^5}{Bm^2 z_1 (0.169 + 0.006666 z_1 - 0.0000854 z_1^2)} \leqslant [\sigma_{F1}]$$

$$\sigma_{F2} = \frac{2.53 \times 10^5}{Bm^2 z_1 (0.2824 + 0.0014156 z_1 - 0.000025216 z_1^2)} \leqslant [\sigma_{F2}]$$

其次,考虑接触应力应在接触疲劳强度范围内。

因为

$$\sigma_H = Z_H Z_E \sqrt{\frac{2KT}{Bm^2 z_1^2} \cdot \frac{i+1}{i}}$$

由于 $Z_H = 2.5$, $Z_E = 189.8\mathrm{MPa}^{\frac{1}{2}}$, $K = 1.3$, $i = 4$。代入数据可得

$$\sigma_H = 2.5 \times 189.8 \times \sqrt{\frac{2 \times 1.3 \times 9.74 \times 10^4}{Bm^2 z_1^2} \cdot \frac{4+1}{4}} = 2.67 \times 10^5 / (B^{0.5} m z_1)$$

因此

$$2.67 \times 10^5 / (B^{0.5} m z_1) - [\sigma_H] \leqslant 0$$

考虑各设计变量的取值范围,结合上面分析,归纳总结数学模型如下:

$$\min f_1(\boldsymbol{x}) = \left| \frac{2.53 \times 10^5}{x_1^2 x_2 x_3 (0.169 + 0.006666 x_2 - 0.0000854 x_2^2)} - \frac{2.53 \times 10^5}{x_1^2 x_2 x_3 (0.2824 + 0.0014156 x_2 - 0.000025216 x_2^2)} \right|$$

$$\min f_2(\boldsymbol{x}) = 2.5 x_1 x_2$$

$$\text{s.t. } g_1(\boldsymbol{x}) = \frac{2.53 \times 10^5}{x_1^2 x_2 x_3 (0.169 + 0.006666 x_2 - 0.0000854 x_2^2)} - 220 \leqslant 0$$

$$g_2(\boldsymbol{x}) = \frac{2.53 \times 10^5}{x_1^2 x_2 x_3 (0.2824 + 0.0014156 x_2 - 0.000025216 x_2^2)} - 220 \leqslant 0$$

$$g_3(\boldsymbol{x}) = 2.67 \times 10^5/(x_3^{0.5}x_1x_2) - 600 \leqslant 0$$
$$2 \leqslant x_1 \leqslant 6$$
$$17 \leqslant x_2 \leqslant 25$$
$$30 \leqslant x_3 \leqslant 60$$

(2) 确定分目标及各自权重。按照容限值法确定分目标的权重。

第一个分目标函数值变化范围为

$$f_1 = 0 \sim 20$$

第二个分目标函数值变化范围为

$$f_2 = 100 \sim 200$$

则

$$w = [w_1, w_2] = \left[\left(\frac{20-0}{2}\right)^{-2}, \left(\frac{200-100}{2}\right)^{-2}\right] = [0.01, 0.0004]$$

(3) 编写 M 文件运算求解。

```
% 文件名 eg7_5.m
% 采用 fgoalattain 函数求多目标优化问题
x0 = [4,19,50];
lb = [2;17;30];
ub = [6;25;60];
goal = [10,120];
w = [0.01,0.0004];
[xopt,fopt] = fgoalattain(@ eg7_5_mubiao,…
              x0,goal,w,[],[],[],[],lb,ub,@ eg7_5_yueshu)

% 文件名 eg7_5_mubiao.m
% 例 7-5 中求目标函数值的 M 文件
function f = eg7_5_mubiao(x)
a = 2.53 * 10^5 /(x(1)^2 * x(2) * x(3) *…
              (0.169 + 0.006666 * x(2) - 0.0000854 * x(2)^2));
b = 2.53 * 10^5 /(x(1)^2 * x(2) * x(3) *…
              (0.2824 + 0.0014156 * x(2) - 0.000025216 * x(2) ^2));
f(1) = abs(a - b);                    % 目标函数 1
f(2) = 2.5 * x(1) * x(2);             % 目标函数 2

% 文件名 eg7_5_yueshu.m
% 例 7-5 中非线性约束的 M 文件
function [g,ceq] = eg7_5_yueshu(x)
% 求非线性不等式约束函数值
g(1) = 2.53 * 10^5 /(x(1)^2 * x(2) * x(3) *…
(0.169 + 0.006666 * x(2) - 0.0000854 * x(2)^2)) - 220;
g(2) = 2.53 * 10^5 /(x(1)^2 * x(2) * x(3) *…
      (0.2824 + 0.0014156 * x(2) - 0.000025216 * x(2)^2)) - 220;
```

```
g(3) = 2.67 * 10^5 /(x(1) * x(2) * x(3)^0.5) - 600;
ceq = [];                                    % 非线性等式约束函数值
```

(4) 运行结果。

在 MATLAB 命令窗口中输入：

```
>> eg7_5
```

运行结果如下：

```
Optimization terminated: magnitude of search direction less than 2 * options.TolX
and maximum constraint violation is less than options.TolCon.
Active inequalities (to within options.TolCon = 1e-006):
lower    upper    ineqlin    ineqnonlin
           3                     3
                                 5
xopt =
     2.9301    19.6066    60.0000
fopt =
     10.4947    143.6231
```

因此，本优化问题的最优方案是 $\boldsymbol{x} = [m, z_1, B]^{\mathrm{T}} = [x_1, x_2, x_3]^{\mathrm{T}} = [2.9301, 19.6066, 60]^{\mathrm{T}}$ 离散化得到 $\boldsymbol{x} = [m, z_1, B]^{\mathrm{T}} = [3, 20, 60]^{\mathrm{T}}$

说明：

(1) 本例中编写了三个独立的 M 文件，分别是执行 fgoalattain 命令进行多目标求优的主文件 eg7_5. m，求目标函数值的目标函数文件 eg7_5_mubiao. m 和求非线性约束函数值的非线性约束函数文件 eg7_5_yueshu. m。由于目标函数和约束函数都是以独立 M 文件存放，因此在 eg7_5. m 文件中，fgoalattain 语句里相应的地方使用的是@ eg7_5_mubiao 和@ eg7_5_yueshu。

(2) 优化结果的处理。本例应属于混合变量优化问题，其中包含离散变量模数、整型变量齿数和连续变量齿宽。本例的求解方法是按连续变量求优，最后方案整型化。读者可以尝试采用其他的离散变量优化的方法。

习　题

7-1　试用多目标优化方法设计一 V 带传动。已知电机的基本额定功率 $P = 5\text{kW}$，小带轮转速 $n_1 = 1200\text{r/min}$，大带轮转速 $n_2 = 350\text{r/min}$，采用 A 型带，两班制工作，单根 A 型 V 带传动功率拟合方程为 $P_0 = 0.0242d_{d1} - 1.1128(\text{kW})$，A 型 V 带包角系数拟合方程为 $K_a = \dfrac{a}{0.5496a + 80.3951}$，A 型 V 带带长系数的拟合方程为 $K_L = 0.2064L_d^{0.2118}$，其中，d_{d1} 为小带轮的基准直径，a 为小带轮的包角，L_d 为带的基准长度。

7-2　某液压缸的活塞杆在工作过程中受载为 P，活塞杆截面为环形，试写出以质量和稳定性为追求目标的优化数学模型。

第 8 章　Pro/ENGINEER 软件基础及优化分析

8.1　Pro/ENGINEER 软件简介

三维建模软件 Pro/ENGINEER 是美国参数技术公司(Parametric Technology Corporation,PTC)的旗舰产品,主要针对机械产品的三维实体模型建立、三维实体零件的加工、以及产品的机构仿真和有限元分析等。自 1989 年问世以来,该软件即引起机械 CAD/CAM/CAE 界的极大震动,已是目前世界上最为普及的 CAD/CAM/CAE 软件之一,基本上成为三维 CAD 的一个标准平台。Pro/ENGINEER 集零件设计、产品装配、模具开发、NC 加工、钣金件设计、铸造件设计、造型设计、逆向工程、自动测量、机构模拟仿真、压力分析、产品数据管理等功能于一体,是一个全方位的三维产品开发软件。现已广泛应用于机械、电子、模具、工业设计、汽车、航空航天、家电、玩具等行业。PTC 基于特征的参数化设计、全相关的单一数据库管理以及工程数据再利用等概念开发的 Pro/ENGINEER 软件能将设计至生产的全过程集成在一起,并让所有用户同时进行同一产品的设计制造工作,实现并行工程。该软件版本主要经历了 2000、2000i、2001、Wildfire2.0、Wildfire3.0、Wildfire4.0、Wildfire5.0 版本升级过程。

Pro/ENGINEER 作为一种全参数化的计算机辅助设计系统,与其他计算机辅助设计系统相比,具有以下主要特点:

(1) 三维实体建模。Pro/ENGINEER 是三维实体建模软件,并能与其他 CAD 系统软件进行无缝对接,实现数据交换。

(2) 基于特征的参数化造型。Pro/ENGINEER 将一些具有代表性的几何模型定义为特征,并将其所有尺寸作为可变参数进行修改操作,并以此基础进行复杂结构设计,通过多个特征的叠加实现产品开发。

(3) 全相关性。Pro/ENGINEER 采用单一数据库的管理,在产品整个设计过程中,如果在某一处进行修改,包括装配体、设计图纸以及制造数据等所有模块均自动进行相应的修改。

(4) 支持并行工程。Pro/ENGINEER 通过一系列完全相关的模块表述产品的几何结构、外形、装配及其他特征,能够让多个部门同时致力于大型项目的设计、装配、功能仿真、生产加工、数据管理等,通过其会议中心可以实现协同设计。

(5) 易用性。随着 Pro/ENGINEER Wildfire 升级版本的不断推出,功能更加强大,操作更为便利。

本章作为 Pro/ENGINEER 软件的基础知识和基本操作的入门知识,主要以目前设计人员广泛使用和熟悉的 Pro/ENGINEER Wildfire5.0 进行介绍。

8.2 Pro/ENGINEER的设计环境

Pro/ENGINEER Wildfire5.0 中文版可以在工作站或个人计算机上安装和运行。为保证在个人计算机上正常使用,要求 CPU 最小主频在 500MHz 以上,最小内存为 256MB,若要装配大型部件或产品,进行仿真或模拟加工等,推荐使用 1G 以上内存,并且必须安装网卡,作为计算机的识别标志,建议使用三键鼠标或滚轮鼠标。

在个人计算机上正确安装了 Pro/ENGINEER Wildfire5.0 软件后,双击桌面上的 Pro/ENGINEER 图标或在【开始】/【所在程序】中找到相应程序点击,系统进入如图 8-1 所示的中文运行界面。

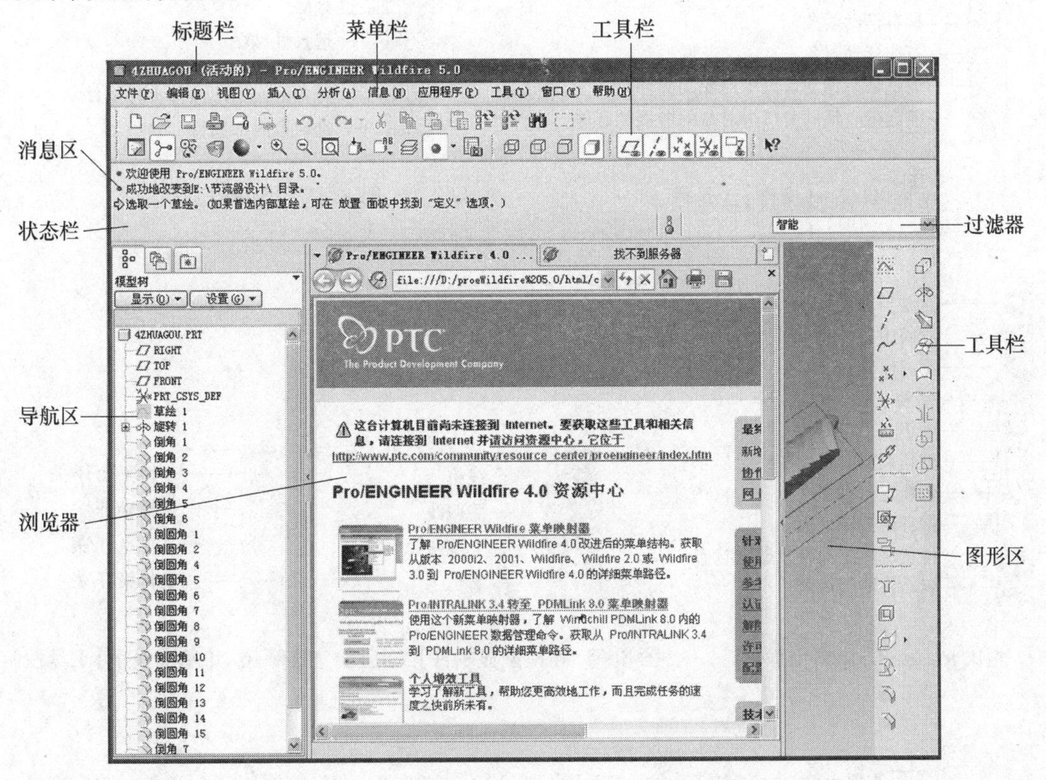

图 8-1　Pro/ENGINEER Wildfire 5.0 中文版窗口界面

Pro/ENGINEER Wildfire5.0 的设计环境是随着不同的设计过程而不断变化的。常规的主窗口由标题栏、菜单栏、工具栏、导航区、浏览器、图形区、消息区、状态栏和过滤器等组成。

1. 标题栏

标题栏显示打开文件的名称,可以同时打开多个相同或不同的模型窗口,但只能有一个窗口保持激活(活动的)状态。

2. 菜单栏

菜单栏包含创建、保存、编辑和修改模型的各类命令,以及设置 Pro/ENGINEER 运行环境和配置选项的命令。设计人员可以通过添加图标到菜单项或从菜单项中删除图标来定制菜单。

3. 工具栏

工具栏是常用命令的快捷方式,通过这些快捷方式,可以很方便地操作各种常用命令,提高建模效率。一般“常用工具栏”放置在窗口的顶部,分为【文件】工具栏、【编辑】工具栏、【视图】工具栏、【模型显示件】工具栏和【基准显示】工具栏。“常用作图工具栏”(也称为“工具箱”)一般置于窗口的右侧,主要有【基准】工具栏、【基础特征】工具栏、【工程特性】工具栏等。各工具栏中快捷按钮的含义和功能如图8-2~图8-9所示,设计人员可以根据需要定制工具栏的内容和位置。

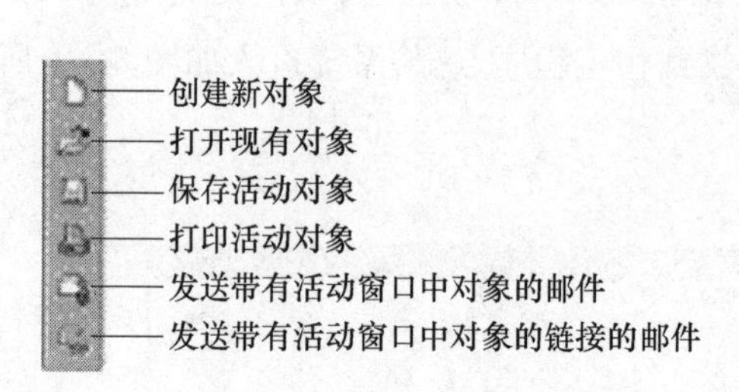

图8-2 【文件】工具栏

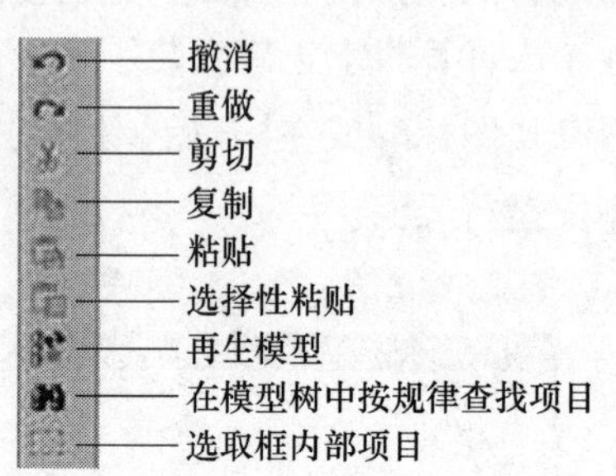

图8-3 【编辑】工具栏

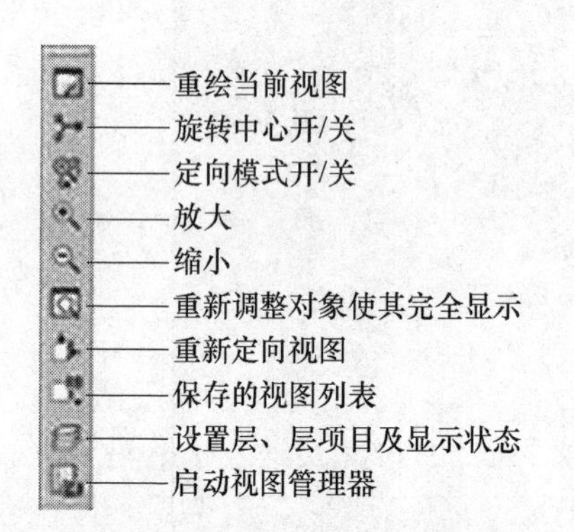

图8-4 【视图】工具栏

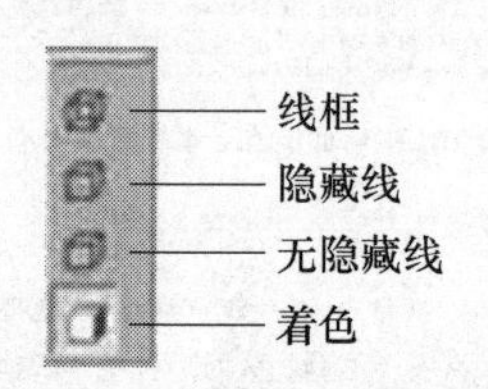

图8-5 【模型显示件】工具栏

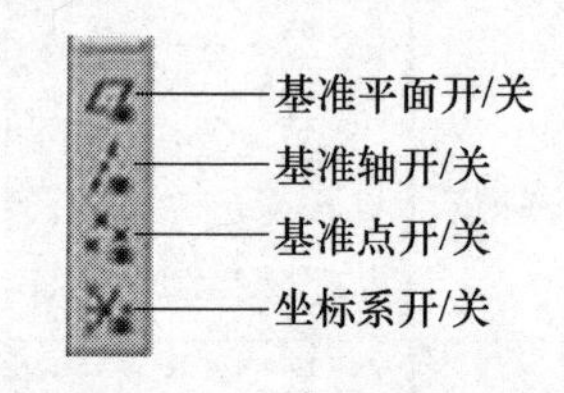

图8-6 【基准显示】工具栏

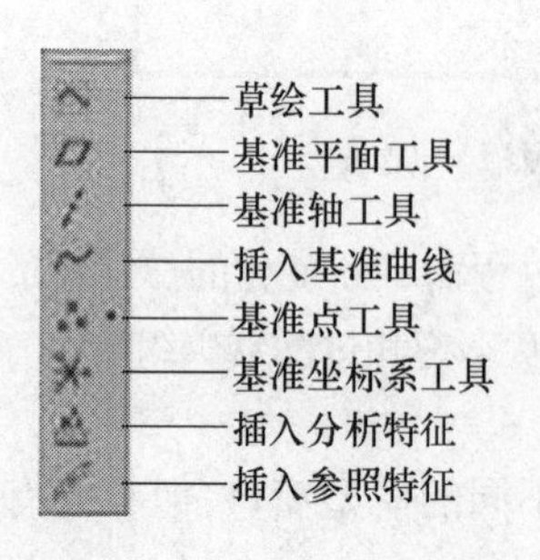

图8-7 【基准】工具栏

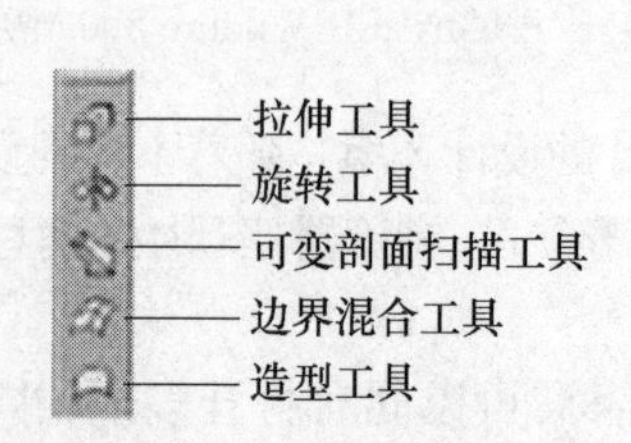

图8-8 【基础特征】工具栏

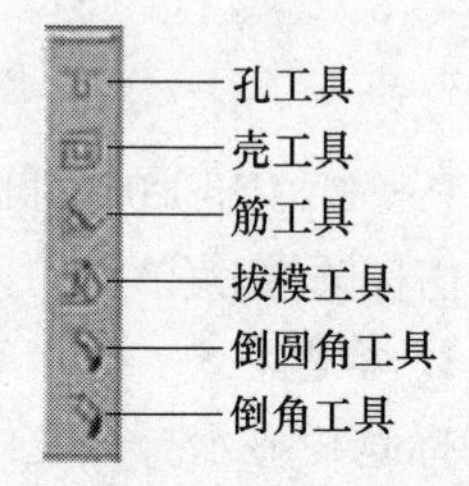

图8-9 【工程特性】工具栏

4. 导航区

导航区包括“模型树”、“层树”、“文件夹浏览器”、“收藏夹”和“连接”。

“模型树”是以分层形式(树状结构)显示打开文件的所有特征。若打开的是零件文件,则显示零件文件名称,并在名称下显示零件中的每个特征及其“父子”关系。若打开的是组件文件,则显示组件文件名称及其所包括的所有零件文件。

“层树”可以有效组织和管理模型中的层。

“文件夹浏览器”类似于 Windows 的“资源管理器”,用于浏览和管理文件。

“收藏夹”类似于 IE 的“收藏夹”,可以更加有效地管理个人资源。

“连接”用于连接网络资源和网卡,以协同工作。

5. Pro/ENGINEER 浏览器

使用 Pro/ENGINEER 浏览器可以和使用其他浏览器一样连接到在线站点访问网站,还可以预览 Pro/ENGINEER 模型,并将其拖放到图形窗口中将其打开。

6. 图形区

Pro/ENGINEER 各种模型图像的显示和编辑区,用户可以直观地在图形区中观察所创建的模型的外形。配合放大、缩小、拖转及隐藏等工具,可以自由地观察三维实体模型。

7. 消息区和状态栏

消息区中显示与窗口中的工作相关的消息,并可查看历史消息记录;显示当前模型中选取的项目数。

8. 过滤器

通过在过滤器中选择适当的选项,可以对模型中的各个特征进行过滤,从而简化选择过程。

8.3 Pro/ENGINEER 参数化建模

8.3.1 参数化建模的基本思想

传统的 CAD 绘图技术都有固定的尺寸值定义几何元素。输入每一条线都有确定的长度、角度和位置,要想修改绘图内容,只有删除所有线条后重新绘制。这种 CAD 系统存在的问题是使设计人员把许多精力放在确定一些琐碎的细部尺寸及对这些尺寸的修改上,这样的系统不利于设计人员考虑和表达自己的思想。

参数化概念的引入代表了设计思想上的一次变革,参数化设计是现代机械设计的一个主要发展方向。参数化技术就是在保持给定的约束条件和几何拓扑结构的前提下,按用户给定的参数值刷新模型。

机械产品是由许多机械零件组装到一起形成的,机械零件大多都是复杂的三维模型。但无论其结构多么复杂,都是由最基本的三维模型组合在一起的。一般来说,基本的三维模型是指有一定长、宽、高的三维几何体,它们是由三维空间的几个面拼成的实体模型。面由线构成,而线由点构成。这里的点、线、面、体等几何元素都是三维的,需要由三维坐标系中的 X、Y、Z 三个坐标来定义。

因此,用 Pro/ENGINEER 软件创建机械产品的一般过程如下:

(1) 选取或定义一个用于定位的三维坐标系或三个垂直的空间平面。

(2) 选定一个面(Pro/ENGINEER 中称为草绘面)作为二维平面几何图形的绘制平

面,在该平面上绘制几何截面草图,这一过程称为草绘。

(3) 用特征生成或特征添加的方法生成机械零件的三维模型,这一过程称为特征造型。

(4) 用装配约束的方法将机械三维零件组装成机械产品组件,这一过程称为组件装配。

从以上四个建模步骤可知,Pro/ENGINEER 是基于特征的实体模型化系统,具有全尺寸约束、全数据相关和尺寸驱动设计、修改等特点。

特征的定义是多种多样的。特征是表示与制造操作和加工工具相关的形状和技术属性;特征是需要一起引用的成组几何或拓扑实体;特征是用于生成、分析和评估设计的单元。

一般来说,特征是构成一个零件或装配件的单元。从几何形状上看,虽然它包含作为一般三维模型基础的点、线、面或者实体单元,但更重要的是,它具有工程制造意义,也就是说,基于特征的三维模型具有常规几何模型所没有的附加的工程制造等信息,可以有效地实现制造过程自动化。

Pro/ENGINEER 是基于特征的参数化三维建模,其"参数化"有三层含义:特征截面几何的全参数化、零件模型的全参数化和装配组件模型的全参数化。

特征截面几何的全参数化,或称为基于草图的参数化设计,是在创建带有约束的二维截面草图时,Pro/ENGINEER 自动给每个特征的二维截面中的每个尺寸赋予参数并排序,通过对参数的调整即可以改变几何形状和大小。

零件模型的全参数化是指 Pro/ENGINEER 自动地给零件中特征间的相对位置尺寸、外形尺寸赋予参数并排序,通过对参数的调整即可改变特征的几何形状、大小以及特征之间的相对位置关系。

装配组件模型的全参数化是指 Pro/ENGINEER 自动地添加组件中各零件之间的装配约束关系、尺寸关系和位置关系。

基于特征的全参数化三维建模的优势在于,某一零件的特征在任何一处被改动后,其他地方都会随之发生相应的改变,也就是说,整个工程完全相关。例如,在装配图中更改尺寸后,其零件图中的尺寸也会发生相应的改变。如果在草绘平面截面几何尺寸更改了尺寸,则在装配组件中也发生相应的改变。

8.3.2 参数化建模的基本步骤

以建立一个简单的圆盘零件为例介绍利用 Pro/ENGINEER 进行机械产品设计的基本步骤。

1. 设置工作路径

为了便于管理 Pro/ENGINEER 在工作中产生的有关文件,在开始某一项目时,首先应对该项目设置工作路径,设置路径后可以轻松地操作及管理相关路径上的文件。

单击主菜单【文件】/【设置工作目录】,在"选取工作目录"对话框中设置读取或存储文件的工作目录。

在进行一个产品项目的设计时,应单独建立一个工作目标(文件夹),以便 Pro/ENGINEER 软件系统对所有生成的文件进行有效管理。

设计人员要形成良好的操作习惯,在每次进入 Pro/ENGINEER 后,第一步就是设置工作目录。当执行“新建”、“打开”、“保存”、“删除”等文件时,均在该目录中操作。

2. 设置创建新文件的名称及类型

Pro/ENGINEER 是面向 CAD/CAM/CAE 的工具软件,可创建的文件类型很多,包括草绘、零件、组件、制造模型、报表、图表等。因此,进行新项目时,首先要确定项目的类型及名称,以及绘图时所用模板。Pro/ENGINEER 提供两种模板,米制(mmns)模板和英制(inbls)模板,默认或缺省模板为英制模板。

单击主菜单【文件】/【新建】,或单击“新建”快捷命令 按钮,在“新建”对话框中设置新建项目的“类型”和“名称”。

现在要设计一圆盘零件,设计“类型”为“零件”,“子类型”为“实体,均采用默认选项。设计“名称”也采用默认名“PRT0001”,设计人员也可以在“名称”后的文本框中输入零件的名称,以便识别。

一般将复选框“使用缺省模板”清除(不选中)(图 8-10),单击“确定”按钮,在弹出的“新文件选项”对话框,选择“mmns-part-solid”(图 8-11)。

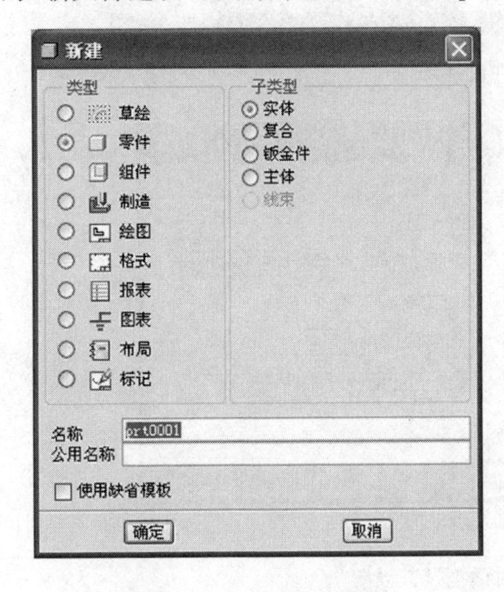

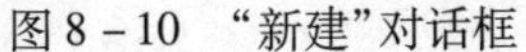
图 8-10 “新建”对话框

图 8-11 “新文件选项”对话框

设置完成后即进入了机械零件三维实体模型设计环境,如图 8-12 所示。在图形工作区中将会显示出默认状态下的三个基准平面 FRONT、RIGHT 和 TOP,它们构成了一个基本的笛卡儿坐标系 PRT-CSYS-DEF,这就是 Pro/ENGINEER 系统的默认基准坐标系,可在该坐标系中进行三维实体特征的创建。

3. 草绘零件的截面

在零件设计环境下,点击右侧工具箱中的“草绘” 工具命令,系统弹出如图 8-13所示的“草绘”对话框,要求选择草绘平面和与草绘平面相垂直的参照平面。设置完毕,点击“草绘”按钮,进入到了绘制零件二维截面几何形状的“草绘器”设计环境中。

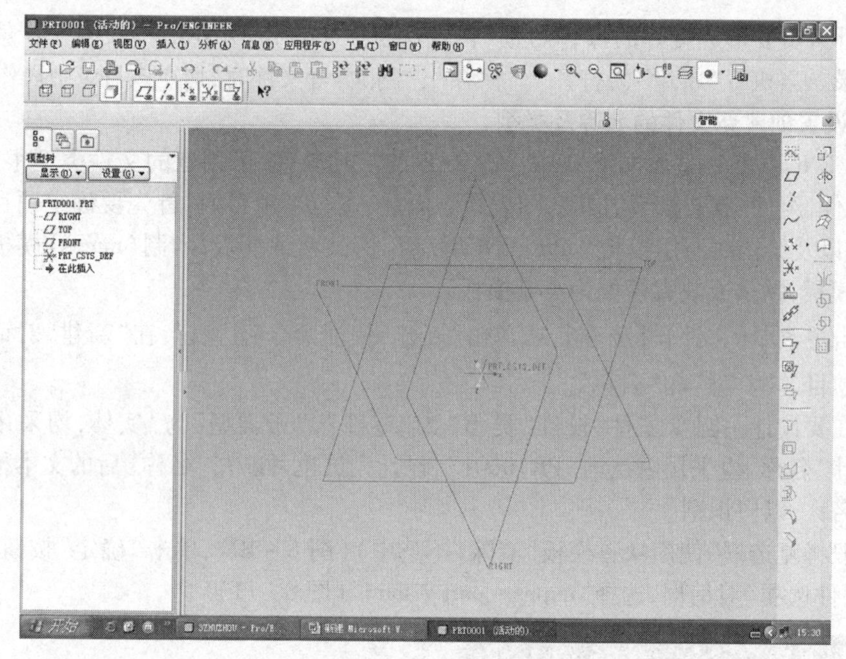

图 8 - 12　零件设计环境

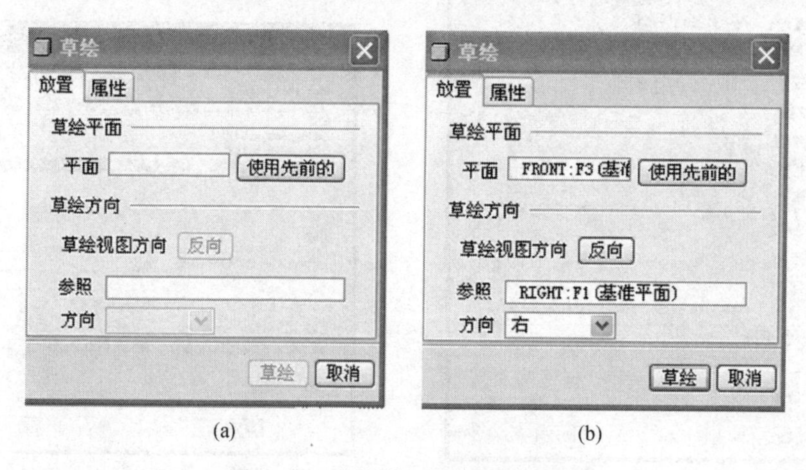

(a)　(b)

图 8 - 13　“草绘”对话框及其设置

草绘设计环境如图 8 - 14 所示,与零件设计环境基本相似,在“草绘器”的主菜单中设置有【草绘】选项;在工具栏中新增草绘工具栏;绘图工作区右侧新增草绘命令工具条。草绘命令工具条如图 8 - 15 所示,通过单击这些命令,可以绘制或编辑各种二维几何图形。

构成二维草图的要素有二维几何图形、尺寸和几何约束。

在“草绘器”设计环境中,首先在【草绘】菜单或工具栏中选取相应的绘图命令,然后在草绘图形窗口内创建点、直线、圆弧、圆、样条、圆锥等图元。可以粗略地草绘出所要的形状,不必是精确的尺寸值,“草绘器”会在用户绘制时添加尺寸,这些尺寸没有得到用户的确认,故称为弱尺寸,以灰色显示。草绘完成后,就可以根据需要输入精确的长度、角度和半径等几何尺寸,从而转化为强尺寸,以黄色显示,系统会自动以正确的尺寸值来修正

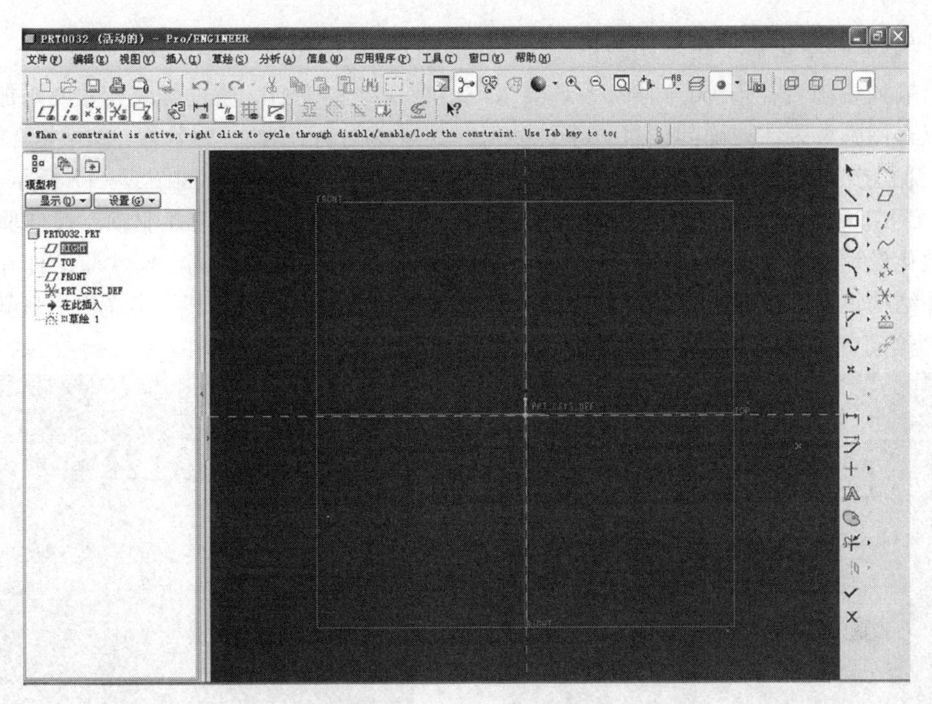

图 8－14　草绘设计环境

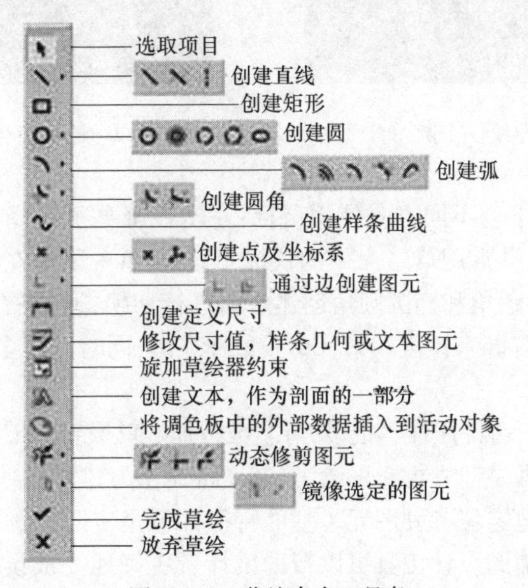

图 8－15　草绘命令工具条

几何形状，这就是 Pro/ENGINEER 的尺寸驱动功能。在绘制过程中，随着鼠标指针的移动，“草绘器”会同时根据图元或图元之间的条件如水平、竖直、平行、正交、等长、共线、对称等约束关系，以红色显示这些约束。几何图元创建后自动保留这些约束，称为弱约束。用户创建的约束称为强约束。在“草绘”过程中可能需要添加新尺寸或通过【草绘】/【约束】应用新约束。新尺寸或约束可能会与现有的强尺寸或约束发生冲突，出现这种情况时，发生冲突的尺寸或约束将会在一个对话框中列出，用户必须通过移除一个不需要的尺寸或约束来立即解决。二维草图绘制完毕后，会得到全约束的草图外形。

例如，在草绘器中绘制如图 8－16 所示的圆，可以先用绘圆命令大致绘制一个圆，然后输入正确直径值 $\phi d=180$，系统会以该值重新绘制该圆。通过修改尺寸或添加约束可以将该圆放置在正确的位置。系统为每一尺寸都分配了唯一的名称，单击主菜单【信息】/【切换尺寸】命令可以在尺寸数值和尺寸符号之间进行切换，如图 8－17 所示，表示 Pro/ENGINEER 把圆的直径值 180 赋给尺寸变量 sd0。从而实现尺寸驱动。尺寸驱动是参数化设计的基础，它使得图形能够自动随着参数值的变化而变化。尺寸驱动即在零件拓扑结构不变的情况下，把零件的几何尺寸参数定义为尺寸变量，甚至定义出变量间的关系，当给定不同的尺寸值，就可得到一组结构相同而尺寸不同的零件。

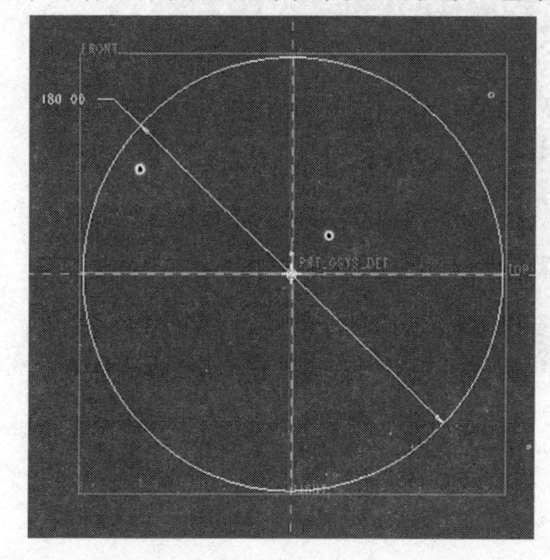

图 8－16　草绘一个圆

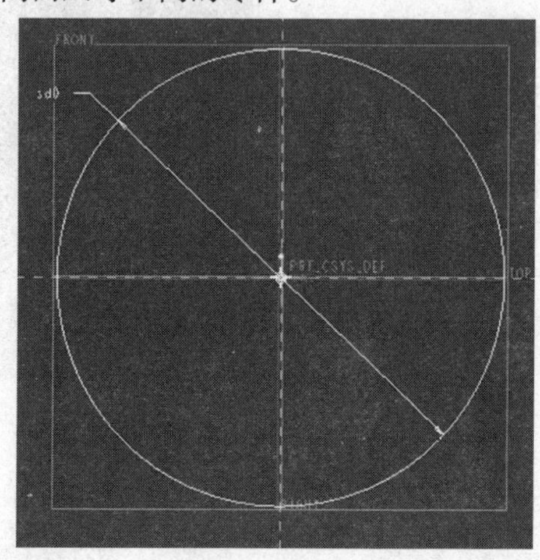

图 8－17　圆的直径值与参数之间的切换

在“草绘器”中用下列不同方式使用鼠标：左击在屏幕上选择点；用鼠标中键中止当前操作；右击显示带有最常用草绘命令的快捷菜单；Shift + 鼠标左键，在圆和椭圆创建之间进行切换，或在圆形圆角和椭圆圆角创建之间进行切换；通过右击来禁止当前约束，并可以按下 Shift + 鼠标右键来锁定约束；Ctrl + 鼠标左键，同时选择多个项目。

4. 特征造型

Pro/ENGINEER 中的特征种类很多，有基准特征、基础特征和工程特征等。最底层的特征是基准特征。基准是建立模型的参考，基准特征作为建立三维模型时的参照基准，借助于该基准可以精确地定位各种图元。基准特征并不是实际三维模型的一部分，但是以基准特征作为重要的辅助设计工具可以帮助设计者更好地完成设计任务。例如，要在平行于某个面的地方生成一个特征，就可以先生成这个平行于该面的基准面，然后在这个基准面上生成特征，还可以在这个特征上再生成其他特征，当这个基准面移动时，这个特征及在这个特征上生成的其他特征也相应地移动。基准特征包括了各种在特定的位置创建的用于辅助定位的几何元素，主要包括基准点、基准轴、基准曲线、基准平面及基准坐标系。在进入零件设计环境中，系统默认的三个基准平面是 FRONT、RIGHT 和 TOP，默认的坐标系是笛卡儿坐标系 PRT－CSYS－DEF。在图 8－7 所示的【基准】工具栏中显示了各种基准的创建工具，利用这些命令可以创建用户自己的基准特征。创建的基准点命名为“PNT#”，基准轴命名为“A－#”，基准平面命名为“DIM#”，基准坐标系命名为“CS#”，其中“#”表示流水号。根据需要可以随时利用图 8－6 所示的【基准显示】工具栏的命令控制设计环境中的基准的显示或关闭。

三维实体模型可以看作一个个特征按照一定的先后创建顺序所组成的集合。基础特征就是最简单、最基础的特征，是三维实体造型的基石。基础特征是基于草绘几何截面创建后，通过实施图 8－8 所示的【基础特征】工具栏显示的各种命令创建的实体特征，主要包括拉伸特征、旋转特征、扫描特征和混合特征。

拉伸就是将基于草绘的平面几何图形按照某一特定的方向拉伸一定的深度，形成一实体的过程。拉伸特征一般用于创建截面相同的实体。单击【基础特征】工具栏上的“拉伸”命令按钮，系统弹出如图 8－18 所示的“拉伸”操控板。“拉伸”操控板分为三个部分：第一行左侧部分为“拉伸”对话栏，可以定义拉伸性质、拉伸深度、拉伸方向等；第二行左侧部分为“下滑面板”按钮，点击其中任意一个按钮后将弹出相应的下滑面板；第一行右侧为“特征操作”按钮，可以暂停特征创建、预览或取消预览特征、完成特征创建以及放弃特征创建等命令。

图 8－18　“拉伸”操控板

以操控板中的默认方式“伸出项”创建实体特征，也可利用操控板中的按钮创建各种曲面特征，选择按钮可在已创建的实体中，用去除材料的方式创建孔特征，选择按钮可以创建一定板厚的实体特征。例如，图 8－19（a）所示的圆柱体是利用伸出项创建的拉伸实体模型，图 8－19（b）所示的圆柱孔是利用去除材料方式创建的拉伸实体模型。

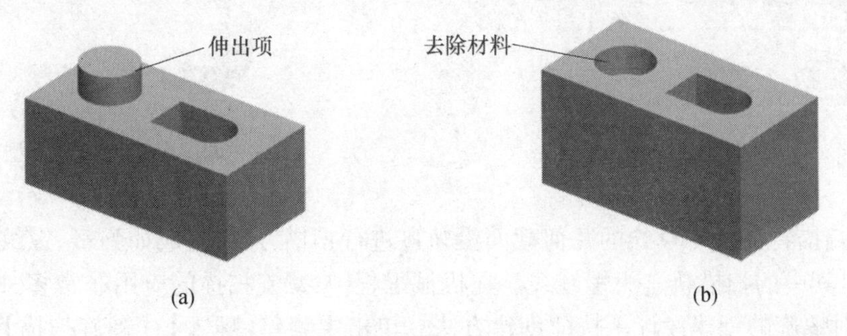

图 8－19　拉伸创建的实体

（a）伸出项创建实体特征；（b）去除材料创建孔特征。

旋转特征就是将草绘的平面几何截面图形围绕一特定的中心线进行一定角度的旋转，形成实体的过程。旋转特征一般用于创建关于某个轴对称的实体。创建旋转特征的操控板如图 8－20 所示，其布局和操作与拉伸特征操控板基本相似。其中的“轴收集器”用于定义旋转特征的旋转轴。如果在草绘平面内有中心线，则系统默认选择该中心线为旋转轴；如果草绘平面内无中心线，则需手动选择旋转轴。图 8－21 为创建的旋转特征。

图 8－20 “旋转特征”操控板

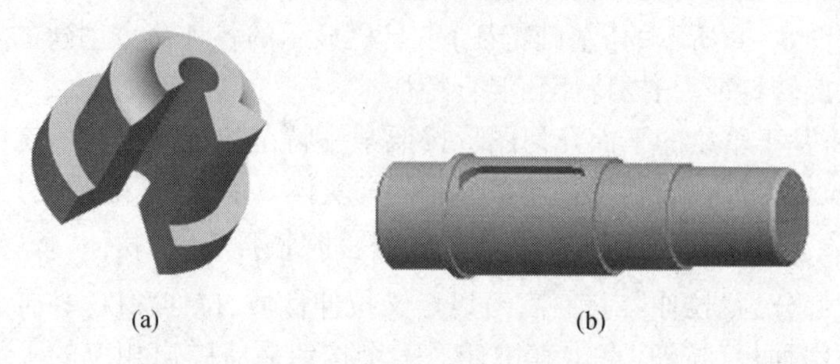

(a) (b)

图 8－21 创建旋转特征

扫描特征是沿着一定的轨迹，将草绘的平面几何截面图形进行扫描，形成实体的过程。拉伸特征和旋转特征都可以看作扫描特征的特例，拉伸特征的扫描轨迹是垂直于草绘平面的直线，旋转特征的扫描轨迹是圆周。扫描轨迹和扫描截面是扫描特征的两大要素。单击主菜单【插入】/【扫描】命令后，系统弹出扫描菜单管理器对话框，图 8－22 为“伸出项：扫描”的对话框，按步骤分别草绘或选取扫描轨迹，草绘扫描截面后，就可生成扫描实体。图 8－23 为创建的模型。

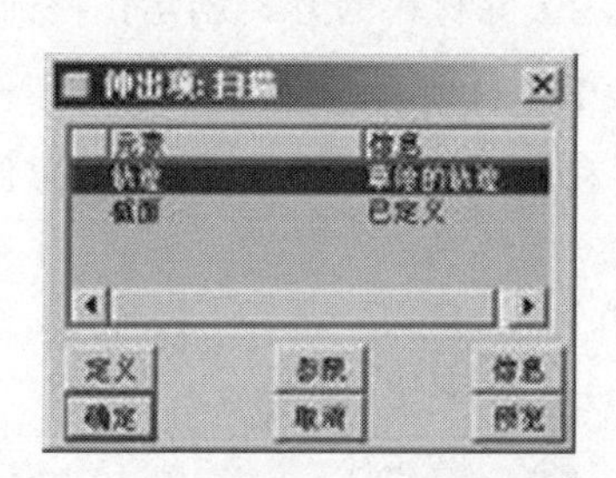

8－22 “伸出项：扫描”对话框

图 8－23 创建的扫描模型

螺旋扫描特征是将草绘的几何截面沿轨迹进行扫描，最后生成如弹簧、螺纹等的实体模型，只是其中的扫描轨迹为螺旋线。在机械工程中，螺旋扫描的应用非常多，Pro/ENGINEER 针对螺旋的创建设计了特征创建方法。单击主菜单【插入】/【螺旋扫描】命令就以菜单操作方式进行创建螺旋实体。图 8－24 为“伸出项：螺旋扫描”的对话框，在“属性”菜单项中可以对螺旋的旋向“左旋”“右旋”以及螺距“常数螺距”或“可变螺距”进行设置，所有项都定义完毕后，就可创建螺旋扫描特征。图 8－25 为利用螺旋扫描创建的弹簧及螺纹。

若将扫描特征中的截面设置为按照一定规律变化的，就可得到复杂的扫描特征，单击主菜单【插入】/【可变剖面扫描】命令，或单击【基础特征】工具栏中的“可变剖面扫描”命令按钮，弹出如图 8－26 所示的“可变剖面扫描”操控板。利用该操控板，可创建复杂可变截面的扫描实体。

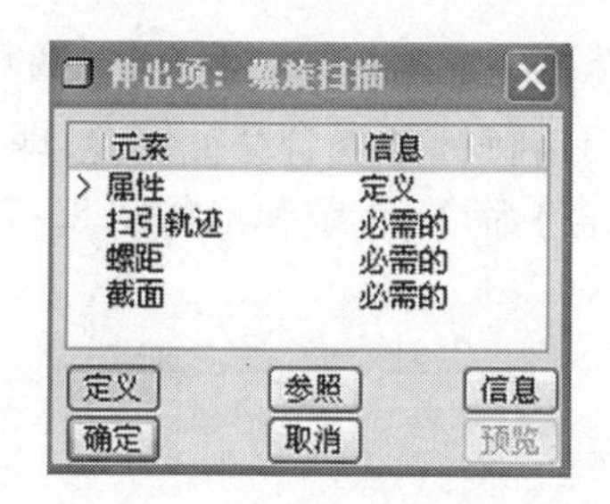

图 8－24 “伸出项:螺旋扫描”对话框

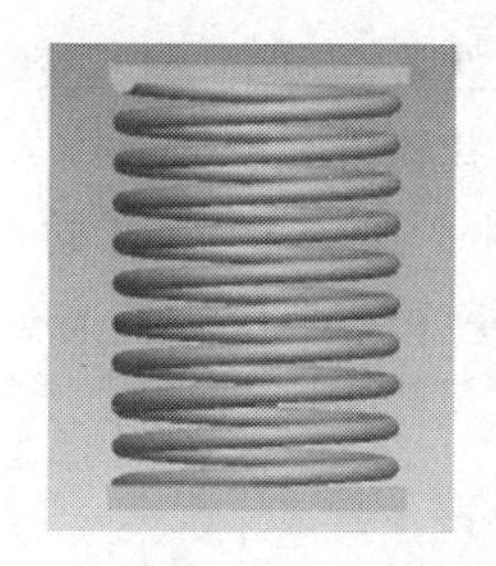

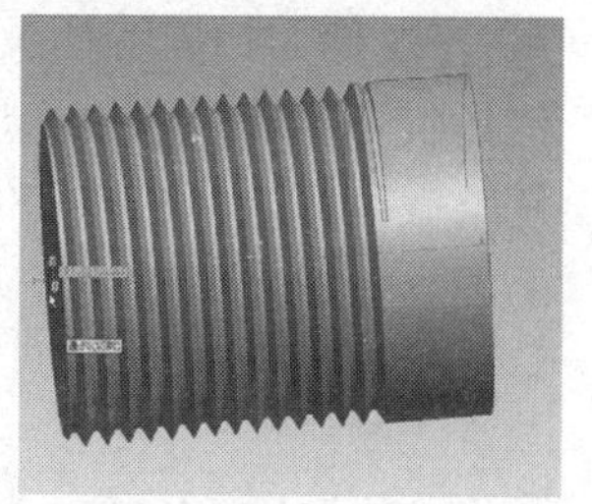

图 8－25 螺旋扫描创建的弹簧和螺纹

图 8－26 “可变剖面扫描”操控板

混合特征是创建两个以上的不同截面按照一定顺序组成的实体。根据建模时各个截面间的相对位置关系,可以将混合特征分为三种类型:第一类为平行混合特征,构成实体的各个截面相互平行;第二类为旋转混合特征,构成实体的多个截面不平行,其中后一截面的位置由前一截面绕 *Y* 轴旋转一定角度来确定;第三类为一般的混合特征,组成实体的各截面之间没有任何确定的相对位置关系,后一截面的位置由前一截面分别绕 *X*、*Y*、*Z* 三轴旋转一定的角度或者沿三轴平移一定的距离来确定。混合特征中的所有截面必须满足一个基本要求,即每个截面的顶点数必须相同。在实际设计中,若截面的顶点数不同,可以使用混合顶点,即将某一截面中的一个顶点当作两个或两个以上的顶点来使用。像圆这样的截面,没有顶点,则需要在草绘环境中利用按钮人工添加顶点。单击主菜单【插入】/【混合】命令后,系统弹出如图 8－27 所示的“菜单管理器”界面,按步骤分别草绘各个截面,就可生成混合实体。图 8－28 为不同混合特征实例。

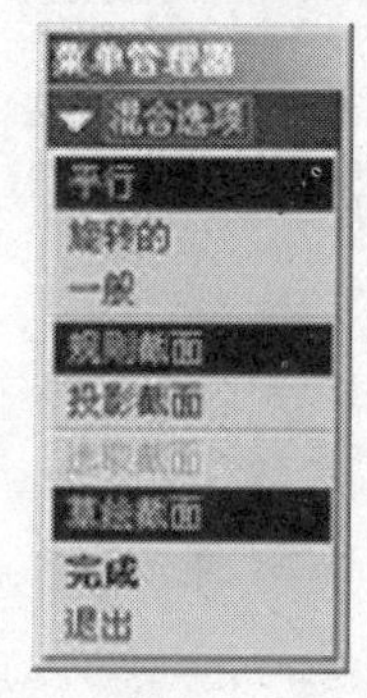

图 8－27 “菜单管理器”界面

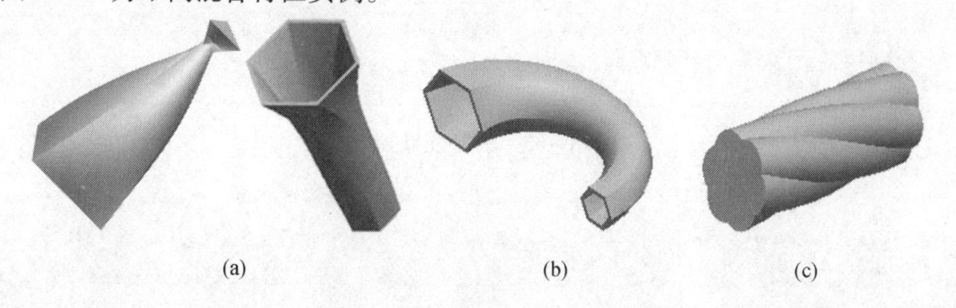

图 8－28 混合特征实体模型

(a) 平行混合特征; (b) 旋转混合特征; (c) 一般的混合特征。

扫描特征是沿着一定的轨迹对扫描截面进行扫描,生成三维实体的过程,混合特征是由一组剖面按照一定的顺序组建而成。扫描特征中扫描轨迹多样,但其截面几何形状固定,可变剖面扫描特征虽然截面可变,但其变化必须具有一定的规律。混合特征的截面几何形状可实现多样化,但其轨迹只能沿直线方向,将扫描特征和混合特征综合,即可创建复杂截面的混合扫描实体。单击主菜单【插入】/【混合】命令,系统弹出如图 8－29 所示的混合扫描特征操控板,就可生成混合扫描实体。

图 8－29　混合扫描特征操控板

除上面介绍的基础特征之外,在工程应用中还有许多具有工程应用价值的成型特征,如孔特征、倒角特征、圆角特征等工程特征。工程特征是根据工程需要,使用一定方法创建的具有特征性质的特征。在 Pro/ENGINEER 中,工程特征主要有 6 种,即孔特征、壳特征、筋特征、拔模特征、倒圆角特征和倒角特征,分别对应于图 8－9 所示的【工程特性】工具栏中的按钮。工程特征的一个显著特点是,它不能单独存在,必须依附于其他已存在的特征之上。确定工程特征的基本参数是定位参数和形状参数。创建工程特性时,只要单击【工程特性】工具栏中相应的命令按钮,系统即进入相应的特征创建操控板(图 8－30 ~ 图 8－35),可创建相应的工程特征。如图 8－36 ~ 图 8－40 为各种特征创建的实例。

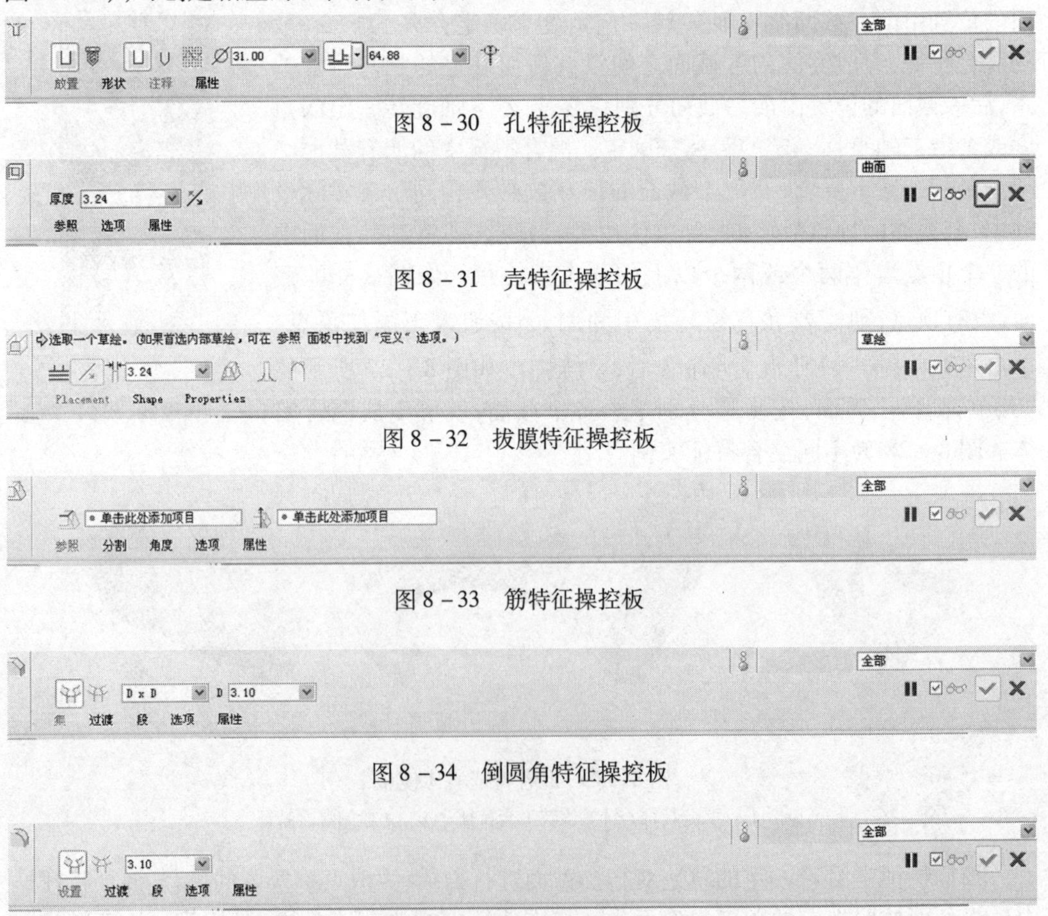

图 8－30　孔特征操控板

图 8－31　壳特征操控板

图 8－32　拔膜特征操控板

图 8－33　筋特征操控板

图 8－34　倒圆角特征操控板

图 8－35　倒角特征操控板

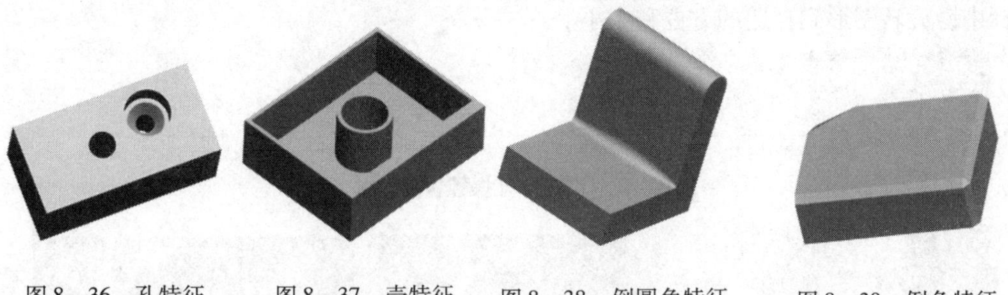

图 8 - 36　孔特征　　图 8 - 37　壳特征　　图 8 - 38　倒圆角特征　　图 8 - 39　倒角特征

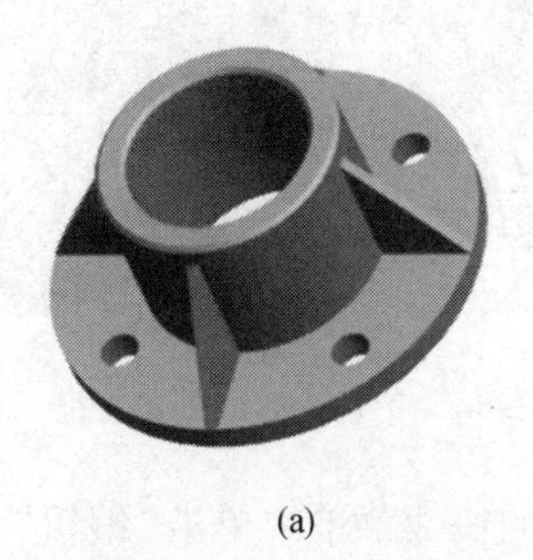

(a)

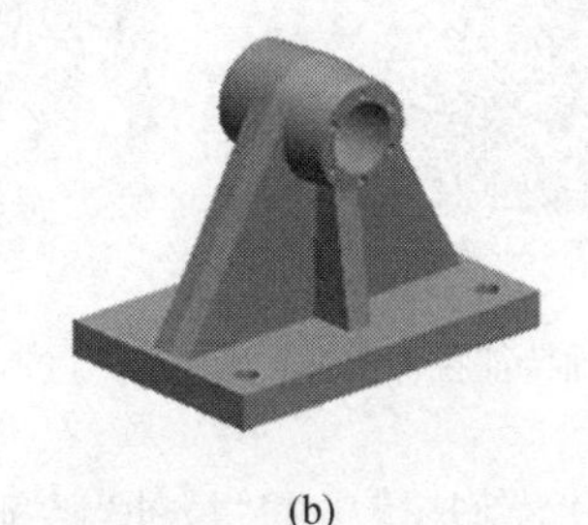

(b)

图 8 - 40　各种特征实例

当然，Pro/ENGINEER 的特征创建功能非常丰富和强大，利用以上单个命令可以创建基本单元。按照一定顺序将特征组建拼装起来，就可以得到非常复杂的三维实体模型。

Pro/ENGINEER 还提供了丰富的特征操作方法，设计者可以使用特征移动、特征镜像、阵列等特征操作进行快速建模，同时还可以通过特征编辑、特征插入、特征删除、特征重新排序等操作进行特征编辑。所以，特征造型的设计过程是非常灵活的。

例如本例中，当第三步的零件截面几何草绘完毕，检验无误后，单击右侧工具栏中的"完成草绘"命令✔按钮，即可返回到零件设计环境当中。

单击【基础特征】工具栏上的"拉伸"命令按钮，在拉伸操控板中选定默认的"创建的拉伸特征为实体"，点击拉伸厚度方式的展开按扭，定义拉伸方式为"以草绘平面两侧分别拉伸深度值的一半"，即拉伸特征关于草绘平面对称；在深度值输入框中输入拉伸深度值为"50"，如图 8 - 41 所示的设置。单击"几何预览"按钮，可以进行动态显示特征，可以观察当前建模是否符合设计意图，并可以返回，进行相应模型修改，检验无误后，单击"完成"按钮，完成本次拉伸操作，得到如图 8 - 43 所示的拉伸实体特征。

图 8 - 41　拉伸特征操作板的设置

单击【工程特征】工具栏上的"边倒角"命令按钮，系统弹出倒角特征操控板，选取需要倒角的边，选择倒角方式为 D × D，输入倒角尺寸值为 5.00，如图 8 - 42 所示，单击"完成"按钮，结果如图 8 - 44 所示。点击【基准显示】工具栏，将基准全部关闭，按住鼠标中键旋转图形到合适的方位和大小。

图 8－42　倒角特征操控板的设置

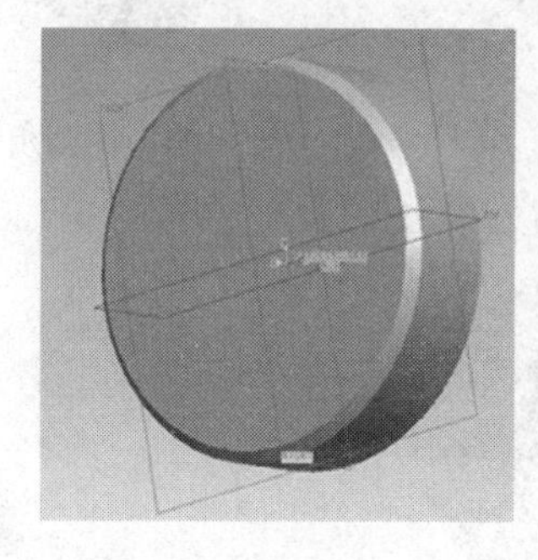

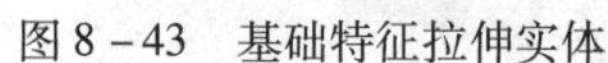

图 8－43　基础特征拉伸实体

图 8－44　工程特征的倒角特征

右键单击“模型树”中的“拉伸”特征，在弹出的快捷菜单中单击“编辑”命令，此时设计环境中的圆盘的边红色加亮显示，同时尺寸也显示出来，如图 8－45(a)所示，双击尺寸值为 180，此尺寸值变为可编辑状态，输入新尺寸值 150，然后单击当前设计环境中【编辑】/【再生】命令，设计环境中的圆盘发生了改变，如图 8－45(b)所示。利用主菜单【信息】/【切换尺寸】命令可以在尺寸数值和尺寸符号之间进行切换，图 8－45(c)说明了拉伸特征中各尺寸值和尺寸符号之间的对应关系。例如，圆盘直径尺寸在 Pro/ENGINEER 零件设计环境中赋给了尺寸变量 d0，圆盘的深度值赋给了尺寸变量 d1。因此 Pro/ENGINEER 可以在零件设计环境中通过修改尺寸参数达到参数化设计的目的。

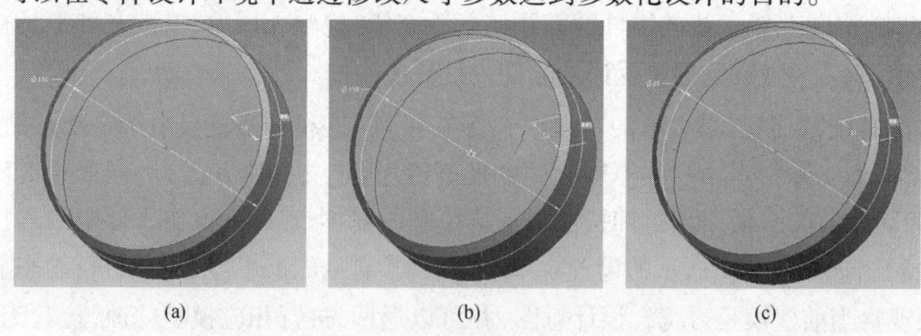

(a)　(b)　(c)

图 8－45　拉伸特征圆盘的编辑

(a) 初始创建形状；(b) 编辑修改后的形状；(c) 尺寸参数的显示。

现在继续增加圆孔工程特征，形状选择默认的“简单”直孔。单击【工程特征】工具栏中的“孔工具”按钮，系统打开“孔特征”操控板，此时的“放置”项为红色加亮，表示目前需要进行的操作是确定孔的放置位置。单击设计环境中圆盘上表面，此时上表面红色加亮，并且出现一个直孔特征。在偏移参照中先单击设计环境中的 RIGHT 基准面，偏移距离中输入 30，同样单击 TOP 基准面，偏移距离中输入 30。这样孔的位置就完全确定了。在孔直径项中输入 35，以设定直孔的孔径值，孔的深度值选择“至所有曲面相交”，表示要钻一个通孔。预览无误后，单击“完成”☑按钮，在圆盘上生成孔特征。以上操作及设置如图 8－46 所示。

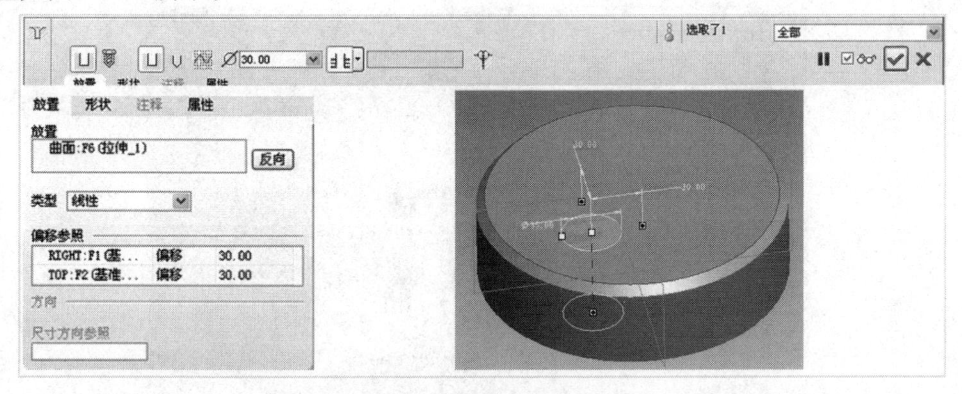

图 8－46　孔特征的操作

选中刚刚建立的孔特征进行镜像复制。单击工具栏中的“镜像”按钮，系统打开“镜像”操控板，单击“参照”选项打开下滑板，在设计环境中选择 TOP 基准平面作为镜像复制的对称平面，单击“完成”☑按钮，在圆盘上复制了一个孔特征操作设置，如图 8－47 所示。

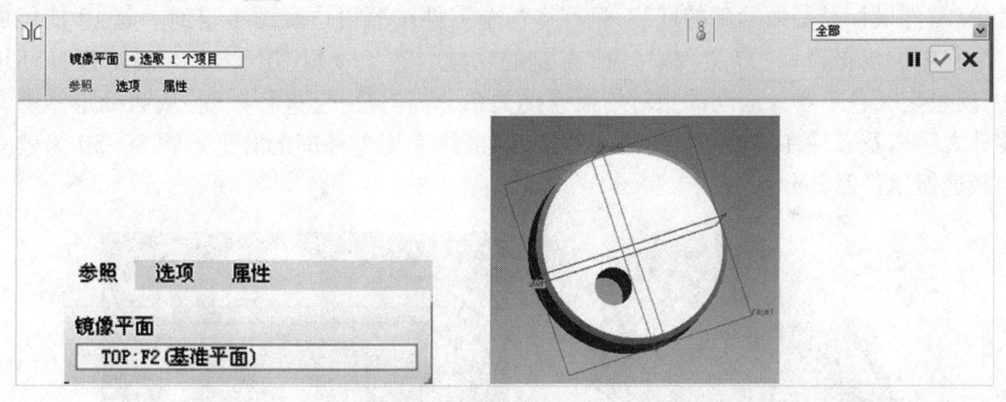

图 8－47　镜像复制孔特征

按同样方法，选择以上生成的两个孔特征，在设计环境中点击选择 RIGHT 基准平面作为镜像复制的对称平面，单击“完成”☑按钮，在圆盘上又复制了两个孔特征操作设置，如图8－48所示。

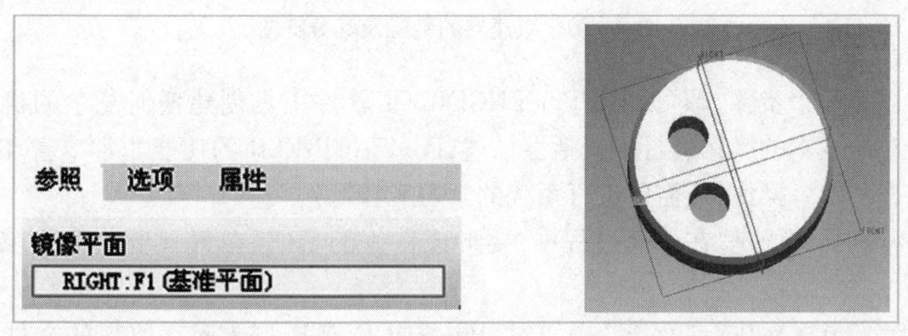

图 8－48　镜像复制孔特征

所有特征创建完毕后，最终形成的所有特征及在浏览器中“模型树”的父子关系如图8－49所示。

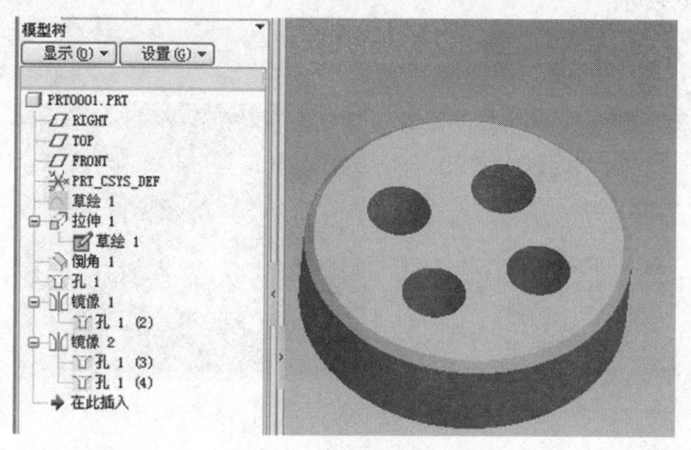

图8－49　特征造型及模型树结构

5. 组件装配

重复第3步和第4步的操作，可以完成复杂零件的三维实体建模。但在现代工业设计中，零件设计只是最基础的环节，只有将各个零件按照设计意图组装到一起，才能组成一个完整的机械产品，以实现设计所需要的功能。在Pro/ENGINEER的装配设计环境中，通过定义各个零件之间的相对约束连接关系，对其自由度进行限制，从而确定零件与零件之间以及零件在整个组件中的相对位置，最终实现零件间的装配。图8－50为建立的减速器组件及其分解图。

(a)　　(b)

图8－50　减速器的装配及其分解图

通过以上5个步骤，即可利用Pro/ENGINEER软件工具创建任何复杂的机械产品。这里只是对最基本的操作进行了概括性描述，Pro/ENGINEER的功能非常丰富和强大，要想完全掌握和熟练操作，还需要进行系统的学习和操练。

需要特别强调的是，在建模过程中，要形成良好的习惯，在每一步操作后，都要及时保存。

当设计人员多次执行“保存”操作时，Pro/ENGINEER不会履盖原来的文件，而是在内存中自动产生了一个文件序列，并在文件名称的后面加入数字序号，以区分文件的新旧程度。

当执行“打开”文件操作时，若选择“打开所有版本”，所有文件的版本全部显示，设计人员可以选择相应的版本读入，并从此开始执行各种操作。

当执行“删除”文件命令时，可以从硬盘上删除 Pro/ENGINEER 所产生的不同序列文件。它有旧版本和所有版本两个选项。

设计人员在启动 Pro/ENGINEER 之后至关闭之前，打开的所有文件都存在于内存中，而执行“拭除”命令，就是删除内存中不必要的文件，以减少占用的内存空间。

设计人员不要试图在 Windows 环境下对 Pro/ENGINEER 建立的文件进行重命名，这样会引起混乱，一定要在 Pro/ENGINEER 环境中执行“重命名”命令。

8.3.3 Pro/ENGINEER 的模型关系

当设计人员用 Pro/ENGINEER 进行产品设计时，除了可以利用参数来控制尺寸值外，还可以在参数之间创建一定的关系，从而进一步实现特征的参数化设计功能。

关系就是尺寸或参数之间的数学表达式。关系能确立特征之间、零件参数之间或装配组件中各元件之间的设计联系。如果更改关系式，则模型会随之发生改变，如果关系式中的自变量尺寸发生变化，则应变量的尺寸也发生改变，模型也同样随之改变。

关系式中可使用的数学函数：

正弦 sin( )、余弦 cos( )、正切 tan( )、反正弦 asin( )、反余弦 acos( )、反正切 atan( )、双曲正弦 sinh( )、双曲余弦 cosh( )、双曲正切 tanh( )、平方根 sqrt( )、对数 log( )、自然对数 ln( )、指数 exp( )、绝对值 abs( )、大于实数值的最小整数值 ceil( )、小于实数值的最大整数值 floor( ) 等。

关系中可使用的数学符号：

加 +、减 -、乘 *、除/、乘方^、赋值 =。

关系中使用的比较关系符有：

等于 = =、大于 >、大于等于 > =、小于 <、小于等于 < =、不等于! =（或 < > 或 ~=）。

关系中使用的逻辑符：

逻辑或(or)/、逻辑与(and)&、逻辑非(not)!（也可用 ~）。

关系中与字符串有关的几个常用函数：

将整数转换成字符串 itos(int)、搜索子串 search(字符串，子串)、提取一个子串 extract(字符串，位置，长度)、返回字符串的个数 string_length( )、返回当前的模型名 rel_model_name( )、返回当前模型的类型 rel_model_type( )、判断某个项目是否存在 exits(字符串)。

关系式中的常数符号：

圆周率 π 用 PI 表示，重力加速度用 G 表示。

关系式所用的参数符号中，sd#为草绘环境中几何截面的尺寸，d#为零件设计环境中的尺寸，d#. #为装配环境下的尺寸，rsd#为草绘环境中的参考尺寸，rd#为零件设计环境中的参考尺寸，rd#. #为装配环境下的参考尺寸，还有用户自已定义的参数。

关系式有两种类型：第一种为等式，使等式左边的一个参数等于右边的表达式，如 d1 =5.5,d4 = d3 * sin(d2),这种等式关系主要用于给尺寸或参数赋值。第二种为比较式,比较左边的表达式和右边的表达式,如 (d1 + d2) > = (d3 +5),这种比较关系一般作为约束条件或用于条件语句中。

关系中的条件语句主要用于跳转运行,其格式为

IF

[ELSE]

[ENDIF]

关系中用 SOLVE……FOR 语句联立求解方程组,其格式为

SOLVE

d1 * d2 =200

d1 + d2 =30

FOR d1,d2

所有 SOLVE 和 FOR 语句之间的行成为方程组的一部分,FOR 后面列出要求解的变量。

在零件设计环境下,单击主菜单【工具】/【关系】命令,此时系统弹出如图 8 -51 所示的“关系”对话框,在“查找范围”栏中选定要添加关系式的对象类型,按设计意图输入关系式,关系式中的字符不区分大小写。

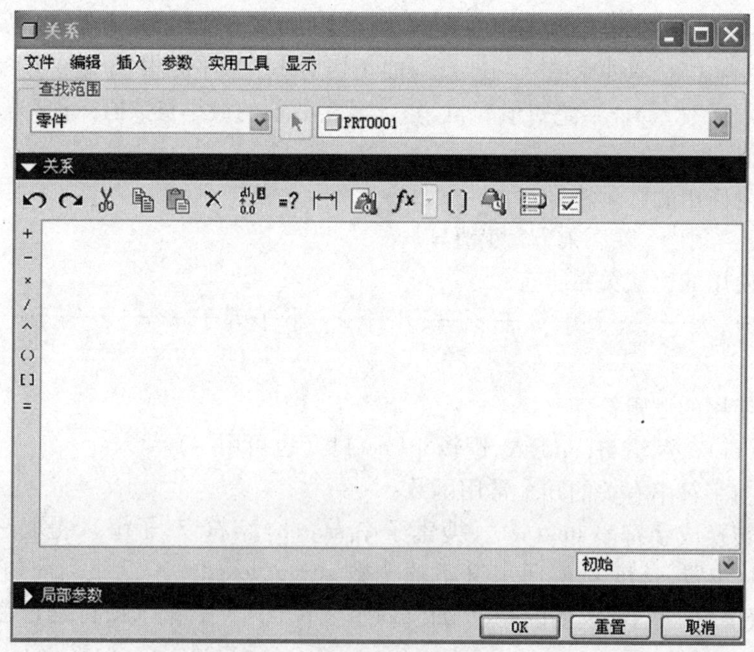

图 8 -51 “关系”对话框

编辑关系式时,可以利用工具栏中 命令按钮观察模型中的尺寸,并利用 命令按钮在尺寸名称和尺寸值之间切换。编辑完成后,系统会检查关系的有效性,如果发现了关系中的错误,则立即返回到编辑模式,并给错误的关系打上标记,供设计人员修正有标记的关系。关系中可能出现三种错误信息:

(1) 长行:关系行超过 80 个字符。可用反斜\把长行分成两行。

(2) 长符号名:符号名超过了 31 个字符。

(3) 错误:发生了语法错误。如关系中出现了没有定义的参数。

输入的关系式前后顺序没有关系,利用系统的排序功能进行排序。

以上面创建的三维圆盘零件为例,来说明关系的创建过程。首先在“模型树”中选中相应的特征,右击,弹出快捷菜单,选中“编辑”选项,则该特征以红色亮点显示,同时该特征的尺寸以黄色显示出来,表示可以对该特征的尺寸进行编辑。单击主菜单【信息】/【尺寸转换】命令或命令按钮可以在尺寸数值和尺寸符号之间进行切换。按照以上步骤分别单击创建的每个特征,观察各个特征的尺寸名称符号,有表 8-1 所示的设置。

表 8-1 圆盘零件特征尺寸值与尺寸符号之间的对应关系

特征尺寸	值	系统设定符号	尺寸名称新符号
圆盘的直径	180	d0	Dim1
圆盘的深度	50	d1	Heigh
倒角边长	5	d3	Length
直孔直径	35	d6	Dim2
直孔离 TOP 面距离	30	d4	Xlen
直孔离 RIGHT 面距离	30	d5	Ylen

为了能使尺寸名称更具有物理含义,设计者可对尺寸符号进行再命名,方法是在“模型树”选中圆盘的拉伸特征,该特征红色显示,单击相应的尺寸,按鼠标右键,弹出快捷菜单,选中“属性”选项,如图 8-52 所示,单击进入“尺寸属性”对话框,如图 8-53 所示。将尺寸“名称”编辑框中的“d0”修改成“Dim1”。按照同样方法依据表 8-1 最后一列的新尺寸符号名称进行编辑修改。

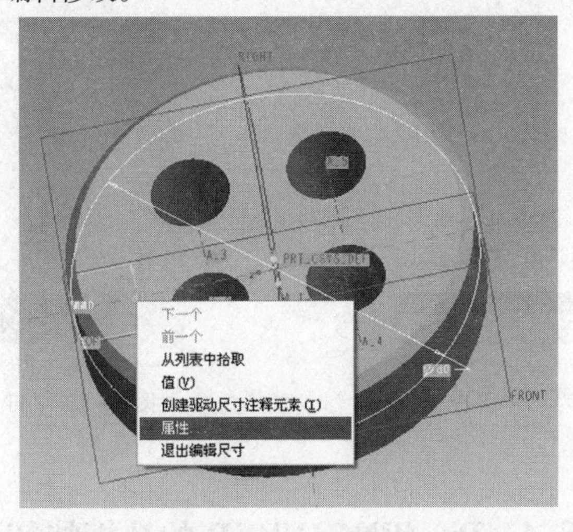

图 8-52 尺寸“属性”

接着,可以根据设计意图建立尺寸之间的关系表达式。例如,将圆盘的深度设定为圆盘直径的 1/3;直孔的孔径设定为圆盘直径的 1/10;如果直孔的直径小于等于 10,则直孔离两基准面的距离设定为直孔直径的 5 倍,否则为 4 倍;如果直孔直径大于等于 35,倒角

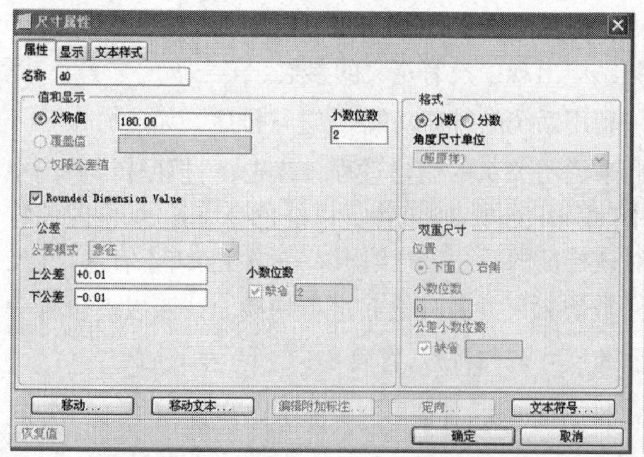

图 8－53　尺寸属性对话框

边长为5，否则为2。单击主菜单【工具】/【关系】命令，在弹出的“关系”对话框，编辑建立关系式，如图 8－54 所示。检验无误后，单击“OK”退出“关系”对话框。在设计环境中，单击“再生”命令按钮后，零件模型根据刚建立的关系式进行了更新，如图 8－55 所示。

从关系式中可以看出，圆盘直径 Dim1 是所有尺寸的驱动尺寸，如果圆盘直径改变了，则其他尺寸根据关系式的逻辑关系也要发生改变。例如，在设计环境中改变圆盘直径为 200，然后再生，则在 Dim1 尺寸驱动下，其他尺寸按照关系式会发生相应的变化。

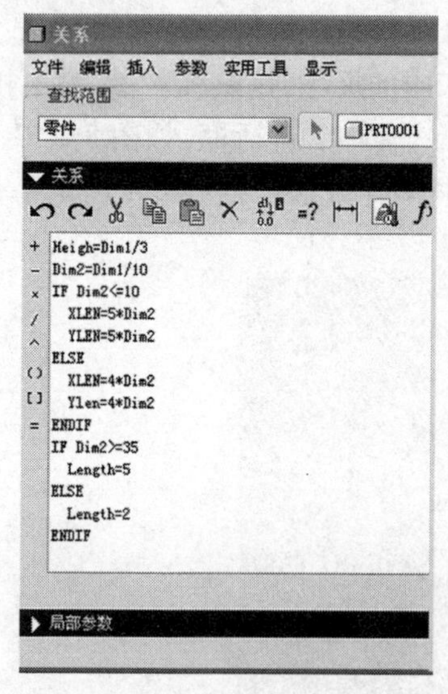

图 8－54　建立关系式

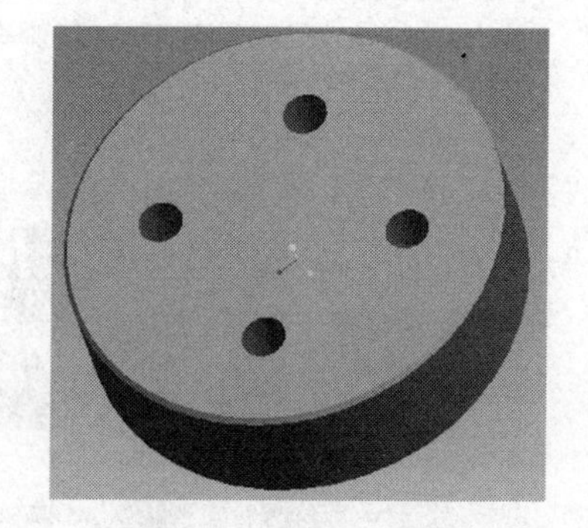

图 8－55　“再生”后的模型

8.4　Pro/ENGINEER 的分析特征

Pro/ENGINEER 为设计人员提供了强有力的分析工具，能够对模型进行多种分析，并将分析的结果运用到模型中。设计人员不需要使用最原始的手动方式重复求解和修改图形，只需专注于设计意图。

要对模型进行分析，在 Pro/ENGINEER 中必须首先建立分析特征。分析特征就是把设计人员需要进行的分析如模型物理性质、曲线特性、曲面特性、运动情况等的测量，建立分析参数，将该参数作为一种特殊的基准特征。创建分析特征的目的是用于参数分析或设计优化。

在 Pro/ENGINEER 的三维实体建模设计环境里，其中的【分析】主菜单下面包含了各种特征的测量和分析工具，如图 8 - 56 所示。

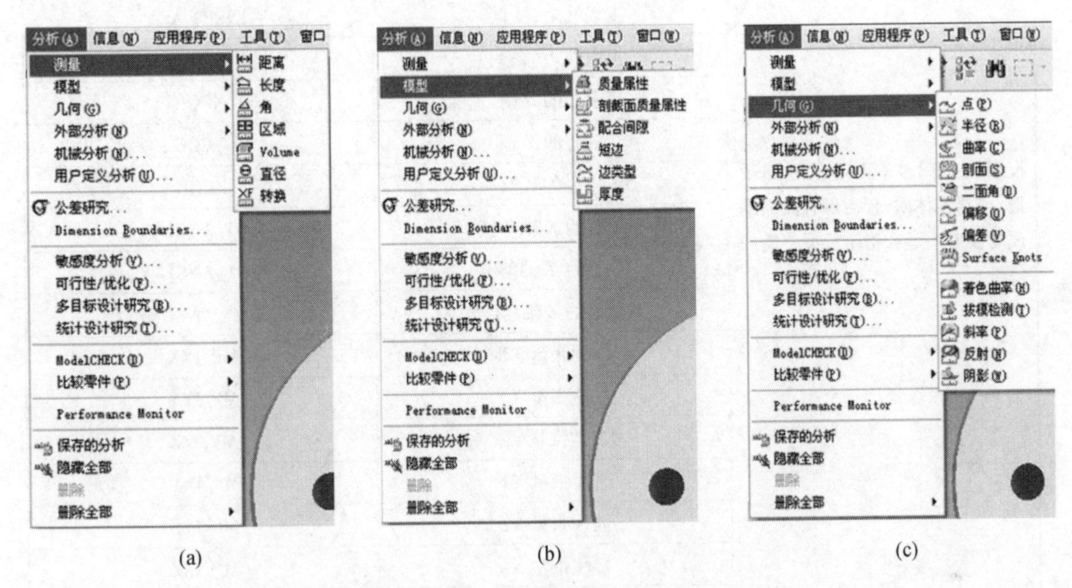

(a) (b) (c)

图 8 - 56　分析菜单下的各种分析特征工具

利用【分析】/【测量】功能在模型上进行各种测量，可将此测量的结果创建为分析基准特征，并在模型树中显示出来，还可将计算的结果建立为可用的参数。测量分析功能及参数见表 8 - 2 所列。

表 8 - 2　测量分析功能及参数

测量项目	作用	默认参数名称
长度	测量所选边或曲线的长度	LENGTH
距离	测量两个特征如顶点、基准点、基准坐标系、曲线或边等的距离	DISTANCE
角	测量两个特征之间的角度	ANGLE
区域	测量模型表面积或整个模型的表面积	AREA
直径	测量由旋转生成的特征表面的曲面直径或是由圆弧或圆柱拉伸生成的特征表面的直径	DIAMETER

利用【分析】/【模型】分析功能可以对模型进行各种物理量的计算，将计算结果创建为分析基准特征，并在模型树中显示出来，还可将计算的结果建立为可用的参数。模型分析的类型主要有模型质量属性、剖面质量属性、单侧体积和配合间隙等。模型分析主要功

能及参数见表 8-3 所列。

表 8-3　模型分析主要功能及参数

模型分析项目	作用	默认参数名称
模型质量属性(测量模型的质量,包括实体质量、由所有曲面围成的模型质量或指定模型密度的质量)	模型体积	VOLUME
	模型 Wet 体积	SURF-AREA
	模型质量	MASS
	主惯性矩(最小)	INERTIA_1
	主惯性矩(中间)	INERTIA_2
	主惯性矩(最大)	INERTIA_3
	重心的 X 值	XCOG
	重心的 Y 值	YCOG
	重心的 Z 值	ZCOG
	重心的 X 轴角度	ROT_ANGL_X
	重心的 Y 轴角度	ROT_ANGL_Y
	重心的 Z 轴角度	ROT_ANGL_Z
	惯性张量 XX	MP_IXX
	惯性张量 YY	MP_IYY
	惯性张量 ZZ	MP_IZZ
	惯性张量 XY	MP_IXY
	惯性张量 YZ	MP_IYZ
	惯性张量 XZ	MP_IXZ
	惯性张量 XX	MP_IXX
剖面质量属性(测量模型的单个剖面质量)	剖面面积	XSEC_AREA
	主惯性矩	XSEC_INERTIA_1
	主惯性矩	XSEC_INERTIA_2
	重心 X 坐标	XSEC_XCG
	重心 Y 坐标	XSEC_YCG
	惯性张量 XX	XSEC_IXX
	惯性张量 YY	XSEC_IYY
	惯性张量 ZZ	XSEC_IZZ
单侧体积	基准平面单侧的模型体积	ONE_SIDED_VOL

利用【分析】/【几何】功能可以对模型进行各种曲线分析和曲面分析。曲线分析类型包括点、半径、曲率、偏移、二面角等。曲面分析类型包括着色曲率、剖面、斜率等。

下面以创建测量圆盘表面积的分析特征为例,来说明分析特征的创建过程。

选择主菜单【分析】/【测量】/【区域】命令,弹出如图 8-57 所示的“区域”对话框。在“分析”选项卡中“创建临时分析”下拉列表中选取“特征”选项,表示要创建一个分析基准特征。使用右侧的“分析特征名称”编辑框中的系统默认名称“ANALYSYS_AREA_

1”作为分析特征的名称。单击选取设计环境中圆盘模型的上表面,测量结果自动显示在结果区域中。单击“特征”选项卡,在“参数”区域中将面积参数“AREA”的创建栏勾选,表示创建了一个参数。分析特征创建完毕后,在模型树中插入了一个新的分析特征,如图8-57所示。

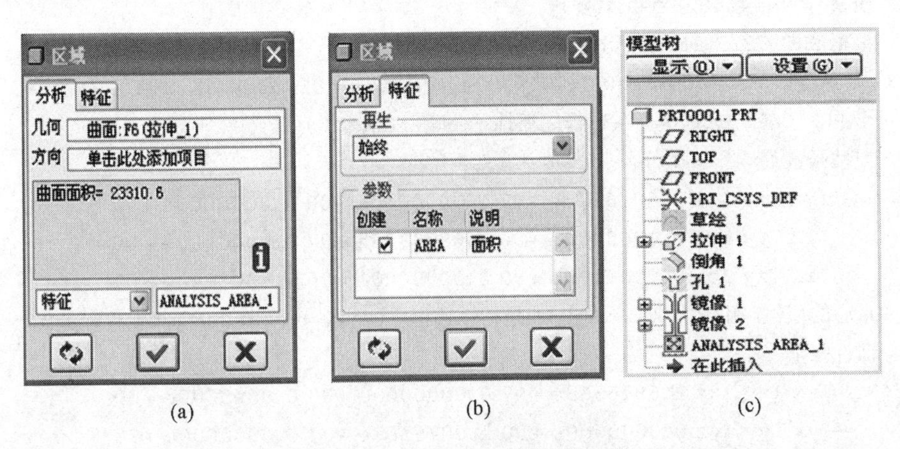

(a) (b) (c)

图8-57 “区域”分析特征的创建

选择主菜单【分析】/【模型】/【质量属性】命令,弹出如图8-58所示的“质量属性”对话框。在“分析”选项卡中“创建临时分析”下拉列表中选取“特征”选项,使用右侧的“分析特征名称”编辑框中的系统默认名称“MASS_PROP_1”作为分析特征的名称。在模型树中或设计环境中选取默认的坐标系“PRT_CSYS_DEF”,则关于“质量属性”的分析结果自动显示在结果区域中。单击“特征”选项卡,在“参数”区域中将感兴趣的参数创建栏勾选,表示创建了一个参数。这里勾选了体积VOLUME、表面积SURF_AREA、质量MASS三项创建了参数。分析特征创建完毕后,在模型树中插入了一个新的分析特征,如图8-58所示。

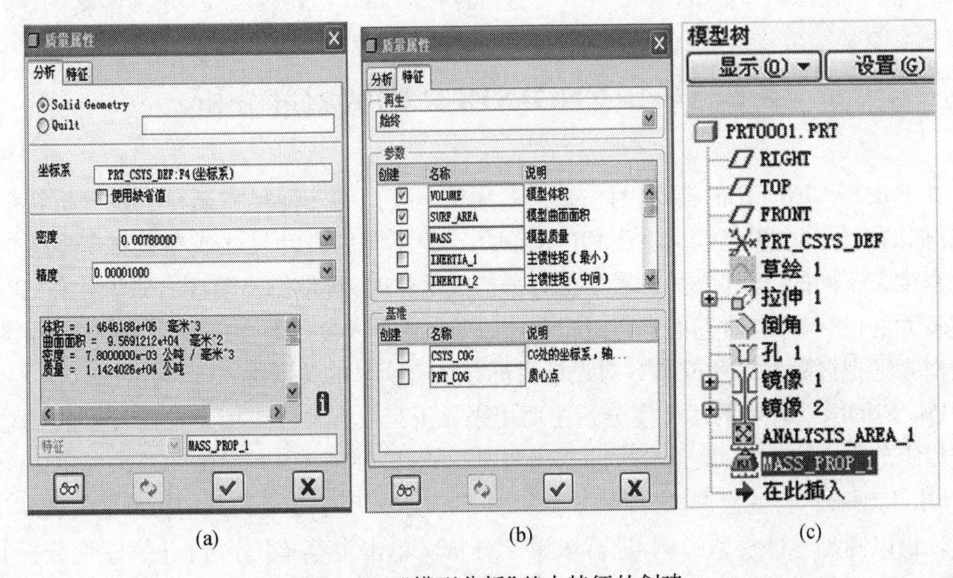

(a) (b) (c)

图8-58 “模型分析”基本特征的创建

圆盘零件质量属性的分析结果如下：

体积 = 1.4646188e+06 毫米^3

曲面面积 = 9.5691212e+04 毫米^2

密度 = 7.8000000e-03 公吨 /毫米^3

质量 = 1.1424026e+04 公吨

根据 PRT_CSYS_DEF 坐标边框确定重心：

X Y Z 0.0000000e+00 0.0000000e+00 -2.2482805e-02 毫米

相对于 PRT_CSYS_DEF 坐标系边框之惯性（公吨 * 毫米^2）

惯性张量

Ixx Ixy Ixz 2.6876374e+07 0.0000000e+00 0.0000000e+00

Iyx Iyy Iyz 0.0000000e+00 2.6876373e+07 0.0000000e+00

Izx Izy Izz 0.0000000e+00 0.0000000e+00 4.6908148e+07

重心的惯性(相对 PRT_CSYS_DEF 坐标系边框)（公吨 * 毫米^2）

惯性张量

Ixx Ixy Ixz 2.6876368e+07 0.0000000e+00 0.0000000e+00

Iyx Iyy Iyz 0.0000000e+00 2.6876367e+07 0.0000000e+00

Izx Izy Izz 0.0000000e+00 0.0000000e+00 4.6908148e+07

主惯性力矩（公吨 * 毫米^2）

I1 I2 I3 2.6876362e+07 2.6876373e+07 4.6908148e+07

从 PRT_CSYS_DEF 定位至主轴的旋转矩阵：

1.00000 0.00000 0.00000

0.00000 1.00000 0.00000

0.00000 0.00000 1.00000

从 PRT_CSYS_DEF 定位至主轴的旋转角(度)：

相对 x y z 的夹角 0.000 0.000 0.000

相对主轴的回旋半径：

R1 R2 R3 4.8503786e+01 4.8503797e+01 6.4078826e+01 毫米

8.5 Pro/ENGINEER 的敏感度分析

在 Pro/ENGINEER 的模型设计过程中,无论是模型的几何尺寸还是各种分析特征参数,它们的变化都会引起模型发生相应的变化。但不同的设计尺寸或参数对模型变化的影响程度是不同的,设计人员对模型进行分析或优化时,常常需要筛选出那些对模型影响程度较大的设计参数,对它们进行定量分析,以确定这些参数的合理变化范围,或让设计人员清晰地把握哪些尺寸或参数对设计目标存在着明显的关联性。

Pro/ENGINEER 中的敏感度分析主要用来分析当模型尺寸或用户自己设置的独立参数在指定范围内改变时,测量参数的变化情况,并输出一张 $X-Y$ 二维图形来显示影响程度,其中 X 轴表示自变量参数,即尺寸变量,Y 轴表示与尺寸变量相关的模型的变化情况。

现仍以圆盘零件模型为例,进行敏感度分析。单击主菜单【分析】/【敏感度分析】命令,系统弹出“敏感性”分析的对话框,如图 8-59 所示。

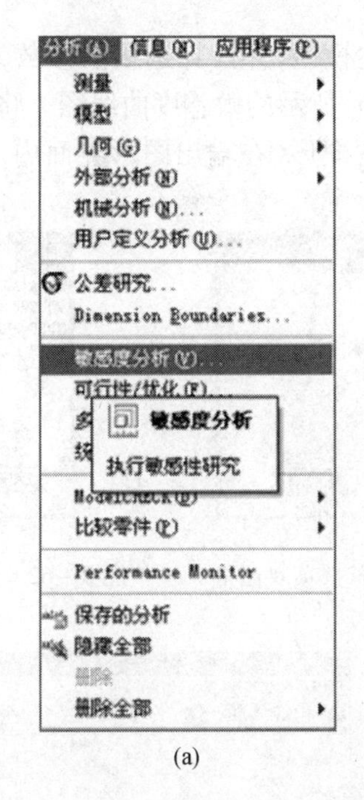

(a)

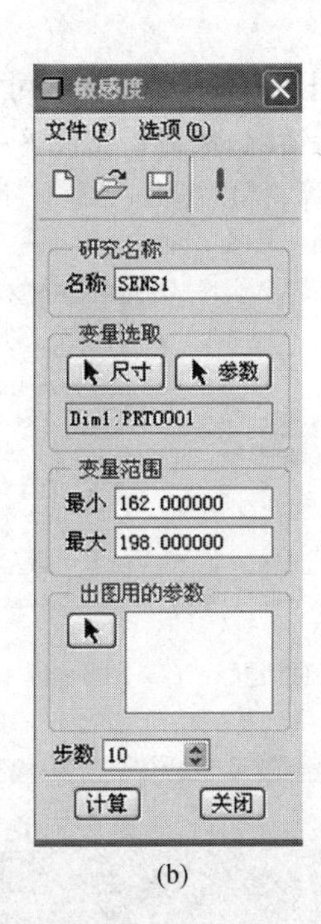

(b)

图 8－59 “敏感性”分析对话框

选择“敏感性”对话框的下拉菜单【选项】/【优先选项】命令，设置研究首先项。系统弹出如图 8－60 所示的对话框。若勾选“用动画演示模型”复选框，则在计算每个数值时会看到模型的变化情况。也可以直接点击“确定”按钮。

选择“敏感性”对话框的下拉菜单【选项】/【缺省范围】命令，设置研究的范围首选项。系统弹出如图 8－61 所示的对话框，选用默认的“+/－百分比”方式。

范围选项的含义如下：

+/－百分比：以百分比的方式表示范围。

+/－数目：以数字的方式表示范围。

最小到最大：以从最小到最大的方式表示范围。

+/－公差：以公差的方式表示范围。

研究名称按默认名称。

然后从模型中选取要分析的可变尺寸或参数，即选取 X 轴的变量。其操作是在“敏感性”对话框中，在变量选取栏内单击 尺寸 按钮，然后在模型树或设计环境中单击相应模型的尺寸。本例中选取圆盘的直径 Dim1 作为 X 轴的设计变量。该变量的变化范围上下限，即变量范围的最小值和最大值，根据需要输入，这里采用系统默认值。

接着选取分析参数，即应变量 Y 轴对象，也就是选取已建立的分析特征的参数。在前面已经对圆盘进行了测量分析和模型分析，并创建了四个参数。单击“出图用参数”区的 按钮，系统弹出如图 8－62 所示的参数对话框。其中列出了前面特征分析中创建的所有参数，这里选取圆盘的质量 MASS:MASS_PROP_1 参数，分析圆盘的质量属性依赖于圆盘直径的敏感程度。

步数可按默认的 10 步进行计算。单击“计算”按钮后，系统在直径 Dim1 的尺寸范围内[162,198]按步长一步一步改变尺寸,再生模型,并计算选取的参数,同时在消息区显示系统的计算进展情况,最终得出图8-63(a)所示的敏感度曲线图。将计算步数设置为20,然后再进行计算,得出图8-63(b)所示的图形(在输出图形界面内,重新设置了该图形的输出样式)。

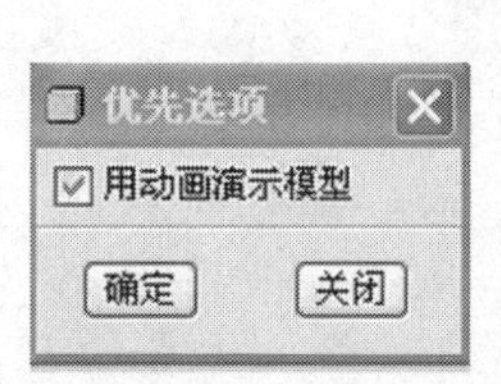

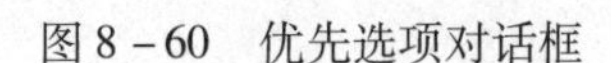

图8-60 优先选项对话框

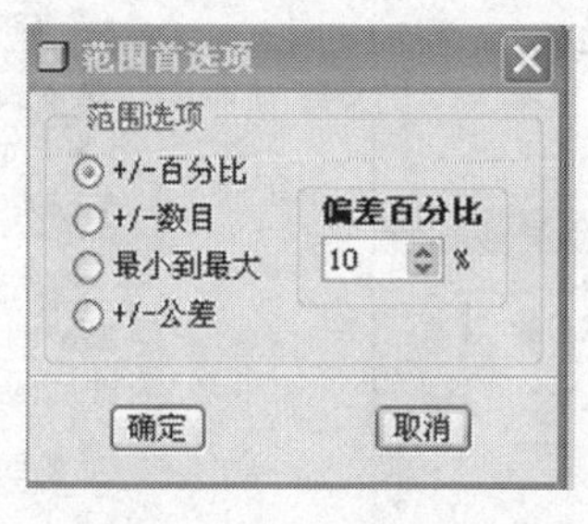

图8-61 范围首选项对话框

图8-62 出图用参数对话框

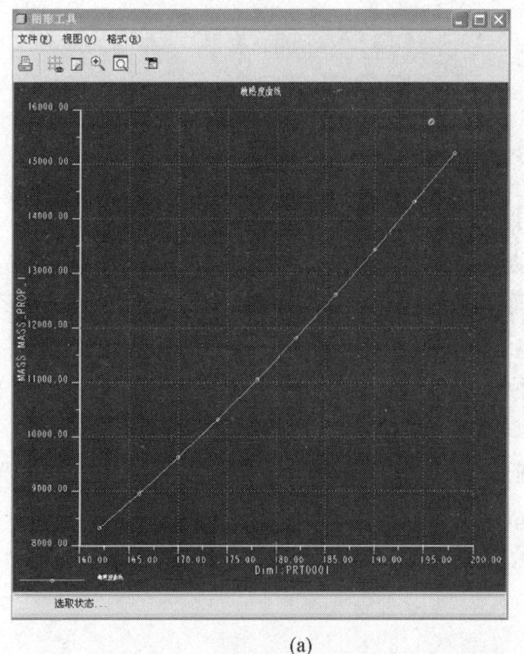

(a)

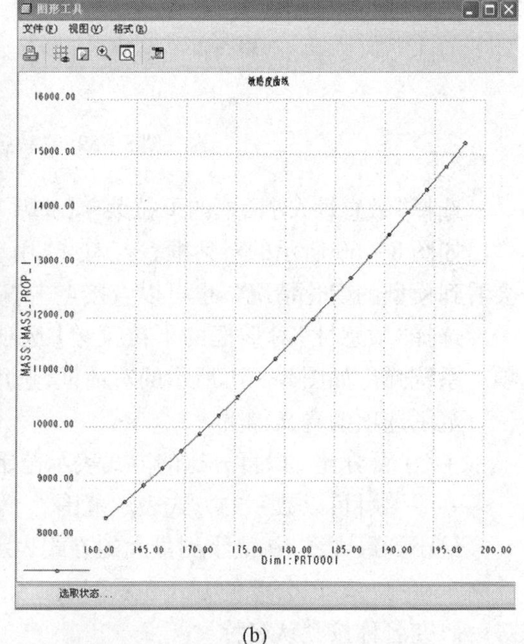

(b)

图8-63 敏感度分析结果输出图形

敏感度分析只能研究在一个尺寸或参数变化的条件下模型的变化情况。若需要对在多个尺寸或参数的变化条件下模型的变化情况进行分析,就需采用可行性分析和最优化分析。

8.6 Pro/ENGINEER的可行性和最优化分析

对模型进行可行性分析或最优化分性,就是在满足几何约束和性能约束的条件下,达到最佳的设计目标。可行性分析与最优化分析的操作过程大体相似,必须事先确定出设计约束与设计变量,系统会寻找出可行的或最佳的解决方案。但是该方案属局部最优解,也就是局部最大值或最小值。

图 8-64 为设计人员初步设计的曲柄构件模型，为使曲柄在转动过程中，产生最小的离心惯性力，使机器产生较小的或完全动平衡，就必须通过结构的优化分析，希望通过改变曲柄的某些尺寸参数，使整个曲柄零件的重心与它的旋转轴中心距离最短或完全重合。

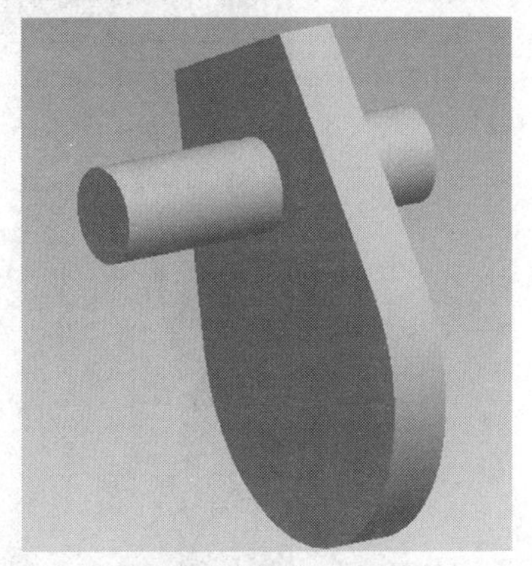

图 8-64　曲柄构件

根据已掌握的 Pro/ENGINEER 建模知识，很容易建立曲柄的特征模型。其建模过程如图 8-65 所示。在进入零件设计环境下，点击工具栏【基础特征】中的拉伸命令按钮，弹出拉伸操控板，单击“放置”下滑板，定义草绘，弹出“草绘”对话框，在设计环境中选择 FORNT 基准面作为草绘平面，其他接受默认选项，单击“草绘”按钮，进入草绘设计环境中，按照几何尺寸绘制图 8-65 中所示曲柄几何截面，单击“完成”命令按钮，返回到零件设计环境下的拉伸操控板，选择实体拉伸、对称、深度值为 50。单击“完成”命令按钮，完成第一个拉伸特征的创建。

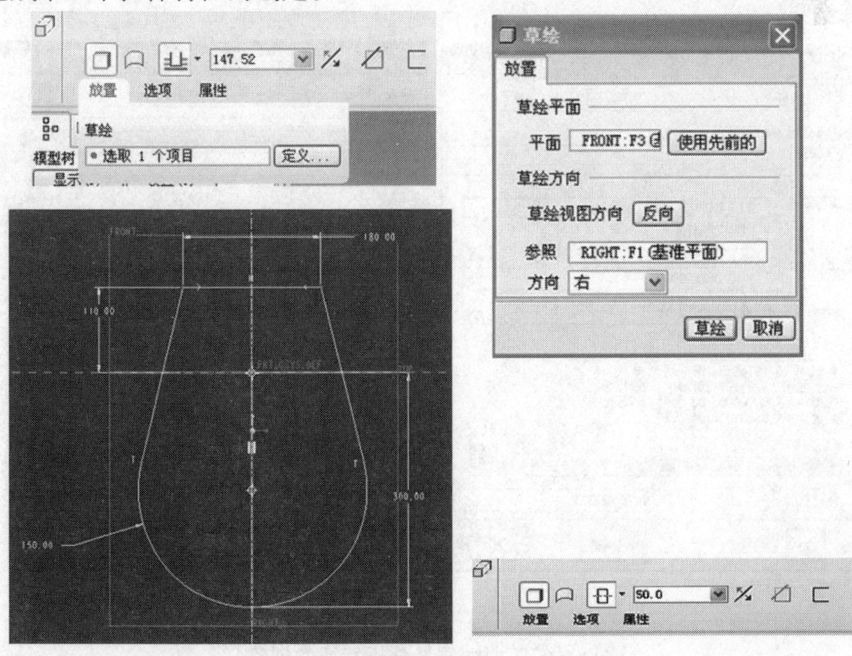

图 8-65　曲柄第一个拉伸特征的创建

按照类似的建模步骤，完成旋转轴拉伸特征的创建，其创建过程及主要设置如图8－66所示。

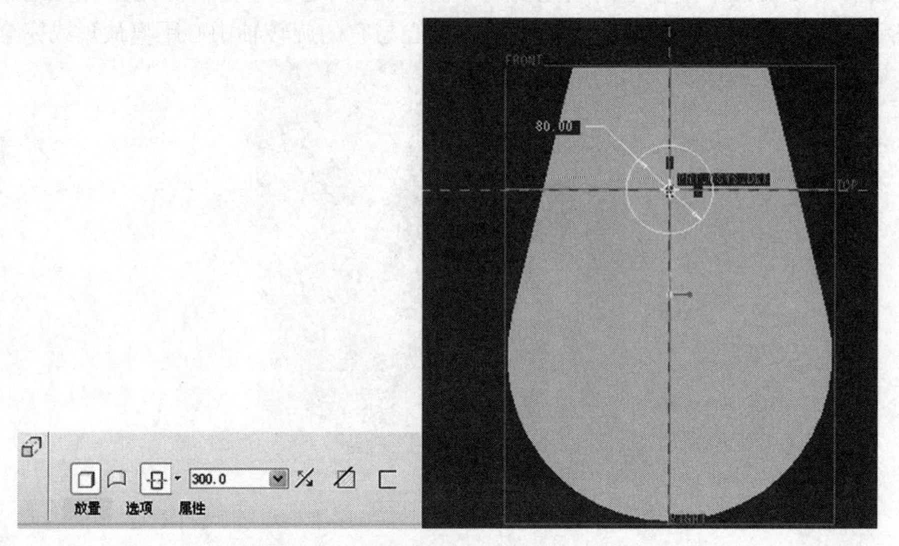

图8－66 曲柄第二个拉伸特征的创建

优化的目标是使重心与旋转轴尽量重合，那就需要在优化之前先创建重心分析特性。选择主菜单【分析】/【模型】/【质量属性】命令，弹出如图8－67所示的"质量属性"对话框。在"分析"选项卡中，选取"坐标系"为默认的"PRT_CSYS_DEF，"密度"值输入为"0.0078"，选取"特征"选项，输入"MASS_CENTER"作为分析特征的名称。在"特征"选项卡中，"参数"区域勾选了模型体积VOLUME、模型表面积SURF_AREA、模型质量MASS三项，创建了相应的参数。分析特征创建完毕后，系统在"分析"选项卡的结果区域中显示了运算结果。

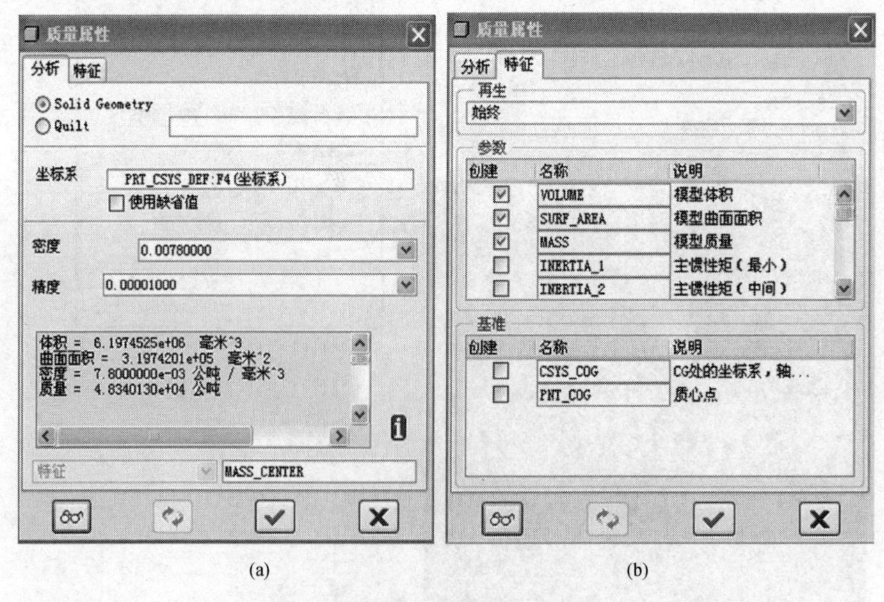

(a) (b)

图8－67 曲柄质量分析特征的创建

"质量属性"创建后,模型树如图 8-68 所示

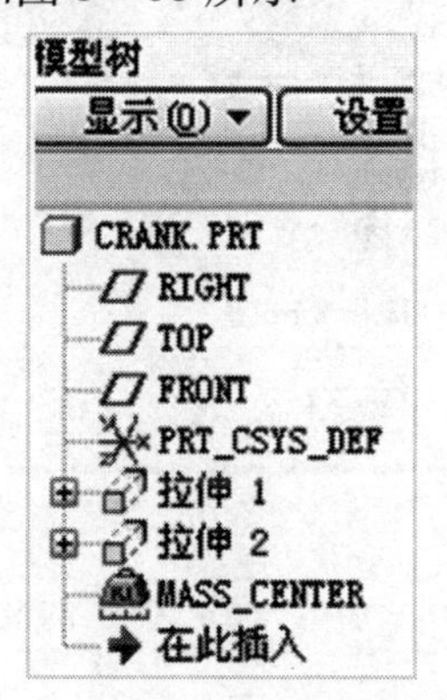

图 8-68　曲柄特征模型树

下面对其进行优化/可行性分析,分析过程如下:

(1) 单击主菜单中的【分析】/【可行性/优化】命令,弹出如图 8-69 所示的"优化/可行性"对话框。

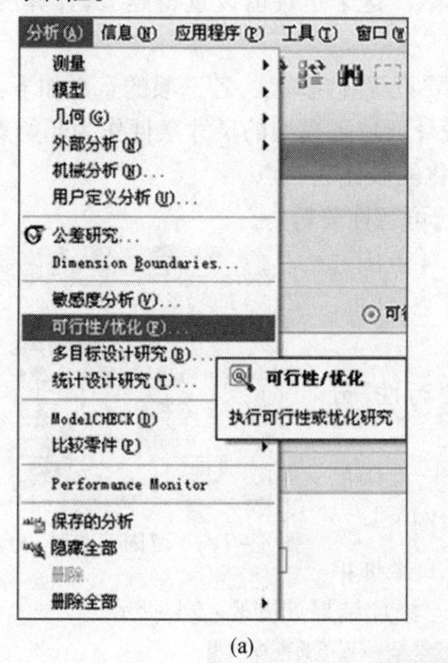

(a)

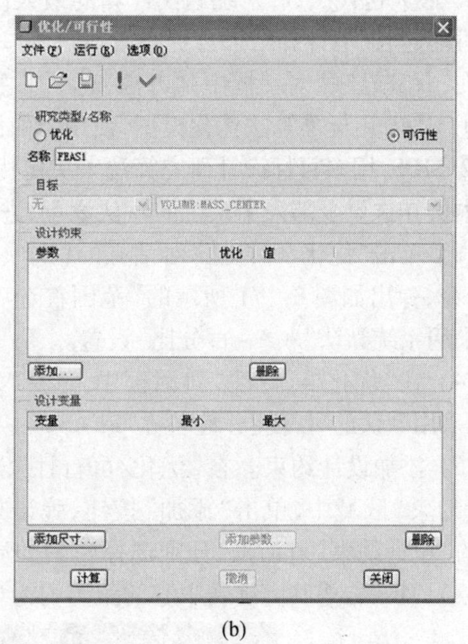

(b)

图 8-69　"优化/可行性"分析命令及对话框

(2) 单击"优化/可行性"对话框的【选项】/【优先选项】命令,弹出如图 8-70 所示的三个对话框,分别对优化/可行性分析过程进行设置。

在"优先选项"对话框中,"图形"选项卡中各选项的意义如下:

① 用图形表示目标:当计算完成后,用图形说明选定的图形参数和选择的约束之间的收敛性。

② 用图形表示约束:在计算过程中,用图形说明约束参数值。

③ 用图形表示变量:在计算过程中,用图形说明设计变量值。

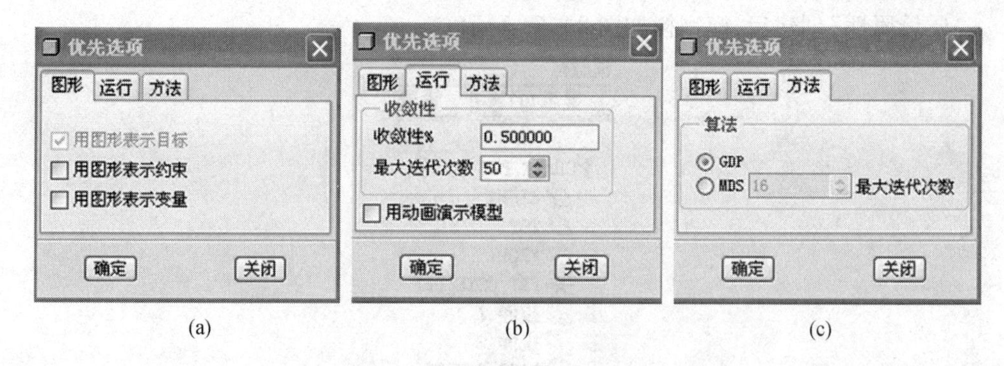

(a) (b) (c)

图 8 – 70 “优先选项”的设置

在“优先选项”对话框中,“运行”选项卡主要设置运行终止条件,各选项的意义如下:

① 收敛性%百分比:在计算运行中,如果当前的参数值和先前的迭代之间的差值小于“收敛性%”时,则计算停止。这个值越小,迭代次数更多,计算所用的时间就越长。如果有可行的解决方案,那么计算的结果就会更精确。

② 最大迭代次数:系统迭代计算的最大次数。这个迭代值设置得越大,计算所用的时间可能越长,但计算结果会更有效。

在“优先选项”对话框中,“方法”选项卡主要设置优化算法,各选项的意义如下:

① GDP:用标准算法优化模型,使用当前设计环境下模型的尺寸条件作为起始点。

② MDS:用多目标设计研究算法来决定优化的最佳起始点。

本例在这里全部采用系统的默认设置,进行可行性分析。

(3) 单击“优化/可行性”对话框的【选项】/【范围选项】命令,弹出如图 8 – 71 所示的“范围首选项”对话框,同样采用系统默认“ +/ – 百分比”设置。

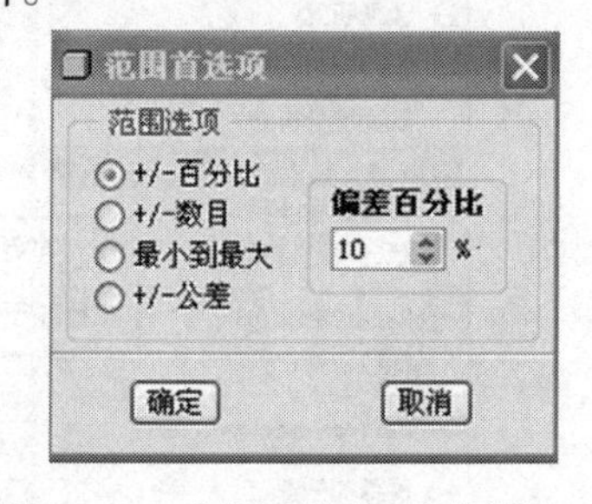

图 8 – 71 “范围首选项”的设置

(4) 在“优化/可行性”对话框中,选择“可行性”分析,并采用默认的可行性分性名称“FEAS1”。

(5) 添加设计约束。在“优化/可行性”对话框中的“设计约束”区域中,单击“添加”按钮,弹出如图 8 – 72 所示的“设计约束”对话框,分别选择曲柄的质心坐标值 XCOG、YCOG,希望其离旋转中心的距离均为 0。添加结果如图 8 – 74 所示。

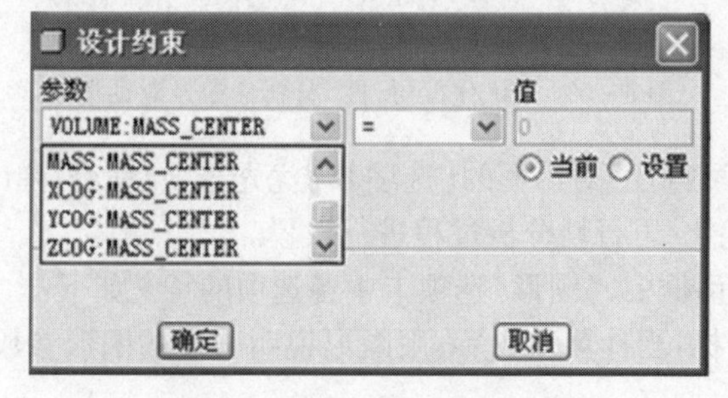

图 8 – 72 “设计约束”对话框

(6) 定义设计变量。在“优化/可行性”对话框中的“设计变量”区域中,单击“添加尺寸”按钮，系统提示选择模型中的尺寸作为设计变量进行添加。在模型树中选择“拉伸 1”特征，并分别将确定曲柄轮廓的四个尺寸 d1、d2、d3、d4(分别是300、180、110、150)作为设计变量，如图 8 - 73 所示。点击这些尺寸，系统即可将它们添加到设计变量区域内。同时按其值的 10%，确定变量的上下限，即最大值和最小值，作为变量的变化范围。添加结果如图 8 - 74 所示。

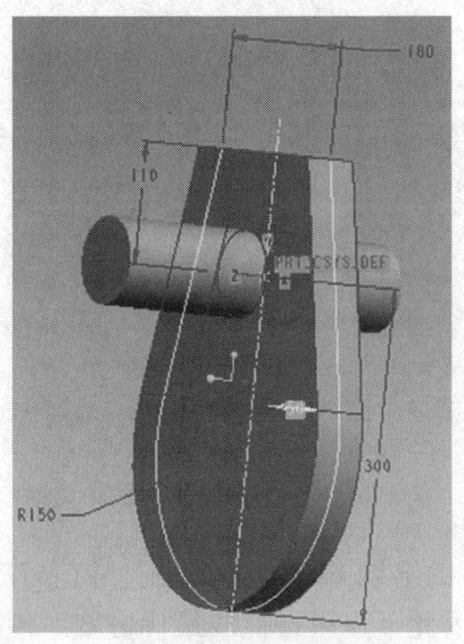

图 8 - 73　设计变量的选取

(7) 计算。当全部设置完毕(图8 - 74)后，单击“计算”按钮，系统以原始模型中的尺寸值作为设计变量的初值开始运算。计算结束后，模型按分析结果进行更新生成，如图8 - 75所示，四个设计尺寸分别更改为 d1 = 270、d2 = 198、d3 = 121、d4 = 135。系统在信息栏内提示“未找到可行性解决方案。”说明该结论不可行。

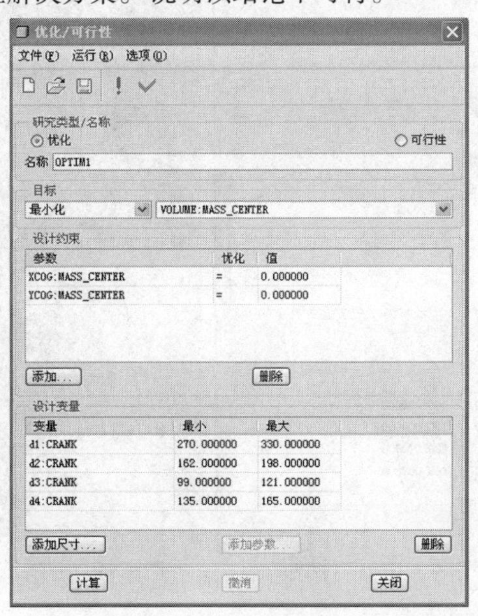

图 8 - 74　优化/可行性分析设置结果

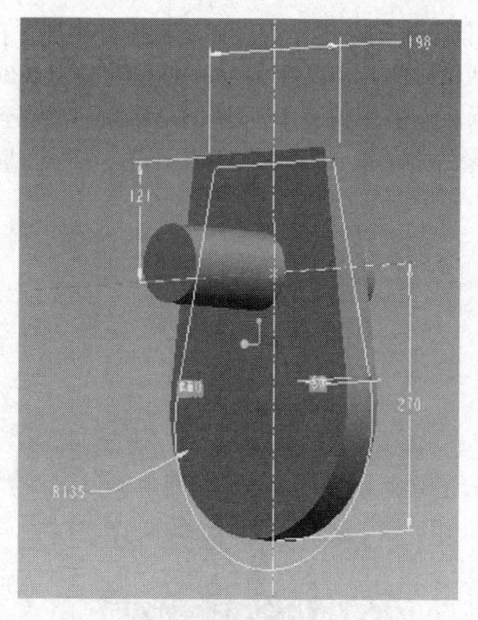

图 8 - 75　可行性分析后再生模型

(8) 研究比较系统运算的结果,从再生模型的尺寸值可以看出,它们都已经达到了变量范围的最大值或最小值,因此不是可行性或最优方案。现在将"优化/可行性"分析对话框中设计变量的上限或下限范围扩大,然后重新计算。这时,系统在信息栏内提示"已找到可行解决方案"。说明这一次的分析结果是可行的。设计变量的上下限及可行性分析的最终模型如图 8 - 76 所示。

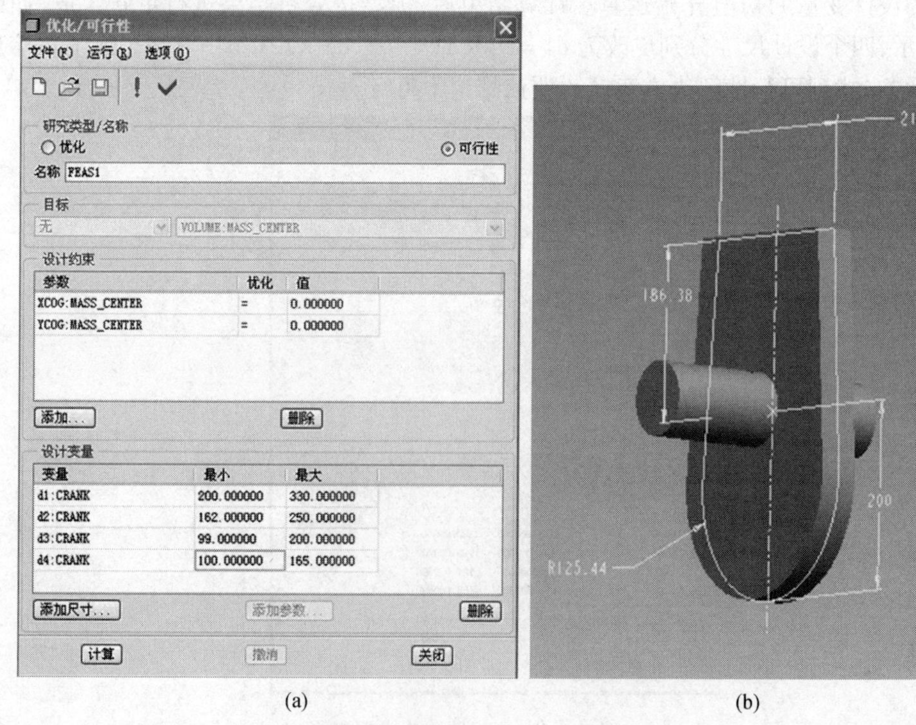

(a)　　(b)

图 8 - 76　可行性分析的设置及结果

(9) 保存分析结果并退出,选择“优化/可行性”分析对话框中【文件】/【保存】。单击对话框中的“关闭”按钮,弹出如图 8－77 所示的确认对话框,根据需要点击相应按钮。

(10) 若仅仅从重心平衡角度考虑,步骤(8)的结论是完全可行的。若希望模型的体积或质量最轻,还可以进一步进行优化设计。如图 8－78(a)所示,优化名称采用系统默认的名称为 OPTM1,在“目标”区域中,选取目标类型列表中的“最小化”然后在要优化的参数列表中选取体积“VOLUME:MASS_CENTER”。由于前面已进行了可行性分析,故“设计约束”和“设计变量”系统自动加入,检查无误后,单击“计算”按钮。系统在可行性分析得到的模型上继续优化,经过很少的步数后(本例中系统提示 6 步),系统在信息栏内提示:“此部件优化成功”。优化后模型尺寸如图 8－78(b)所示。优化过程及收敛性如图 8－79 所示。

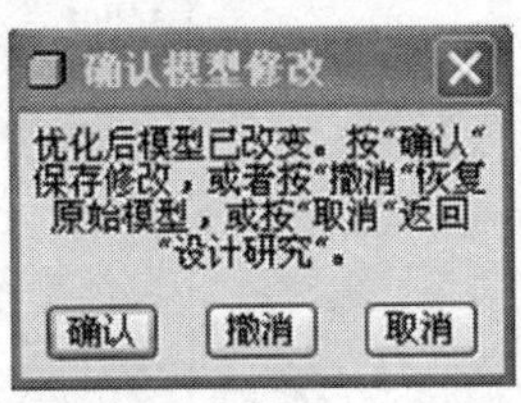

图 8－77 “优化/可生性”分析退出对话框

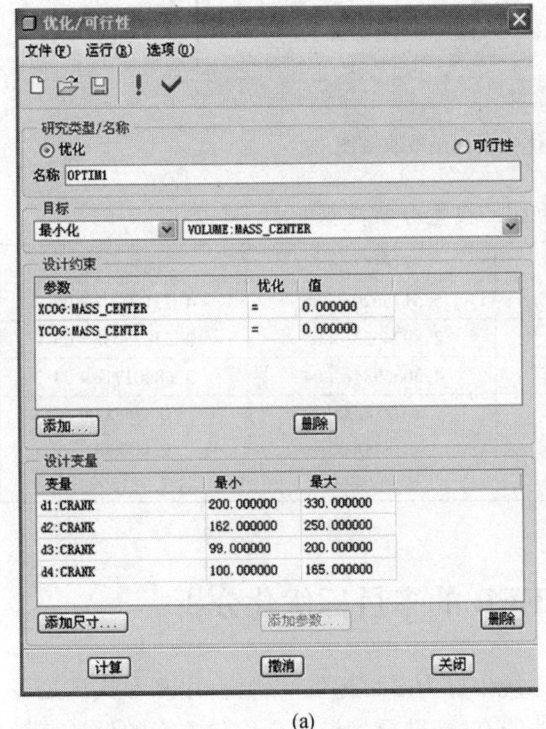

(a)

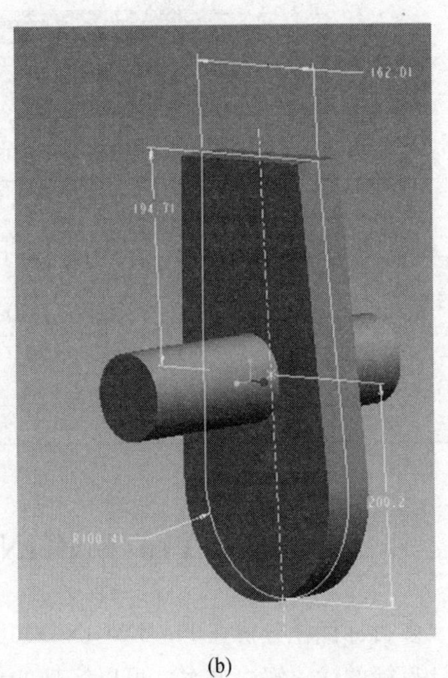

(b)

图 8－78 优化分析结果

为了对以上分析结果进行比较,将原始模型、可行性分析模型和优化分析模型的部分参数列于表 8－4 中,从表可明显看出,可行性分析和优化分析后生成的模型,它们的重心完全与旋转轴重合,满足了约束条件,且体积和质量也比原始模型要小。还可以看出,优化后的体积和质量比可行性分析结果更小。

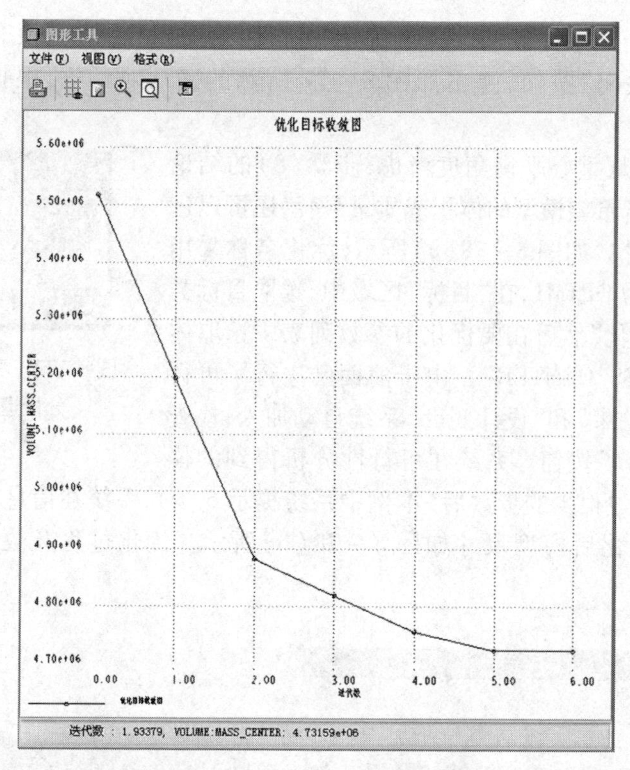

图 8-79 优化目标函数收敛图

表 8-4 曲柄三模型分析数据

项目	原始模型	可行性分析	优化分析
体 积(毫米^3)	6.1974525e+06	5.5175620e+06	4.7315929e+06
表面积(毫米^2)	3.1974201e+05	2.8974633e+05	2.5487803e+05
质 量(公吨)	4.8340130e+04	4.3036984e+04	3.6840171e+04
重 心(在 PRT_CSYS_DEF 坐标系)(毫米)	0.00000000 -76.925385 6.0830013	0.0000000 0.0000000 6.8325669	0.0000000 0.0000000 7.9818595

8.7 Pro/ENGINEER 的多目标优化分析

多目标优化分析在 Pro/ENGINEER 系统中称为多目标设计研究,用来寻找满足多个设计目标的优化解决方案。可以实现的功能有:帮助寻找最适合优化方案的设计变量的最佳范围;寻找可能相互矛盾的多个设计目标的解决方案;如果存在多个优化解决方案,会提供出这些方案,供设计者从中选择中最佳的首选方案;可以展开取样设计目标的范围,或者使用不同方法分析试验中得到的数据来缩小该范围。

多目标设计研究由主表和衍生表按其分层顺序组成。系统在给定的设计变量的整个设计区间内,搜索满足多个设计目标的解决方案,按照给定的试验次数,生成最初的试验结果,建立主表。主表列出了所有的试验记录。以主表为基础,依不同的设计目标及过滤法则生成不同的衍生表。通过衍生表来缩小搜索的范围。

生成衍生表有两种过滤方法:一种是约束方法,通过指定每一个设计目标的最小值或最大值而建立衍生表的方法。系统将检索父表来寻找满足条件的方案。另一种是 Pareto 方法(平行法),通过选取要最大化或最小化的设计目标,来创建衍生表的方法。系统检索父表来寻找 Pareto 最优的方案。不同的方案可能使得不同的目标获得最优,该方法可以给出多种优化解决方案。让设计人员从中决定哪一个方案更理想。

多目标设计研究中的设计目标可以选择由分析特征所创建的任何参数,所以在多目标设计研究之前,必须先进行分析特征的创建。设计变量可以选择任何几何尺寸或参数,该尺寸或参数必须是与设计目标有关联的几何尺寸或参数。

下面对如图 8-80 所示的 V 型发动机用曲轴模型进行多目标设计研究。

通常在 V 型发动机缸体中做高速旋转运动的曲轴是外载荷的主要来源。如果有稍微的偏心或配重不均,很容易因高速旋转而生成较大的离心力,导致寿命降低,所以希望能做好优化设计。在满足曲轴重心与转轴中心重合的条件下,按照使曲轴的质量最小、曲拐表面积最小和轮廓周长最小为设计目标,来寻求最佳的曲轴几何尺寸,这时就需进行多目标设计研究。

图 8-80　V 型发动机用曲轴模型

首先必须对该设计项目设置工作目录。下面分步骤介绍分析过程:

(1) 建立曲轴的三维模型。

先建立曲轴的曲拐平面(曲拐)的拉伸特征。其建模过程:在进入零件设计环境下,单击工具栏【基础特征】中的拉伸按钮,弹出拉伸操控板,单击"放置"下滑板,定义草绘,系统弹出"草绘"对话框,在设计环境中选择 FORNT 基准面作为草绘平面,其他接受默认选项,单击"草绘"按钮,进入草绘设计环境中,按照图 8-81 所示的几何尺寸绘制曲拐的几何截面,单击"完成"按钮,返回到零件设计环境下的拉伸操控板,选择实体拉伸、对称、深度值为 50。单击"完成"按钮,完成第一个拉伸特征的创建。

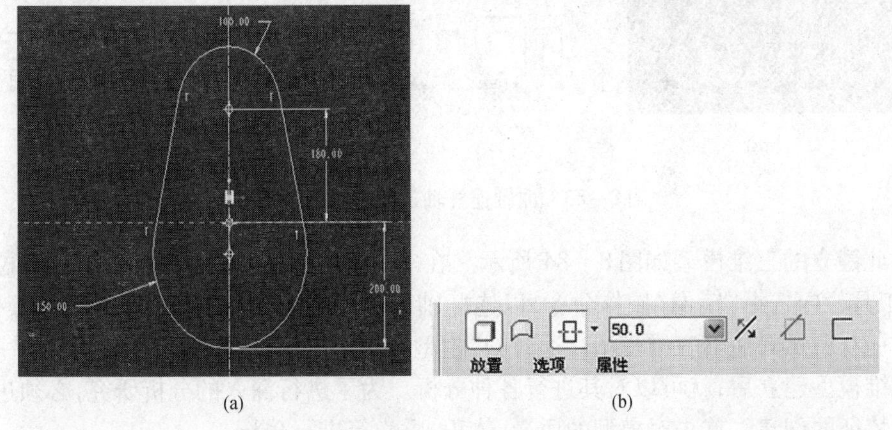

(a)　(b)

图 8-81　曲拐平面的拉伸特征的创建

然后以曲拐拉伸特征的一个平面作为草绘的基准平面，建立曲轴的旋转轴拉伸特征。草绘的几何尺寸和设置如图 8－82 所示。其创建过程较简单，不再重复。

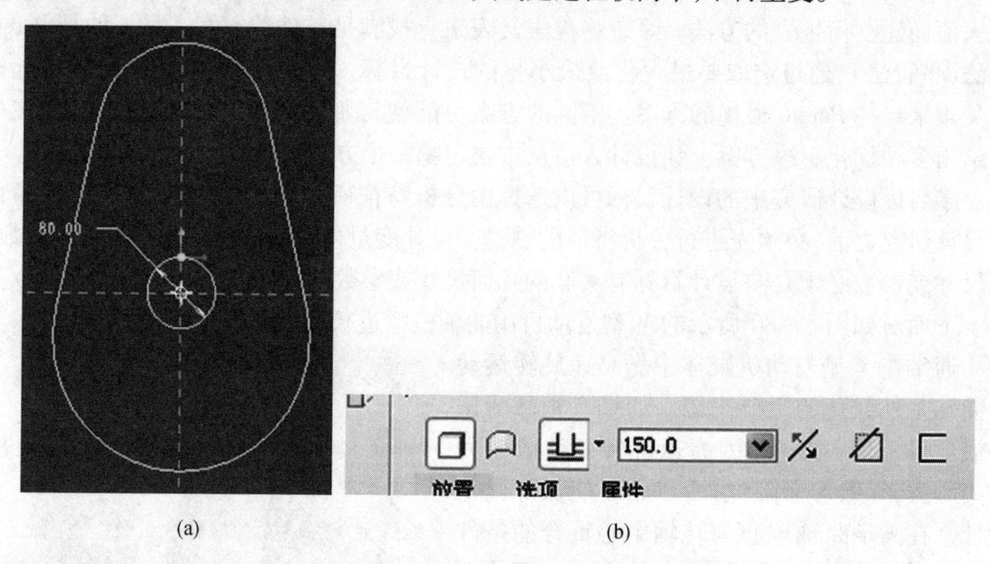

图 8－82　曲轴旋转轴拉伸特征的创建

再以曲拐拉伸特征的另一平面为草绘的基准平面，建立曲轴的连杆轴拉伸特征。草绘的几何尺寸和设置如图 8－83 所示。

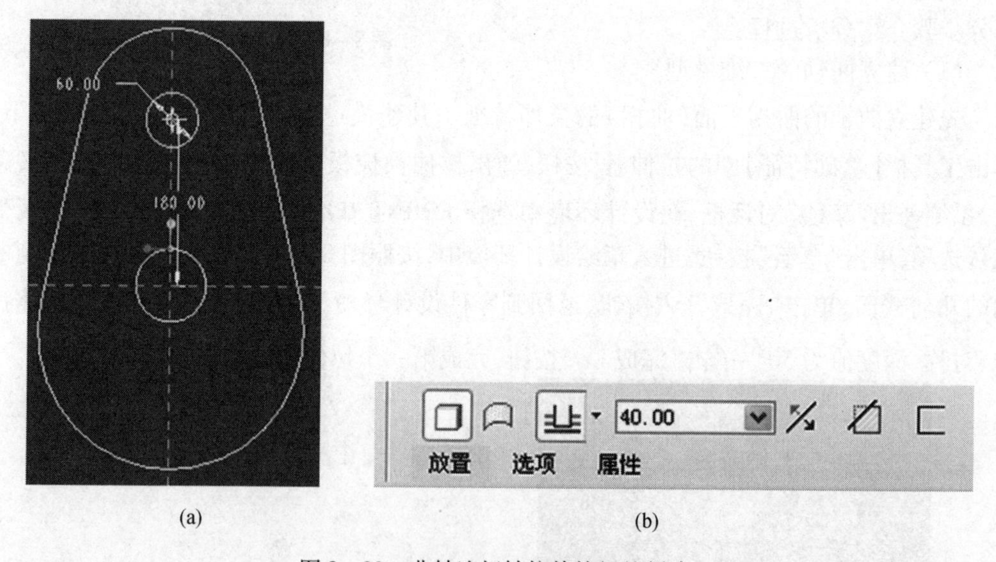

图 8－83　曲轴连杆轴拉伸特征的创建

至此建立的三维模型如图 8－84 所示。在“模型树”中选择上述建立的三个拉伸特征，在工具栏内选择“镜像”操作命令，以连杆轴的端面作为镜像平面，进行镜像操作，生成图 8－80 所示的曲轴三维模型。这时的“模型树”如图 8－85 所示。

三维模型建立后，就可以对其进行各种分析。为了进行深入的分析研究，必须进行各种分析特征的创建。首先对模型的质量、体积、质心等进行分析。

图 8-84　曲轴的三维模型

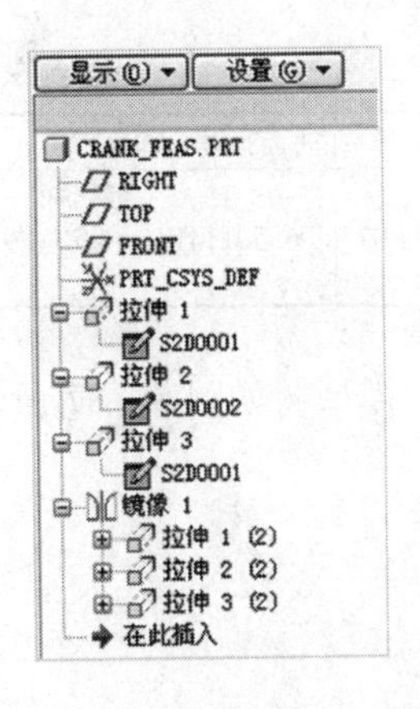

图 8-85　曲轴模型的“模型树”

(2) 创建模型质量属性的分析特征。

单击主菜单【分析】/【模型】/【质量属性】命令，弹出“质量属性”对话框。

在“分析”选项卡中，选取“坐标系”为默认的“PRT_CSYS_DEF:F”，“密度”值输入为“0.0078”，选取“特征”选项，表示要生成分析特征，以系统默认的“Mass_Prop_1”名称作为分析特征的名称，如图 8-86(a)所示。

在“特征”选项卡中，“参数”区域勾选了模型体积 VOLUME、模型表面积 SURF_AREA、模型质量 MASS 三项创建了参数。在“基准”区域勾选了质心 CG 处的坐标系、轴，以及质心点。表示在设计环境中的三维模型上创建质心点基准特征、质心坐标系特征以及质心轴特征，如图 8-86(b)所示。系统在“分析”选项卡的结果区域中显示了分析结果。部分分析结果的数据见表 8-5，以便与优化后的模型进行对比分析。

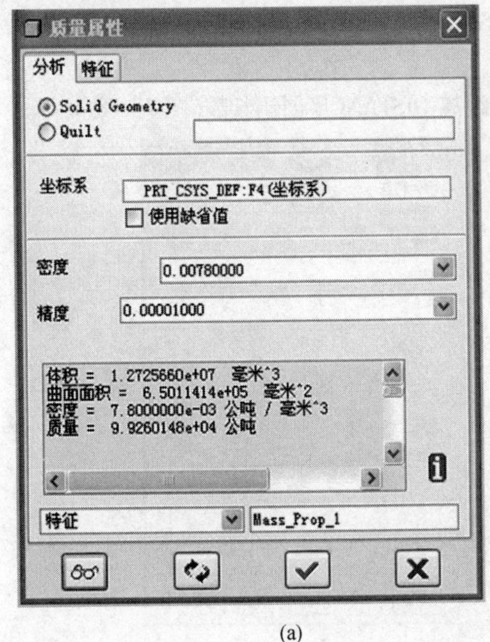

(a)

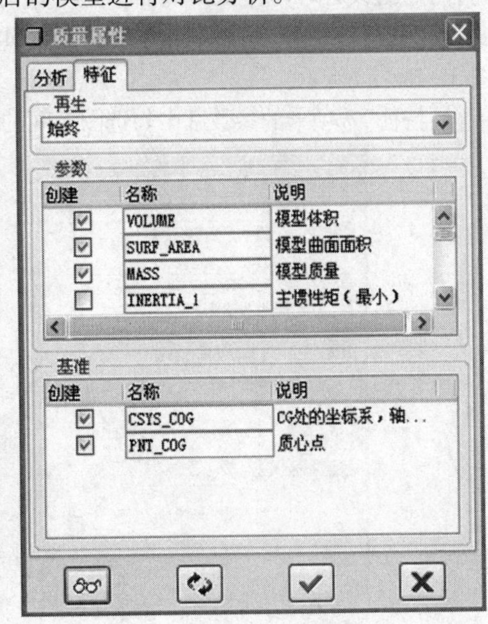

(b)

图 8-86　“质量属性”对话框的设置及分析

表 8－5　模型的质量属性部分信息

体积(毫米^3)	曲面面积(毫米^2)	质量(公吨)	质心坐标(PRT_CSYS_DEF 坐标系中)		
			X	Y	Z
1.2725660e＋07	6.5011414e＋05	9.9260148e＋04	0.0000000e＋00	2.5708232e＋01	－6.5000000e＋01

这时的模型树如图 8－87 所示。

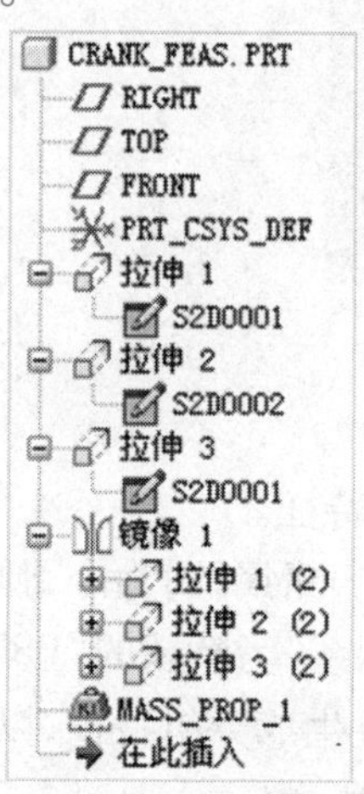

图 8－87　创建质量属性后的模型树

(3) 创建质心与旋转轴之间的距离测量特征。

单击主菜单【分析】/【测量】/【距离】命令，弹出“距离”对话框。

在“分析”选项卡中，点击设计环境中的质心坐标系“CSYS_COG”作为“起始”列表框的内容，点击设计环境中的旋转轴“A_3”作为“至点”列表框的内容，选取“特征”选项，表示要生成分析特征，以系统默认的“ANALYSIS_DISTANCE_1”名称作为分析特征的名称，如图 8－88(a)所示。

在“特征”选项卡的参数区中勾选图元间的距离 DISTANCE 创建参数(图 8－88(b))。

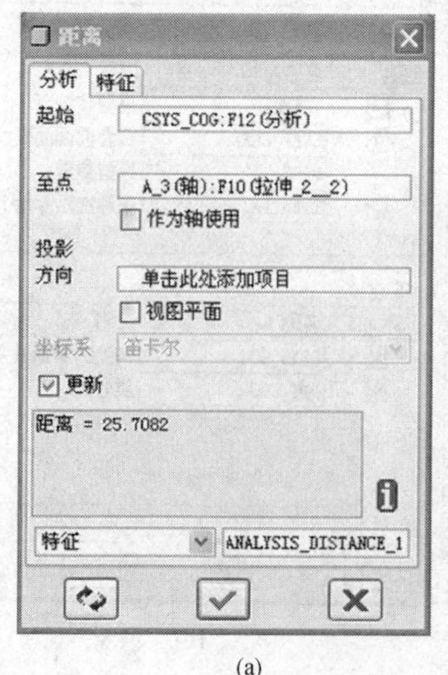

(a)

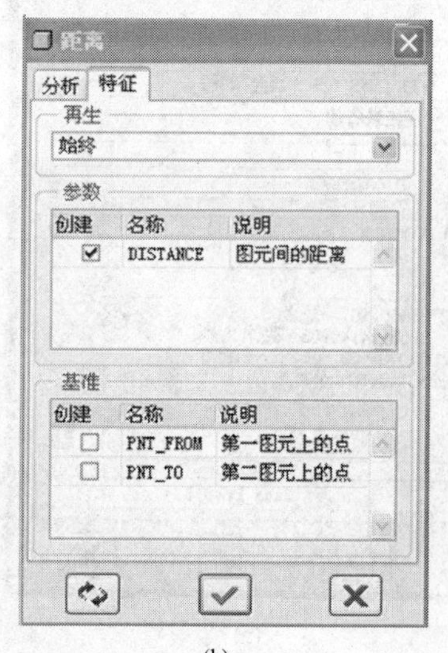

(b)

图 8－88　质心距离特征的创建

此时的模型树如图 8－89 所示。

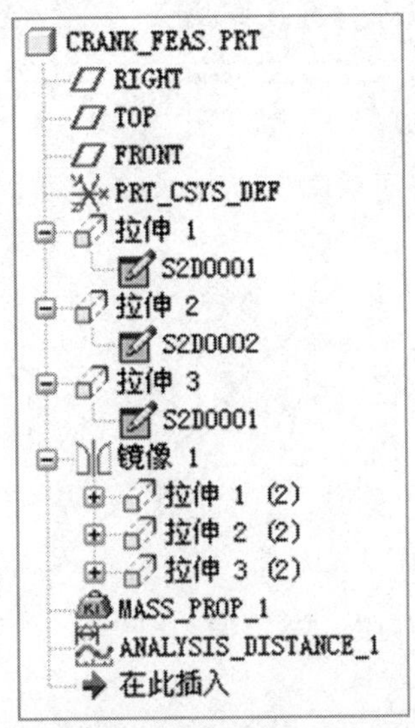

图 8－89　质心距离特征创建后的模型树

(4) 对模型进行第一步优化分析，改变配重块的几何尺寸，以使曲轴模型的质心与旋转轴重合。

为优化配重块的几何尺寸，以使曲轴的质心与旋转轴重合，设计人员可以先考察质心到旋转轴之间的距离对该配重块几何尺寸的敏感度。

单击主菜单【分析】/【敏感度分析】命令，弹出“敏感度”对话框，如图 8－90 所示。“研究名称”栏内选择默认的名称“SENS1”，“变量选取”栏内点选 尺寸，然后在“模型树”单击“拉伸 1”特征，在设计环境中点取配重块的几何尺寸 d1(200)。系统在“变量范围”栏内自动设置该尺寸变量的最小值(180)和最大值(220)。在“出图用的参数”栏内，单击 ，然后在弹出的“参数”分组框中选择参数“DISTANCE：ANALYSYS_DISTANCE_1”。默认“步数”列表框中的“10”步。单击“计算”按钮，这时输出的敏感度曲线如图 8－91 所示。

从图 8－91 可以看出，随着配重块的几何尺寸 d1 的减小，质心与旋转轴之间的距离也在缩短，但是，几何尺寸 d1 的变化范围为[180，220]，质心仍有向旋转中心靠近的趋势。

把变量的变化范围的最大值扩大到[180，300]，如图 8－92所示。再单击“计算”按钮，这时输出的“敏感度”曲线如图 8－93 所示。

从图 8－93 可以看出，在配重块的几何尺寸 d1 变化范围为[180，300]内，质心与旋转轴之间的距离应该有最小值，但步数“10”太少，使得最小值难以确定。

图 8－90　“敏感度”分析设置

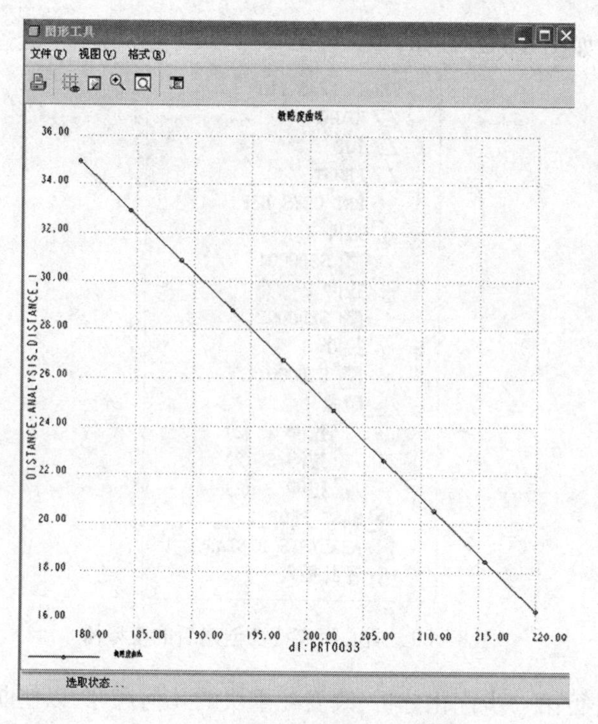

图 8－91　输出的“敏感度”曲线图

图 8－92　“敏感度”分析设置

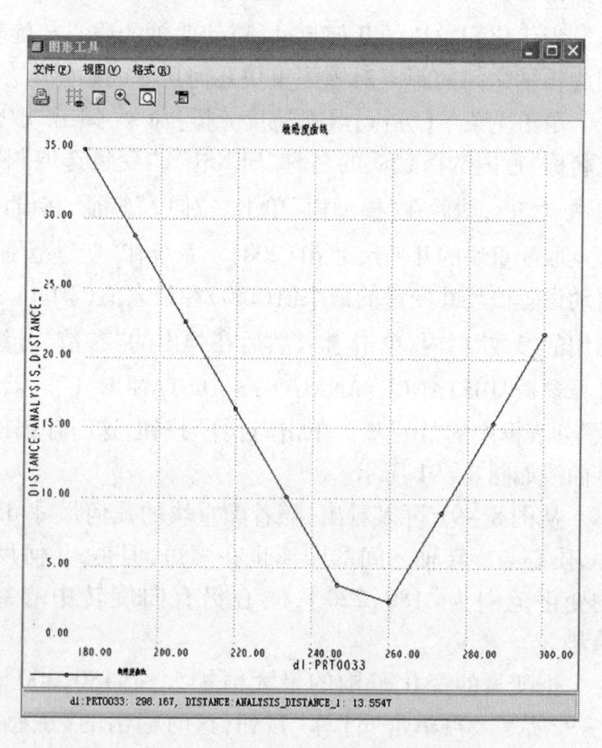

图 8－93　输出的“敏感度”曲线图

将计算“步数”设置为“30”，如图 8－94 所示，然后再单击“计算”按钮，这时输出的“敏感度”曲线如图 8－95 所示。

图 8－94 “敏感度”分析设置

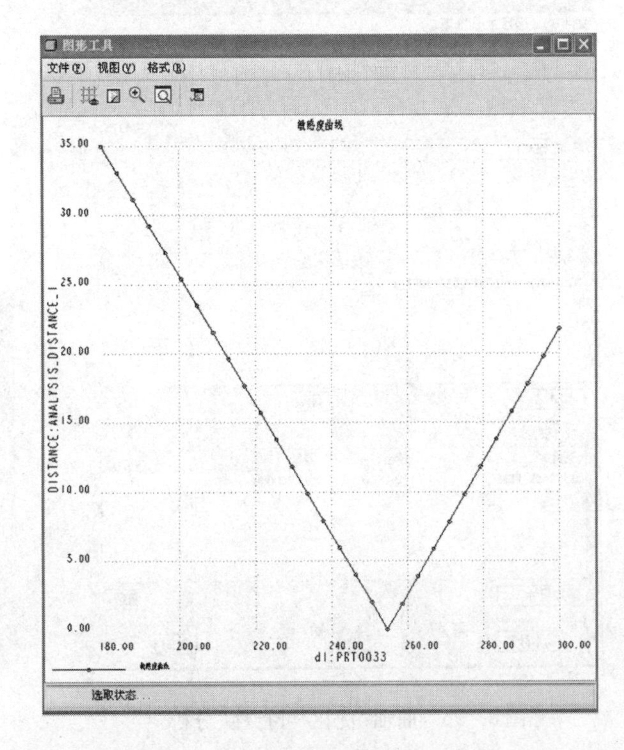

图 8－95 输出的“敏感度”曲线图

从图 8－95 可以看出，配重块的几何尺寸 d1 在“250”附近时，质点到旋转轴之间的距离趋向于 0，质心已经非常接近旋转轴了。

为了使质心完全与旋转轴重合，得到精确的配重块几何尺寸 d1 的值，可以进行“优化/可行性”分析。

单击主菜单【分析】/【优化/可行性】命令，弹出“优化/可行性”对话框，勾选“◎可行性”分析，“名称”选用默认的文本框中的“FEAS1”，在“设计约束”区域内，单击“添加”按钮，在“参数”框中选择参数“DISTANCE：ANALYSYS_DISTANCE_1”，设置值为“0”。在“设计变量”区域内，单击“添加”按钮，然后在“模型树”中单击“拉伸 1”特征，在设计环境中点取配重块的几何尺寸 d1(200)。系统自动设置该尺寸变量的最小值(180)和最大值(220)，如图 8－96 所示。

通过前面的敏感度分析可知，该尺寸在变化范围[180，220]内找不到满足设计约束 ANALYSYS_DISTANCE_1＝0 的解。现在不妨先试试可行性分析的结果。

单击“计算”按扭，系统开始进行可行性运算，处理完毕后，在消息区提示为“未找到可行解决方案。”该步分析后的模型如图 8－97。这一结果是我们所预料到的。

在敏感度分析中已知，尺寸变量 d1 在 250 附近，会使质心与旋转轴重合。现在将“优化/可行性”对话框中“设计变量”区域内设计变量的最大值设定为“300”后，重新计算，如图 8－98 所示。单击“计算”按扭，系统处理完毕后，在消息区提示“此部件优化成功”。这次可行性分析后的模型如图 8－99 所示，这时配重块的几何尺寸 d1 为“254.16”。

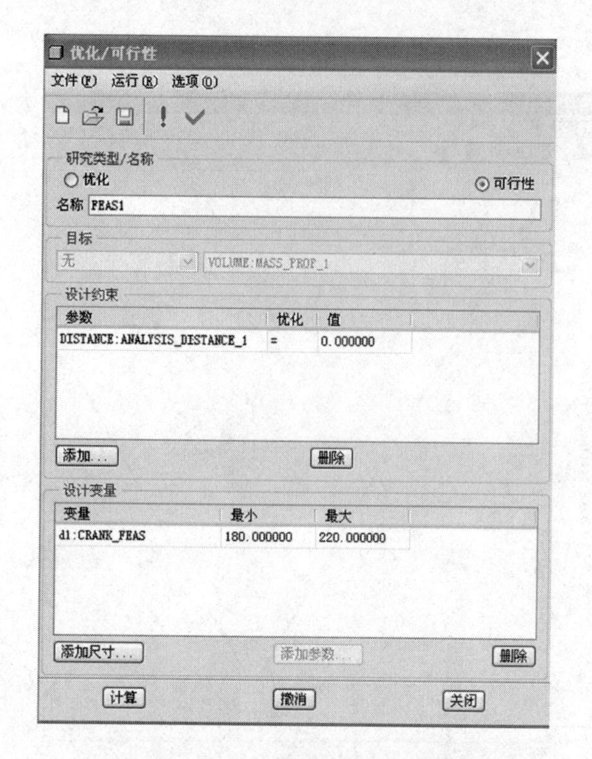

图 8－96　曲轴“优化/可行性”分析

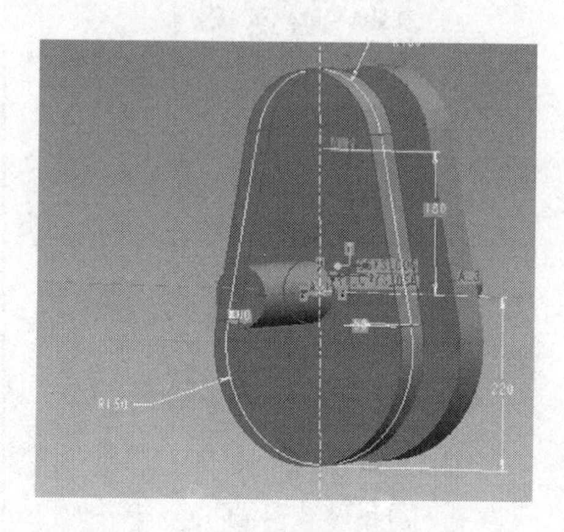

图 8－97　“优化/可行性”分析结果

单击“关闭”按扭，确认优化分析后的模型。

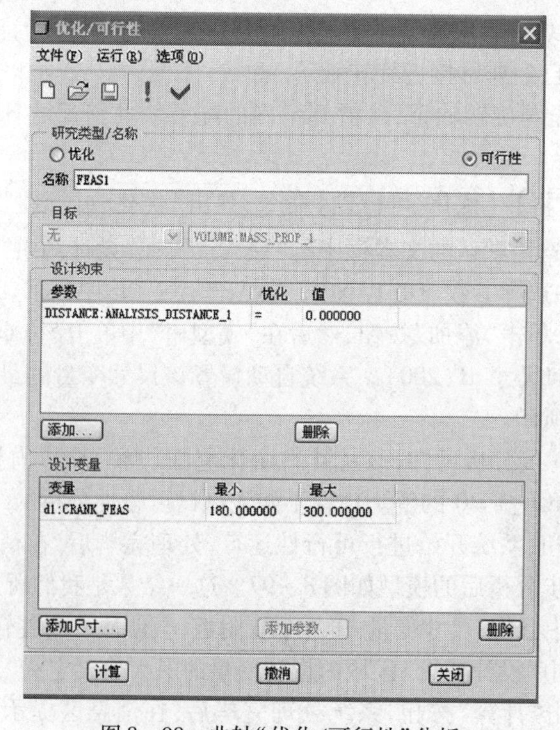

图 8－98　曲轴“优化/可行性”分析

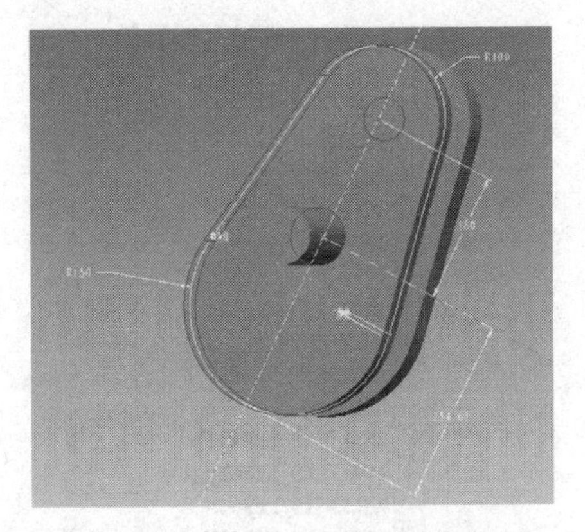

图 8－99　“优化/可行性”分析结果

可以查看优化后的曲轴模型的“质量属性”，以进一步确认分析结果，如图 8－100 所示。部分信息列于表 8－6。由于配重块几何尺寸 d1 由原始模型设计值“200”增加到优化后模型的“254.16”，所以，模型的体积、曲面面积、质量等都增加了。这是设计人员所不希望的。

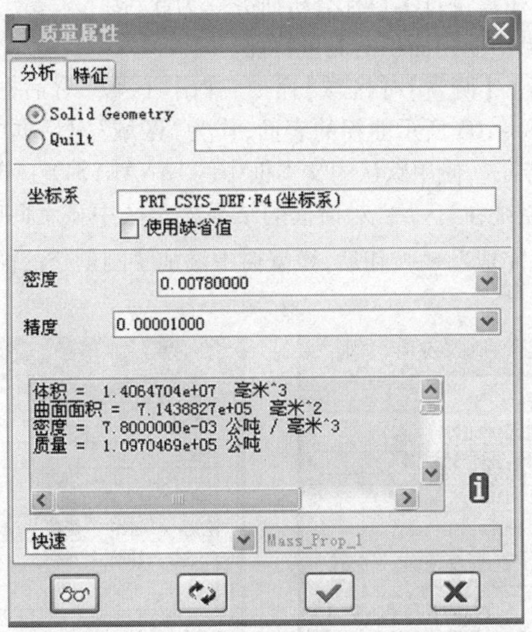

图 8－100　优化后模型的质量属性

表 8－6　优化后模型的质量属性部分信息

体积(毫米^3)	曲面面积(毫米^2)	质量(公吨)	质心坐标(PRT_CSYS_DEF 坐标系中)		
			X	Y	Z
1.4064704e+07	7.1438827e+05	1.0970469e+05	0.0000000e+00	0.0000000e+00	－6.5000000e+01

优化分析后，单击“优化/可行性“分析对话框中主菜单【文件】/【生成特征】命令，可以建立优化特征“OPTIM1”，如图 8－101 所示。

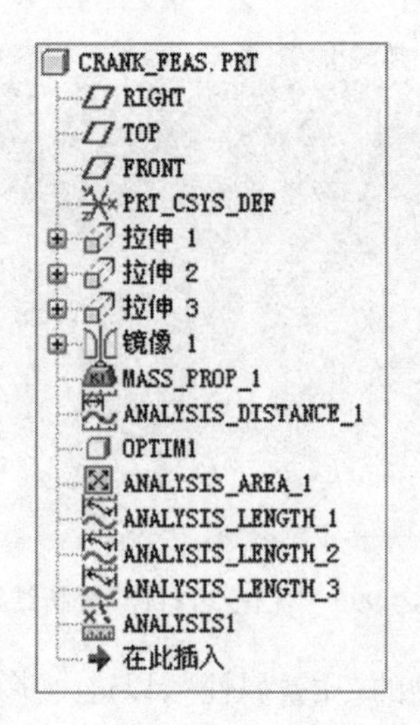

图 8-101　优化后的“模型树”

设计人员设计的曲轴，不但要使曲轴的质心处在旋转轴上，还要使曲轴的面积最小化、周长最短化。所以还需进行多目标分析研究。为此，接下来要建立分析特征。

（5）建立曲轴模型中曲拐面积的测量特征。

单击主菜单【分析】/【测量】/【区域】命令，弹出“区域”对话框，如图 8-102 所示。单击设计环境中如图 8-103 所示曲拐的表面，作为“区域”对话框中“分析”选项卡下的“几何”选项。选择“特征”，使用默认的文本框中的“ANALYSYS_AREA_1”作为曲拐表面积的测量特征名称。系统在“区域”对话框的结果显示区中显示此时模型的曲拐表面积为 118279mm²。单击“完成”✔按钮后，模型树中添加了刚创建的面积特征，如图 8-104 所示。

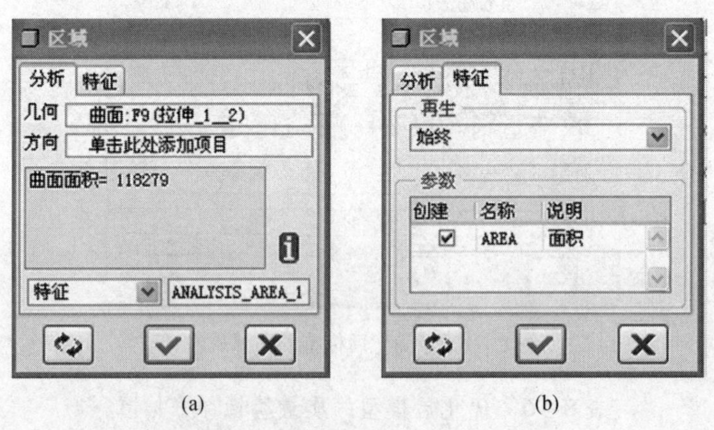

(a)　　(b)

图 8-102　曲拐面积的测量特征

（6）建立曲轴模型中曲拐周长的测量特征。

先创建围成曲拐周长的三段长度的测量特征。

单击主菜单【分析】/【测量】/【长度】命令，弹出“长度”对话框，单击设计环境中曲拐面上的圆周线作为“分析”选项卡下“曲线”的框中的内容，选取“特征”，并将系统默认的“ANALYSIS_LENGTH_1”作为特征名称，如图 8-105 所示。

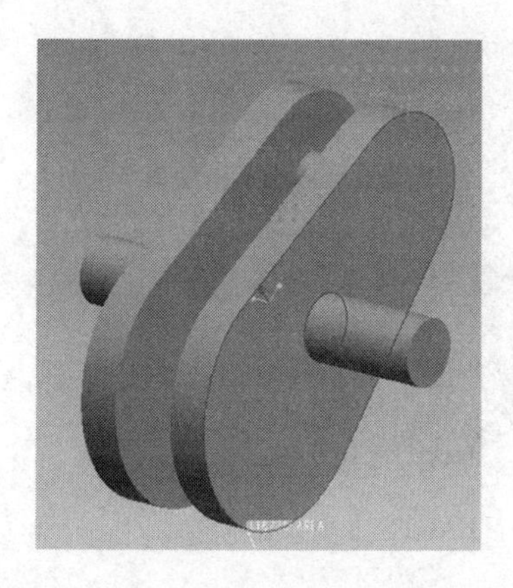

图 8－103　曲拐面积的设定

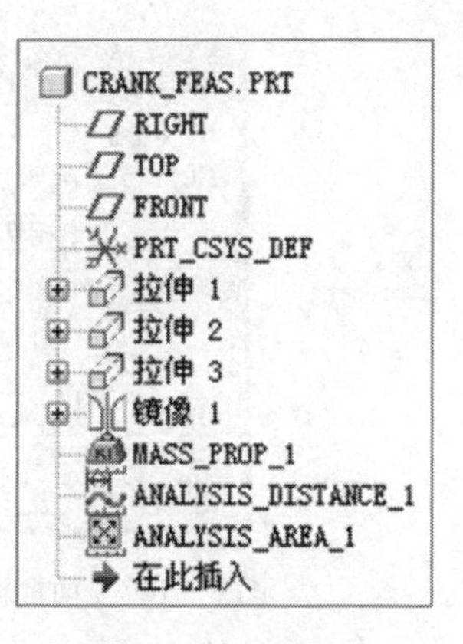

图 8－104　创建曲拐面积特征后的“模型树”

(a)

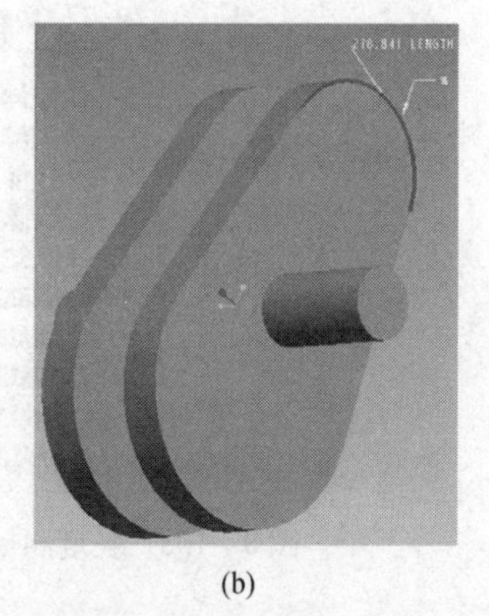

(b)

图 8－105　曲拐测量长度 ANALYSIS_LENGTH_1 特征的创建

同样的操作，可以分别创建测量长度 ANALYSIS_LENGTH_2、ANALYSIS_LENGTH_3 特征，其创建过程和设置如图 8－106 和图 8－107 所示。

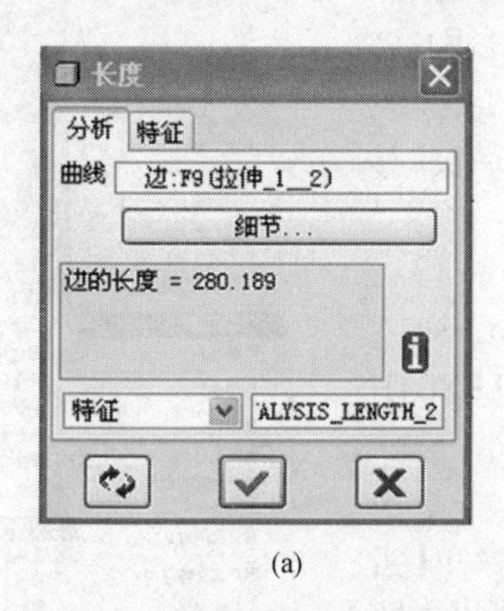

(a)

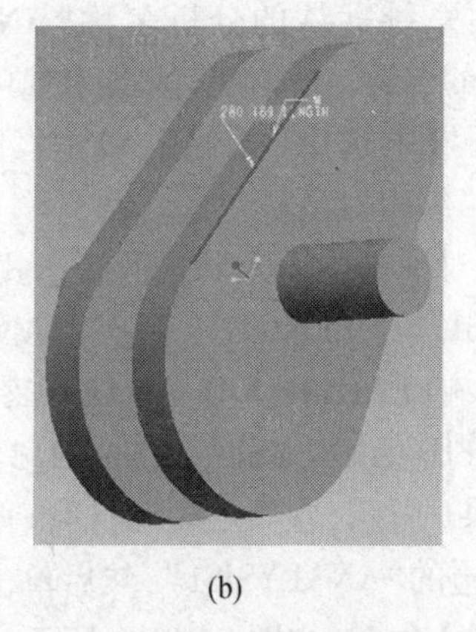

(b)

图 8－106　曲拐测量长度 ANALYSIS_LENGTH_2 特征的创建

曲拐的三个长度测量特征创建后，“模型树”如图 8－108 所示。

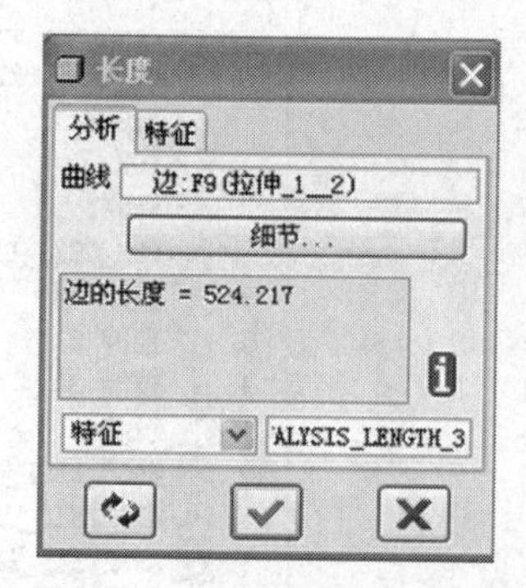

图 8 - 107　曲拐测量长度 ANALYSIS_LENGTH_3 特征的创建

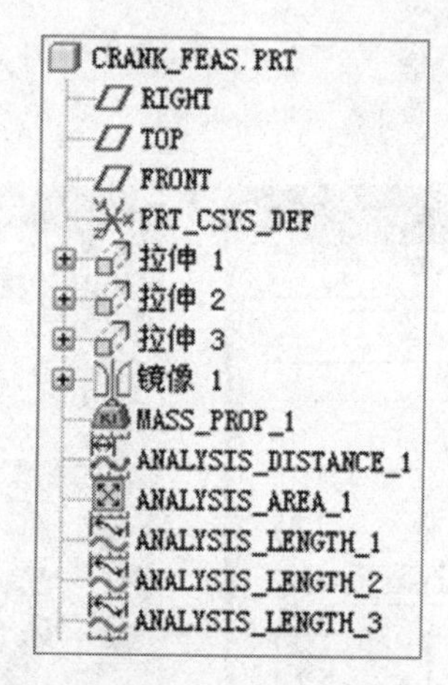

图 8 - 108　长度测量特征创建后的"模型树"

接下来就可以创建曲拐的周长分析特征。

单击主菜单【插入】/【模型基准】/【分析】命令，如图 8 - 109 所示，或单击工具栏【基础特征】中"插入分析特征"按钮，弹出"分析"对话框，如图 8 - 110 所示，选用系统默认的分析名称"ANALYSIS1"作为分析特征的名称。"类型"区域中选中"关系"，"再生请求"区域中选中"始终"，单击"下一页"按钮，进入"关系"编辑对话框。

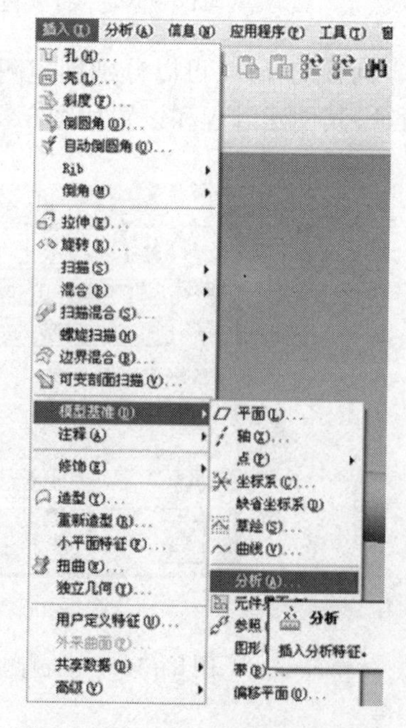

图 8 - 109　插入"分析"特征命令

在"关系"对话框中输入周长的表达式：

ANALYSIS1 = LENGTH：FID_ANALYSIS_LENGTH_1 + 2 * LENGTH：FID_ANALYSIS_LENGTH_2 + LENGTH：FID_ANALYSIS_LENGTH_3

如图 8 - 111 所示，在"关系"对话框中，先选中关系式等号左边的"ANALYSIS1"，然后单击菜单【实用工具】/【评估】命令，如图 8 - 112 所示，可以立即显示此时模型的周长值。编辑无误后，点击"关系"对话框中的"OK"按钮，返回"分析"对话框。

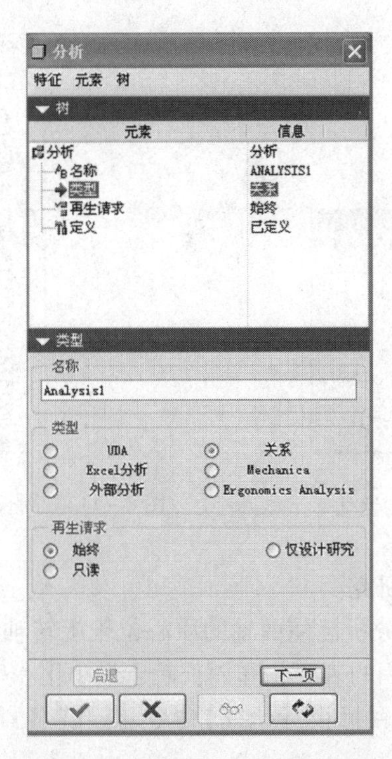

图 8－110 “分析”对话框及设置

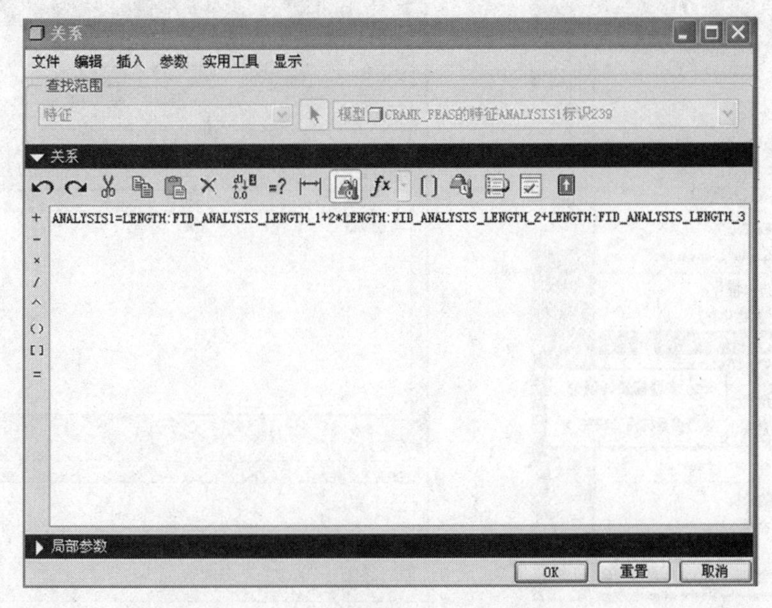

图 8－111 曲拐周长关系式的输入

单击“分析”对话框中的“完成” 按钮,完成曲拐周长关系分析特征的创建,这时的模型树中插入了周长的分析特征“ANALYSIS1”,如图 8－113 所示。

通过步骤(5)和步骤(6),曲拐的表面特征和周长特征全部创建完成,为多目标的分析设计研究创造了条件。

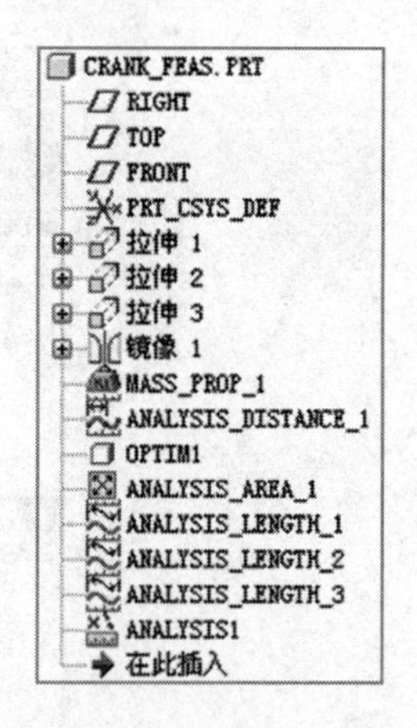

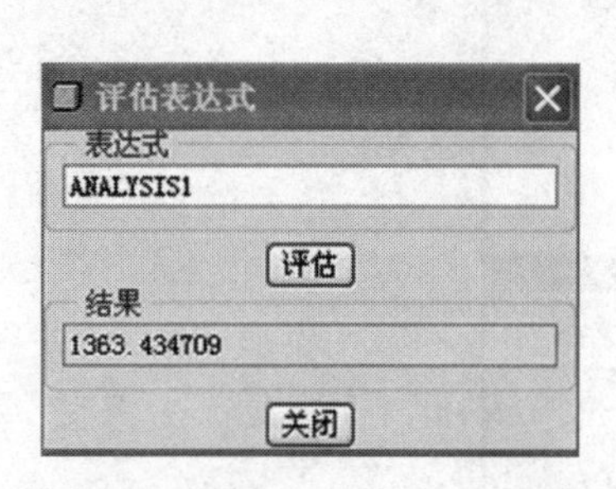

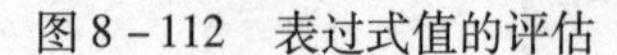
图 8－112　表过式值的评估

图 8－113　周长分析特征创建后的“模型树”

（7）曲轴的多目标设计研究。

步骤(4)的优化/可行性分析已使曲轴的质心位于旋转轴线上了，现在进行多目标设计分析，是使曲轴的质量、曲拐的表面积和周长趋于最小化。

单击主菜单【分析】/【多目标设计研究】命令，打开“多目标设计研究”对话框，如图 8－114所示。

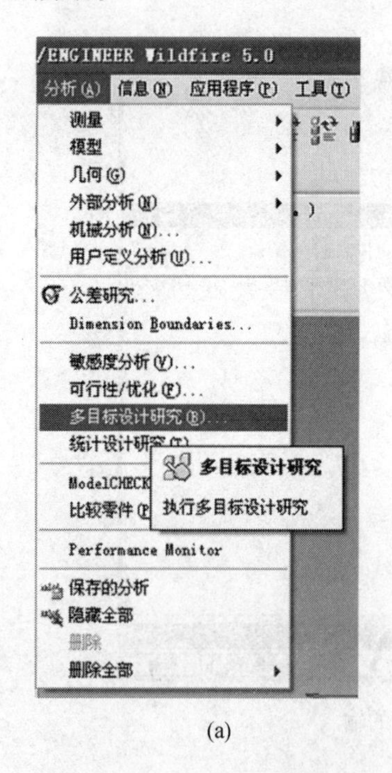

(a)

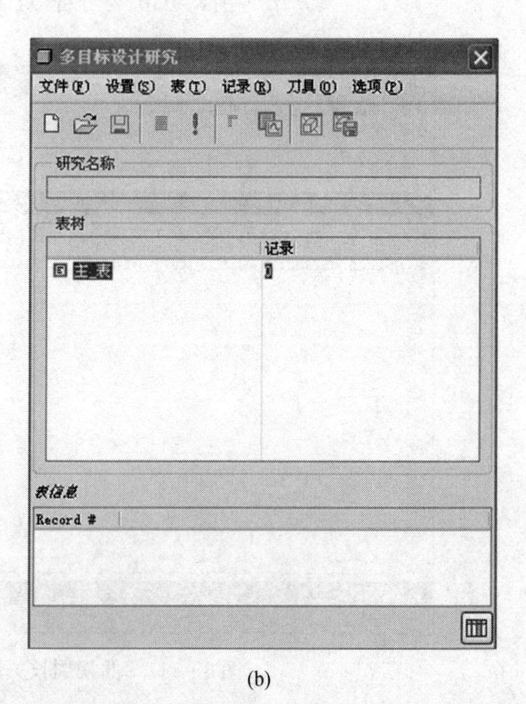

(b)

图 8－114　“多目标设计研究”对话框

在“多目标设计研究”对话框中，单击菜单【选项】/【优先选项】命令，打开“优先选项”对话框，如图 8－115 所示。这里全部采用系统默认设置。

“更新”选项卡中各选项的含义：

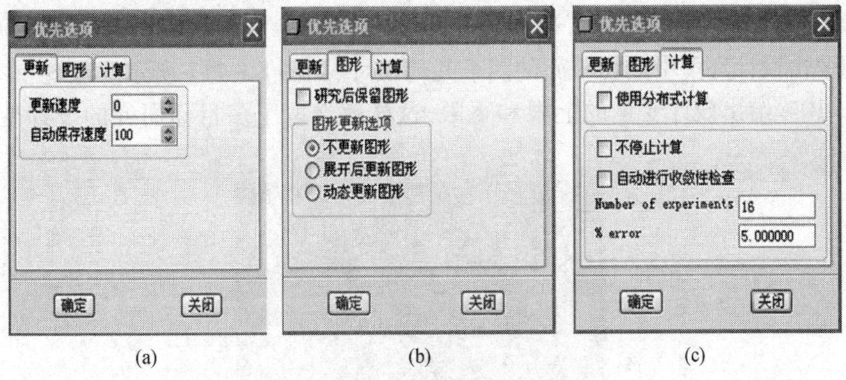

图 8-115 “优先选项”对话框

① 更新速度：当展开主表时，在指定数量的试验后，定期更新“多目标设计研究”对话框“表树”窗口中的“记录”。

② 自动保存速度：当展开主表时，在指定数量的新试验后，定期自动保存. pdl 文件。

“图形”选项卡中各选项的含义：

① 研究后保留图形：在退出研究后，图形不更新。

② 不更新图形：在展开主表之后，图形不更新。

③ 展开后更新图形：在展开主表之后，图形更新。

④ 动态更新图形：根据“更新速度”来定期更新图形。

“计算”选项卡中“使用分布式计算”的含义：在网络内部参与的工作站中分配计算任务。

在“多目标设计研究”对话框中，单击“新建设计研究”命令按钮，开始进行新的多目标设计研究。

“研究名称”采用系统默认“DS1”名称。

单击工具栏中的“设置主表”命令按钮，弹出“主表”对话框，如图 8-116 所示。

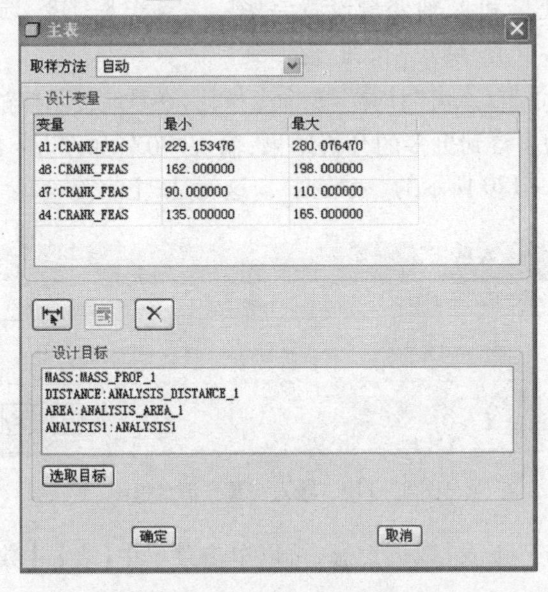

图 8-116 “主表”对话框及设置

单击“设计变量”区域内的“添加尺寸变量”按钮，在“模型树”中选择“拉伸 1”特征，分别单击设计环境中曲拐平面的四个几何尺寸，如图 8－117 所示。系统自动按设计变量的 ±10% 给出设计变量的上限和下限，这样就选取了多目标研究的设计变量，即 X 轴变量。

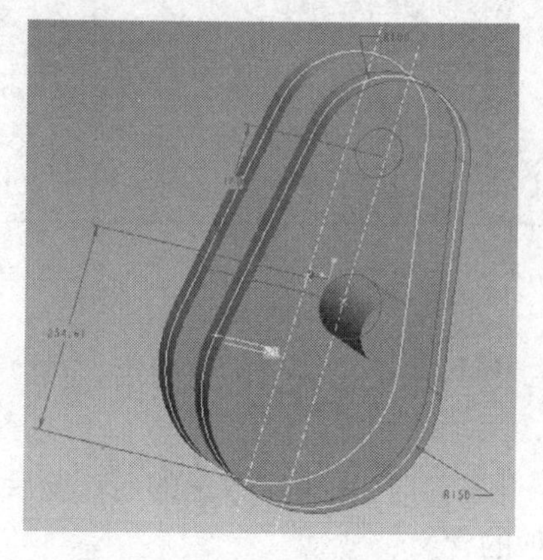

图 8－117　选取“设计变量”

单击“设计目标”区域内的“选取目标”按钮，系统弹出“参数”对话框，如图 8－118 所示。按住“CTRL”键，同时分别选取曲轴的质量分析特征“MASS：MASS_PROP_1”、曲轴的质心特征“DISTANCE：ANALYSIS_DISTANCE_1”、曲拐端面的面积特征“AREA：ANALYSIS_AREA_1”、曲拐端面的周长特征“ANALYSIS：ANALYSIS1”。这样就选取了多目标分析研究的设计目标，即 Y 轴变量。

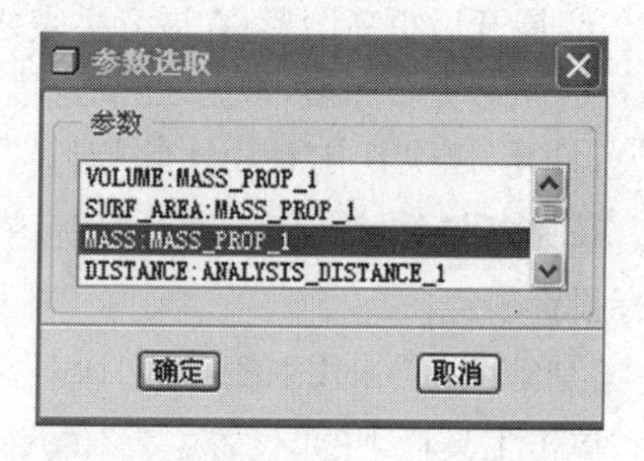

图 8－118　选取“设计目标”

“主表”的 X 轴变量和 Y 轴变量设置完毕后，如图 8－116 所示，单击“确定”按钮，返回到“多目标设计研究”对话框，点击“计算”命令按钮，在系统提示“输入要生成的实验数”后，输入实验次数。为了得到更多的分析结果，输入“40”，如图 8－119 所示。系统经过运算处理后，形成图 8－120 所示的“表数据”。这就是“主表”。

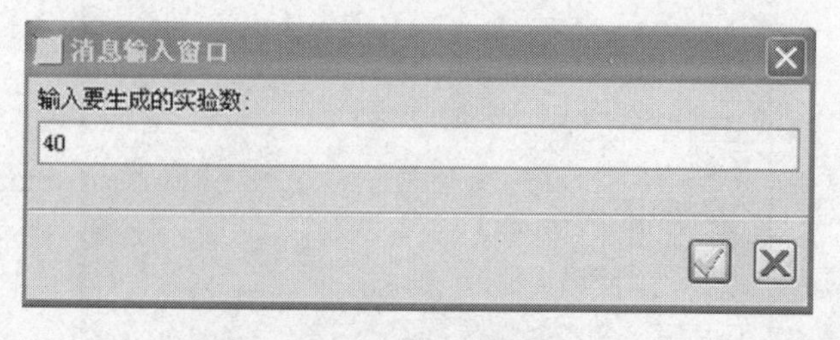

图 8－119　输入实验数消息框

为了查看更详细的“主表”数据信息，可以单击菜单中【表】/【数据显示】命令，如图 8－121所示。

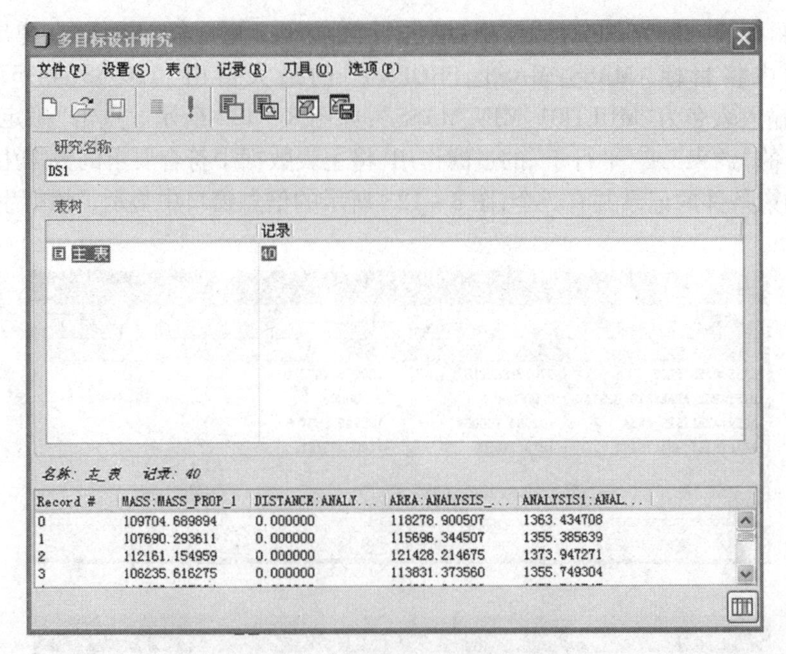

图 8－120　主表的主要数据内容

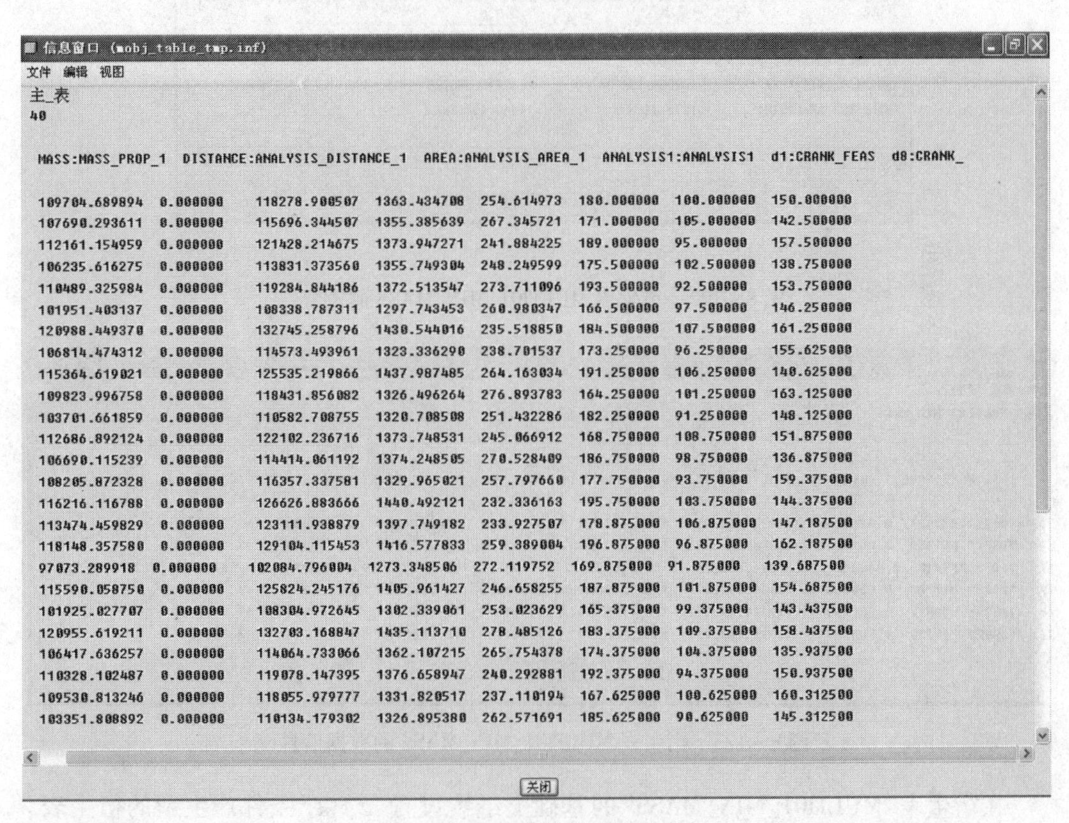

MASS:MASS_PROP_1	DISTANCE:ANALYSIS_DISTANCE_1	AREA:ANALYSIS_AREA_1	ANALYSIS1:ANALYSIS1	d1:CRANK_FEAS	d8:CRANK_	
109704.689894	0.000000	118278.900507	1363.434708	254.614973	180.000000	100.000000	150.000000
107690.293611	0.000000	115696.344507	1355.385639	267.345721	171.000000	105.000000	142.500000
112161.154959	0.000000	121428.214675	1373.947271	241.884225	189.000000	95.000000	157.500000
106235.616275	0.000000	113831.373560	1355.749304	248.249599	175.500000	102.500000	138.750000
110489.325984	0.000000	119284.844186	1372.513547	273.711096	193.500000	92.500000	153.750000
101951.403137	0.000000	108338.787311	1297.743453	260.980347	166.500000	97.500000	146.250000
120988.449370	0.000000	132745.258796	1430.544016	235.518850	184.500000	107.500000	161.250000
106814.474312	0.000000	114573.493961	1323.336290	238.701537	173.250000	96.250000	155.625000
115364.619021	0.000000	125535.219866	1437.987485	264.163034	191.250000	106.250000	140.625000
109823.996758	0.000000	118431.856082	1326.496264	276.893783	164.250000	101.250000	163.125000
103701.661859	0.000000	110582.708755	1320.708508	251.432286	182.250000	91.250000	148.125000
112686.892124	0.000000	122102.236716	1373.748531	245.066912	168.750000	108.750000	151.875000
106690.115239	0.000000	114414.061192	1374.248505	270.528409	186.750000	98.750000	136.875000
108205.872328	0.000000	116357.337581	1329.965021	257.797660	177.750000	93.750000	159.375000
116216.116788	0.000000	126626.883666	1440.492121	232.336163	195.750000	103.750000	144.375000
113474.459829	0.000000	123111.938879	1397.749182	233.927507	178.875000	106.875000	147.187500
118148.357580	0.000000	129104.115453	1416.577833	259.389004	196.875000	96.875000	162.187500
97073.289918	0.000000	102084.796004	1273.348506	272.119752	169.875000	91.875000	139.687500
115590.058750	0.000000	125824.245176	1405.961427	246.658255	187.875000	101.875000	154.687500
101925.027707	0.000000	108304.972645	1302.339061	253.023629	165.375000	99.375000	143.437500
120955.619211	0.000000	132703.168847	1435.113710	278.485126	183.375000	109.375000	158.437500
106417.636257	0.000000	114064.733066	1362.107215	265.754378	174.375000	104.375000	135.937500
110328.102487	0.000000	119078.147395	1376.658947	240.292881	192.375000	94.375000	150.937500
109530.813246	0.000000	118055.979777	1331.820517	237.110194	167.625000	100.625000	160.312500
103351.808892	0.000000	110134.179302	1326.895380	262.571691	185.625000	90.625000	145.312500

图 8－121　主表数据的信息窗口

现在对主表进行分析，根据不同的条件生成各种衍生表。衍生表还可以进一步生成更多的衍生表。

在“多目标设计研究”的对话框中，单击“衍生新表”命令按钮，在弹出的“衍生表”对话框中将目标“MASS：MASS_PROP_1”的最大值由“120988.44937”缩小到“105000”，输入表名为“MULTI01_MIN_MASS”，如图8－122所示。点击“确定”按钮，系统经过选择的“约束”或“平行于”的过滤作用，将主表数据中符合要求的数据生成了衍生表。满足约束条件的记录共有7个，图8－123所示的信息窗口中显示了该衍生表的数据信息。

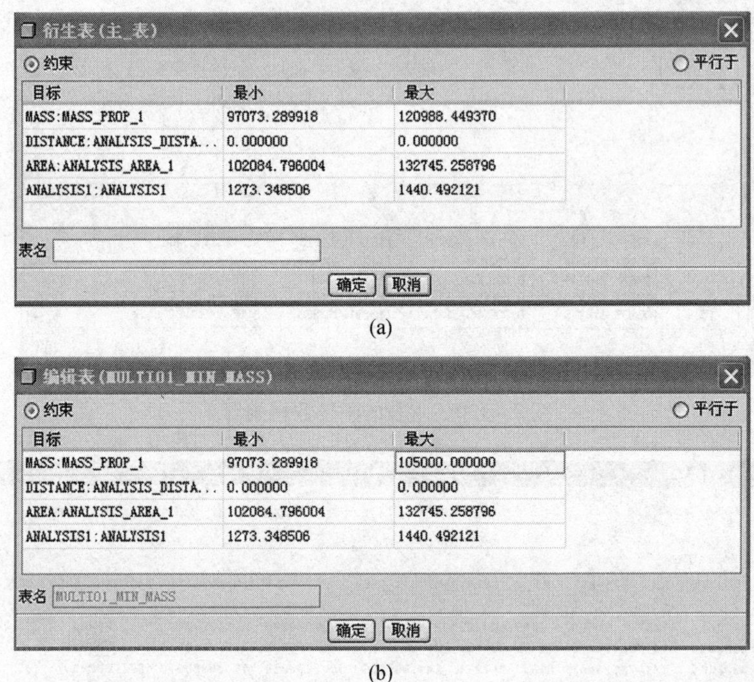

图8－122 衍生表MULTI01_MIN_MASS的设置

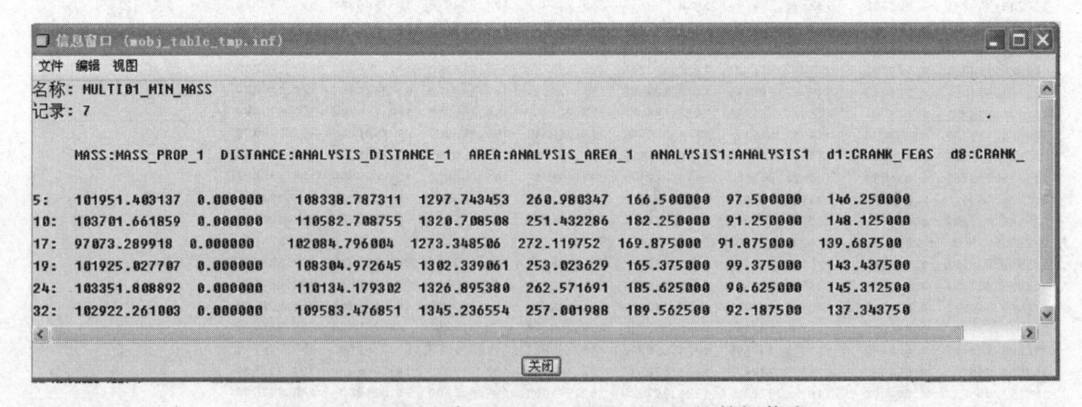

图8－123 衍生表MULTI01_MIN_MASS的数据信息

在衍生表“MULTI01_MIN_MASS”的基础上继续设置“约束”条件产生新的衍生表。选中衍生表“MULTI01_MIN_MASS”，右击，在快捷菜单中选取“衍生表”选项，在打开的衍生表对话框中，将“AREA：ANALYSIS_AREA_1”的最大值调整为“110000”，输入表名“multi02_min_area”，如图8－124所示，单击“确定”按钮，生成衍生表multi02_min_area。

满足约束条件的记录共有4个。

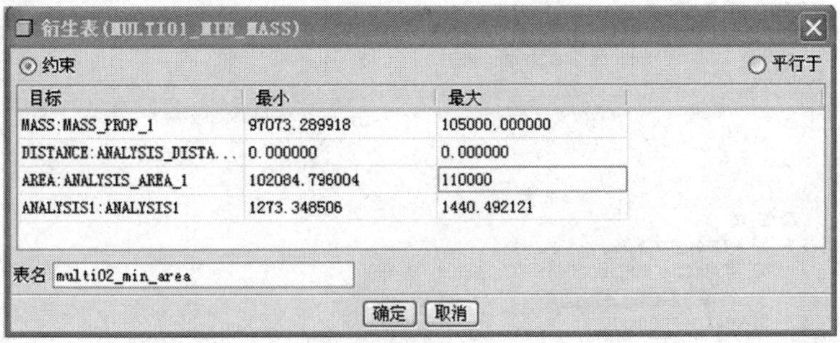

衍生表(MULTI01_MIN_MASS)

◉约束　　○平行于

目标	最小	最大
MASS:MASS_PROP_1	97073.289918	105000.000000
DISTANCE:ANALYSIS_DISTA...	0.000000	0.000000
AREA:ANALYSIS_AREA_1	102084.796004	110000
ANALYSIS1:ANALYSIS1	1273.348506	1440.492121

表名 multi02_min_area

确定　取消

图8－124　衍生表MULTI02_MIN_AREA的设置

同样,在该衍生表下,继续生成新的衍生表,其设置是将“ANALYSIS:ANALYSIS1”的最大值调整为“1300”,输入表名为“MULTI03_MIN_ANALY_L”。如图8－125所示。满足约束条件的记录只有两个,其数据信息如图8－126所示。

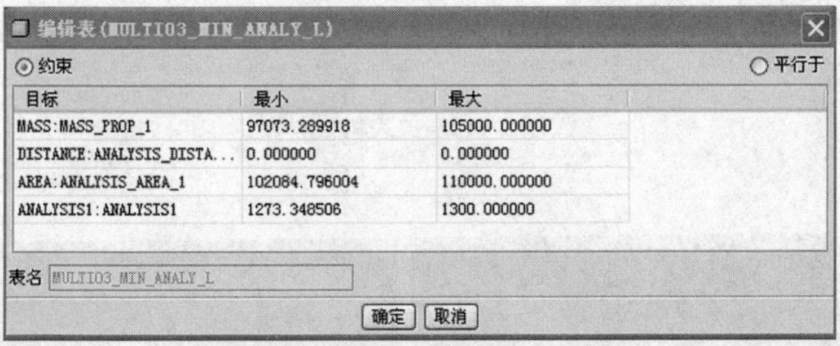

编辑表(MULTI03_MIN_ANALY_L)

◉约束　　○平行于

目标	最小	最大
MASS:MASS_PROP_1	97073.289918	105000.000000
DISTANCE:ANALYSIS_DISTA...	0.000000	0.000000
AREA:ANALYSIS_AREA_1	102084.796004	110000.000000
ANALYSIS1:ANALYSIS1	1273.348506	1300.000000

表名 MULTI03_MIN_ANALY_L

确定　取消

图8－125　衍生表MULTI03_MIN_ANALY_L的设置

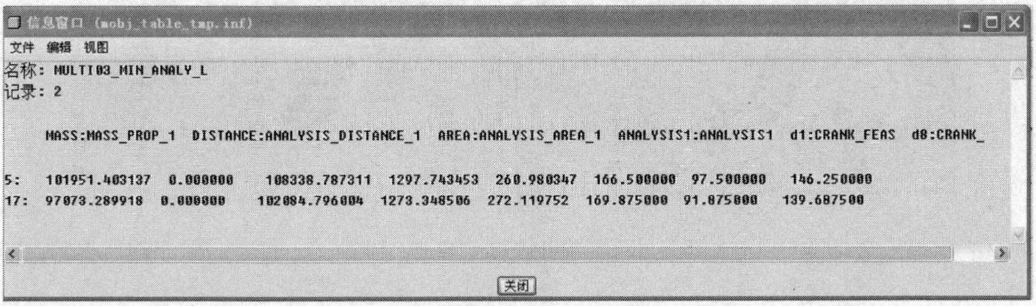

信息窗口 (mobj_table_tmp.inf)

文件　编辑　视图

名称: MULTI03_MIN_ANALY_L

记录: 2

	MASS:MASS_PROP_1	DISTANCE:ANALYSIS_DISTANCE_1	AREA:ANALYSIS_AREA_1	ANALYSIS1:ANALYSIS1	d1:CRANK_FEAS	d8:CRANK_		
5:	101951.403137	0.000000	108338.787311	1297.743453	260.980347	166.500000	97.500000	146.250000
17:	97073.289918	0.000000	102084.796004	1273.348506	272.119752	169.875000	91.875000	139.687500

关闭

图8－126　衍生表MULTI03_MIN_ANALY_L的数据信息

当然,还可以生成更多层的衍生表,同样,在一个表下也可以生成多个衍生表。本范例多目标设计研究后,生成的“表树”结构如图8－127所示。

可以单击工具栏“模型显示”按钮,将最终的两个记录显示出来,如图8－128所示。

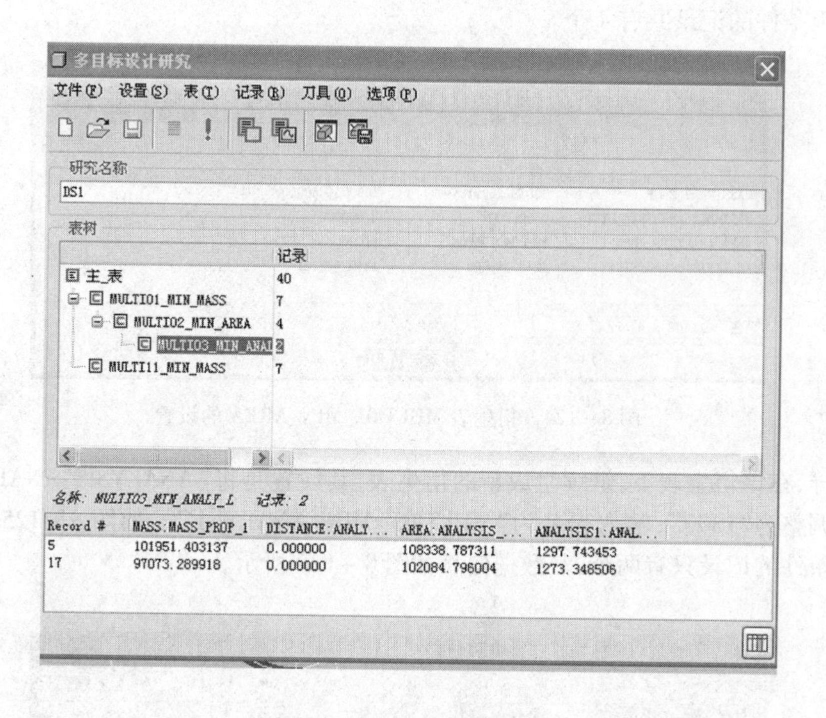

图 8－127 “表树”结构

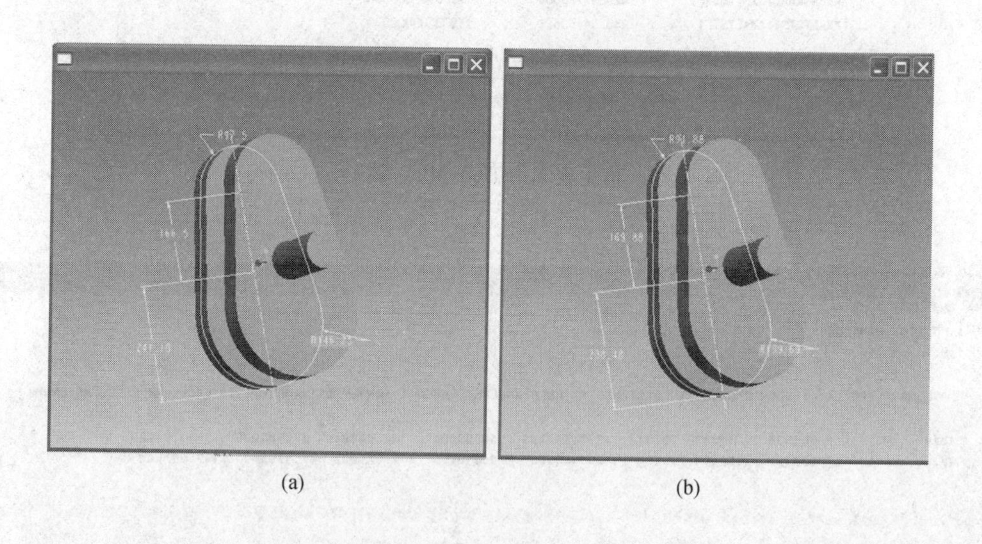

(a) (b)

图 8－128 模型图形显示

单击“保存模型”按钮，对选中的记录进行保存。

本范例中，最终的两个记录里，第 17 个记录模型更优，其质量更轻，MASS：MASS_PROP_1 = 97073 < 10195；表面积更小，AREA：ANALYSIS_AREA_1 = 102084 < 108338，周长更短，ANALYSIS：ANALYSIS1 = 1273 < 1297。可以把该记录模型进行保存，作为设计分析的最终结果。

习　题

8－1　按照如图所示的尺寸和约束关系，在草绘环境中绘制出截面草图。

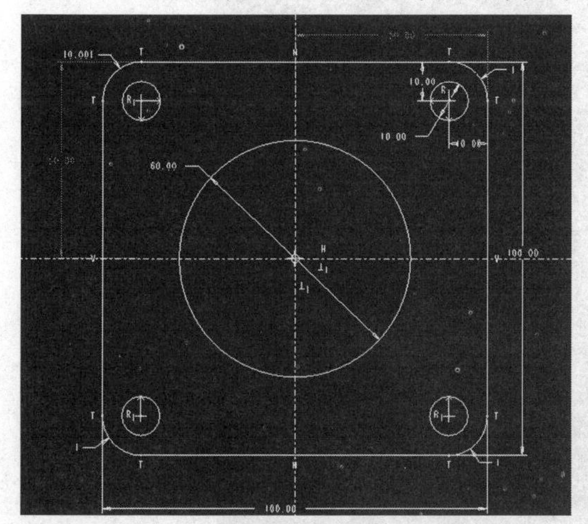

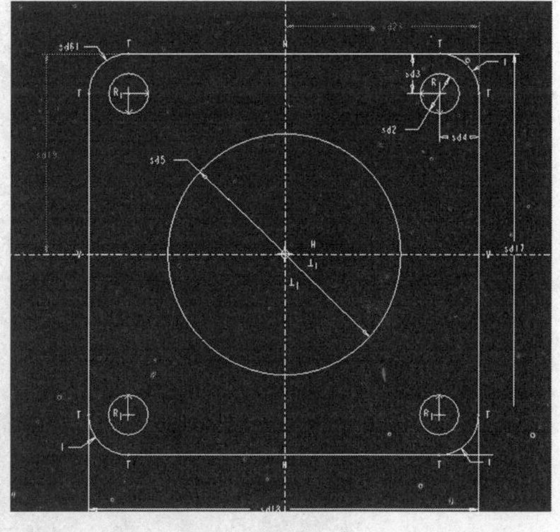

题 8－1 图

8－2　在题 8－1 绘制草图的基础上，单击绘图环境中主菜单【工具】/【关系】命令，在系统打开的“关系”对话框中添加如下关系式。判别哪些是驱动尺寸，改变驱动尺寸后，观察草图的变化情形。

```
sd19 = sd17 /2
sd23 = sd18 /2
sd61 = sd2
sd5 = 6 * sd2
```

8－3　在零件设计环境中，依题 8－1 图所绘草图，按“拉伸特征”生成拉伸实体。并在实体上制出“倒角特征”

题 8－3 图

8－4　对题 8－3 创建的零件进行敏度分析，输出零件的质量与中心孔直径之间的敏感度曲线。

8－5 按以下尺寸和步骤创建曲柄，曲柄的厚度为30，轴的长度为100。并对曲柄截面几何尺寸进行优化，使曲柄的质心与旋转轴重合。

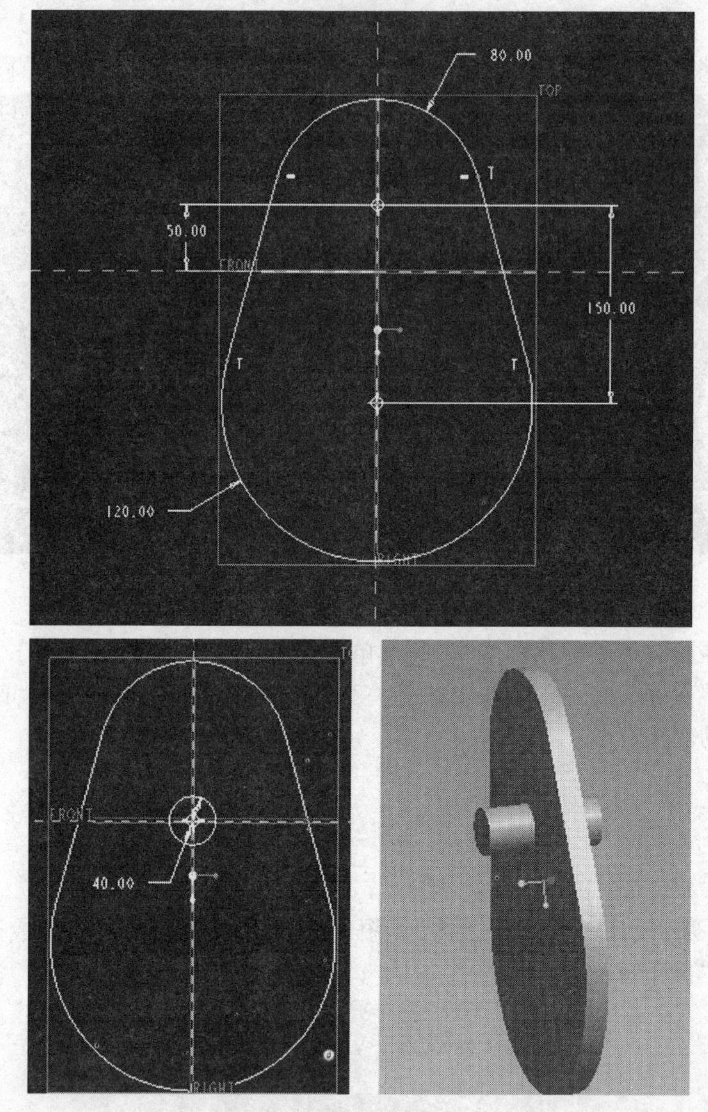

题8－4图

第 9 章　工程机械优化实例分析

在机械优化设计中,建立一个良好的数学模型是正确、快速求解的前提条件。但是要建立一个能反映客观工程实际的、完善的数学模型不是一件容易的事。尤其从理论推导到实践应用中,如何正确处理二者之间存在的复杂辩证的关系,是一个需要长期摸索、积累经验的过程。本章首先对机械优化建模过程中一些技巧加以介绍,然后通过一些实例分析建模的过程,希望读者能从中受益。

9.1　优化设计模型建立和处理的一些技巧

9.1.1　设计变量

在机械优化设计中,最常选用的设计变量是元件的几何尺寸,如齿轮的齿数、杆元件的长度、截面尺寸、带传动中带的根数、凸轮机构中基圆半径等。由于几何尺寸通常与零部件的外形尺寸直接相关联,将其作为设计变量不仅可以直接确定产品的结构尺寸,而且可以使问题相对简单化。此外,还可以选取结构的总体布置尺寸作为设计变量,如变速箱的中心距、齿轮的传动比、振动筛的筛面安装倾角等。通常表示材料特性的变量,如材料的密度、弹性模量、许用应力等,不作为设计变量。因为通常所用材料的特性是离散值,选择这些变量时便会出现设计变量不连续变化这一特殊问题。

在机械产品设计中,一般可以根据设计变量的数值直接绘制零部件的结构图,它是机械优化设计中最直接、最有价值的内容。设计变量选择得越多,对产品结构的描述越精确细致。但是会使优化问题的规模增大,导致求解困难,甚至无法求解。从另一个角度来看,有些变量的引入,也会使模型建立变得困难。例如,飞溅润滑的齿轮箱油面高度对齿轮结构无直接影响,但是对齿轮箱传动的效率和润滑有影响。如果要将油面高度作为设计变量引入,就必须要列出油面高度与传动效率的关系,实际上二者之间的关系尚没有一个准确且明确的表达式,所以导致目标函数或是约束函数无法表达。在这种情况下,就可以暂且不考虑油面高度,等产品实验阶段由实验论证。所以,设计变量种类及个数的选择是要综合考虑准确反映产品特性、简化模型、使求解容易等几方面的因素的。通常在选择时,可以参考以下几点原则。

(1) 抓主要,舍次要。对产品性能和结构影响较大的参数可以选作设计变量,影响较小的则可以根据经验先确定为常量,有的甚至不考虑,留待主要参数确定后再做抉择。例如,四杆机构的设计,如果追求的指标是四杆机构运动轨迹的精确性,那么四杆机构各杆件的长度就是主要的设计变量。至于每个杆件的截面形状,截面尺寸,就没有必要作为设计变量。但是如果追求的指标是在外载荷下杆件的强度要高,此时危险杆件危险截面的尺寸就是必须要考虑的设计变量。

（2）不要漏掉必要的设计变量。在建立模型时不仅要注意直观的、与设计产品直接相关的变量，还要注意与这些变量有关的变量。

（3）注意使用变量连接，降低优化问题的维数，确保设计变量之间是相互独立的参数。变量连接是指按照理论和经验某些参数之间的相关关系。比如，两级齿轮变速箱的优化设计中，总传动比等于两级分传动比的乘积，即 $i = i_1 i_2$。若总传动比给定的情况下，则不能将两级分传动比都作为设计变量，只能选择其中的一个作为设计变量，如选择 i_1。那么第二个传动比就以变量连接的方式表达出来，即 $i_2 = i/i_1$。

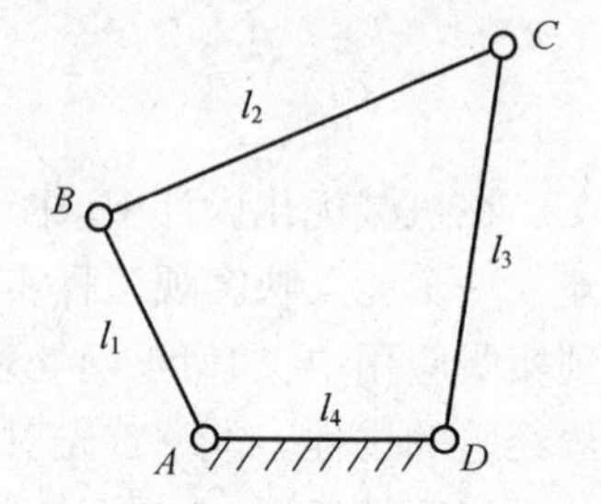

图 9－1　四杆机构示意图

（4）考虑相对设计变量，降低优化问题的维数。例如，在四杆机构设计中（图 9－1），通常将主动件 AB 的长度 l_1 设为单位 1，其他构件相对于构件 1 的长度作为设计变量，即

$$\boldsymbol{x} = [x_1, x_2, x_3]^{\mathrm{T}} = [l_2/l_1, l_3/l_1, l_4/l_1]^{\mathrm{T}}$$

9.1.2　目标函数

目标函数是设计所要追求的性能指标。常选用的目标函数有以下几类：

（1）按最小体积或最小质量建立目标函数。这是最常选用的目标函数。因为通常体积和质量越小，材料成本也会降低，同时结构轻便。此外，很重要的一点是这类目标函数容易用设计变量表示。在设计变量的选择时提到，最常选用的设计变量是元件的几何尺寸，因此用设计变量就能很方便地将目标函数表示出来。

（2）按机构的工作精度要求建立目标函数。这类目标函数多用于精密仪器设备的优化问题。例如，某测量大尺寸的卡尺，由于自重，在测头处产生挠度 f，从而影响卡尺的测量精度。为了保证卡尺有足够的测量精度，要求卡尺有足够的测量精度，此时要求卡尺因自重产生的挠度最小，即端点处挠度要求有 $\min f = \dfrac{5ql^4}{384EJ}$。

（3）对机构运动规律有明确要求时，可针对机构运动学参数建立目标函数。比如，需要机构运动轨迹最精确，假设机构的理论运动轨迹 $\bar{p}(\boldsymbol{x})$，实际轨迹运动轨迹是 $p(\boldsymbol{x})$，则可构造目标函数形如 $\min f(\boldsymbol{x}) = [\bar{p}(\boldsymbol{x}) - p(\boldsymbol{x})]^2$。

（4）按振动或噪声最小建立目标函数。如齿轮箱传动中，可能由于配对齿轮侧隙的存在，使得啮合时存在冲击，因而可以采用一周期内啮合点加速度平方根值作为目标函数，要求其值越小，则振动越小，传动越平稳。

（5）按满应力要求建立目标函数。在机械产品设计中，经常会出现应力富裕量较大的情况，也间接表明是一种材料的浪费。因此，可以以满应力要求作为目标函数，即要求实际求得的应力与许用应力之差越小越好。

（6）按冷却效果最好建立目标函数。对于发热较大的系统来说，这类目标函数较为重要，比如，蜗杆传动机构的热平衡计算等。

此外，还可以用寿命、可靠性等作为目标函数。现代机器，性能越来越复杂，追求的指标往往很多。但是不建议将所追求的指标一一都列为目标函数，因为多目标优化方法的理论还不是很成熟和完善。通常从所追求的性能指标中选择最重要的一个或几个作为目标函数,同时将其他性能指标转化为约束条件。

工程问题中的函数表达式往往形式复杂,函数性态也不是很好,给优化求解带来困难。因此在实际机械优化设计中,当目标函数确定下来以后,要初选几个设计点,并计算相应的函数值,检查是否会出现两种状况:一是,设计点 $\boldsymbol{x}$ 变化较大,但函数值 $f(\boldsymbol{x})$ 变化较小;二是,设计点 $\boldsymbol{x}$ 变化较小,但函数值 $f(\boldsymbol{x})$ 变化较大。

如果出现以上状况,说明所选择的目标函数性态不好,则需要对目标函数做一定处理,常用的有三种方法:一是,重新选择目标函数;二是,对目标函数作尺度变换(见9.1.4节);三是,如果能确定某一点离极值点比较近,可以在该点附近对目标函数做泰勒变换,取泰勒展开式前三项作为新的目标函数,进行求优。

9.1.3 约束条件

在工程实际中确定约束条件时要对所设计的问题进行周密合理的分析,对必要的且能用设计变量表示为约束函数的限制,可以确定为约束条件。不必要的限制,会使设计可行域缩小,甚至可能破坏算法的稳定性,影响优化结果。比如,发动机中的气门弹簧长期在高温下工作,并承受高频交变载荷,气门关闭不严将使汽缸内压力降低,发动机功率降低。因而约束条件中需要考虑温升以及共振频率。而离合器中的弹簧优化设计中,弹簧的所起的作用是将压盘压向飞轮,使从动盘夹在中间,从而使主动盘与从动盘一起旋转。弹簧的工作频率并不高,因而就不必要考虑共振对弹簧工作性能的影响。由此可见,即使是相同的零件,处于不同的工作环境,所确定的约束条件是不相同的,具体情况应具体分析。

根据工程意义将数学模型的约束条件建立结束后,还需要对约束条件进行数学意义上的分析,观察其中是否有重复限制,是否有矛盾的区域,从而从另外一个角度对数学模型进行完善。

此外应注意,在确定约束条件时,不要忽略边界约束。边界约束往往不会出现在性能要求中,从而在建立约束条件时不被重视。而边界约束往往可以缩小搜索区域,提高搜索速率,甚至还可能避免出现违背工程意义的方案(如齿轮的齿数为负数等)。

9.1.4 数学模型的尺度变换

数学模型的尺度变换是指改变设计空间中各坐标分量的标度,包含设计变量的尺度变换、目标函数的尺度变换以及约束条件的尺度变换。通过数学模型的尺度变换,可以提高搜索速率,以及提高计算的稳定性。

1. 设计变量的尺度变换

在实际工程问题中常遇到不同尺度形式。例如,长度单位用 m 和用 mm 相差 1000 倍;机和电的设计问题中,电阻单位可达到几十万欧,而零件的尺寸变化范围可能为几十毫米甚至更小;机械优化设计中,力与几何尺寸、位移与应力等值也相差悬殊。

由于尺度的不同,使得设计变量对目标函数或约束函数的敏感程度不同。当以某一步长求优时,可能某个约束条件反映很敏感,而另一约束条件就不敏感,或者目标函数等高线变得非常畸形,从而影响求优结果。因此在设计变量量纲不同而且量级相差很大时,可以通过尺度变换将设计变量无量纲化。

$$x_i{}' = k_i x_i (i = 1,2,\cdots,n) \tag{9-1}$$

式中 k_i——变换系数,一般 $k_i = 1/x_i^0$;

x_i^0——设计变量各个坐标上的初始值。

2. 目标函数的尺度变换

理论上说,目标函数的尺度变换可以改进目标函数等值面的性质,使目标函数值在各个坐标方向上变化速率尽量趋于一致,从而加快求优速度。

【例 9-1】 已知目标函数为 $f(\boldsymbol{x}) = x_1^2 + 100x_2^2$,试作出其等高线图,并改善其性态。

解 编写绘制等高线的 M 文件如下:

```
% 文件名 eg9_1.m
clear% 清除空间内存变量
x1 =[ -10:0.1:10];                              % 三维图绘制的数据准备
x2 =[ -10:0.1:10];
[X1,X2] =meshgrid(x1,x2);                      % 产生各点矩阵
F1 =X1.^2 +100 * X2.^2;                         % 求函数值
% 以下语句绘制函数值分别为 0,1,10,40,100 的等高线
contour(X1,X2,F1,[0,1,10,40,100]);
```

在 MATLAB 的 Command Window 中输入如下命令:

```
eg9_1
```

运行后得到如图 9-2 所示的图形。

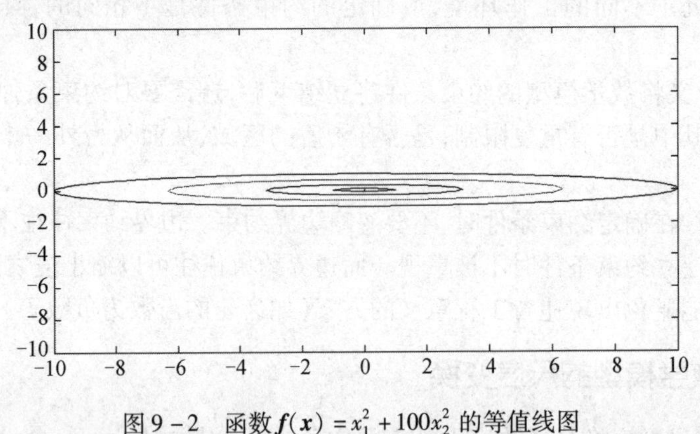

图 9-2 函数 $f(\boldsymbol{x}) = x_1^2 + 100x_2^2$ 的等值线图

由图 9-2 可见,等高线为狭长的椭圆线族。

对原目标函数做如下变量代换,令 $y_1 = x_1, y_2 = 10x_1$

则原目标函数变为 $f(\boldsymbol{y}) = y_1^2 + y_2^2$

很显然,新的目标函数的等值线为同心圆族,因此求优速度得到大大提高。

可见,目标函数的尺度变换就是缩小或放大某个变量的刻度,使函数的偏心和歪曲得到最大限度的改善。

3. 约束条件的尺度变换

在机械优化设计中,通常会出现约束函数值在量级上相差悬殊的情况,此时当设计变

量发生微小变化，量极小的约束函数反映灵敏，而量级大的约束函数几乎受不到影响。为此，如果将所有约束函数的值能转化为 0 ~ 1 之间的数，以上的不利就会得到改善。例如，假设数学模型中强度和变形的约束表达式如下：

$$g_1(\boldsymbol{x}) = \sigma \leqslant [\sigma]$$

$$g_2(\boldsymbol{x}) = f \leqslant [f]$$

则可以做如下变换：

$$g_1(\boldsymbol{x}) = 1 - (\sigma/[\sigma]) \geqslant 0$$

$$g_2(\boldsymbol{x}) = 1 - (f/[f]) \geqslant 0$$

经过上两式的变换，约束函数的值就限制在 0 ~ 1 之间，从而约束函数的灵敏度得到了统一。

9.1.5 优化结果的分析

在计算机给出最优方案后，必须要对其进行分析，检查其合理性，以得到符合工程实际意义的最优方案。通常从以下几个方面入手：

(1) 检验结果的合理性和可行性。若是模型造成的错误，只要对数据进行认真分析就可以发现问题。若是约束函数和目标函数严重非线性造成的不合理方案，可能是约束条件不合理，则需要多选择几个相差较大的初始点 $\boldsymbol{x}^0$ 或者修改约束条件，重新求解。

(2) 根据 K－T 条件，多数工程问题的最优解往往位于一个或几个不等式约束条件的约束面上。因此，将所得最优解代入约束函数式求值，若所有约束函数值全不接近于 0，则应仔细检查。采用几个相差较大的初始点 $\boldsymbol{x}^0$ 重新进行计算，如果还出现同类问题，就需要考虑数学模型是否有缺陷。

(3) 有时需要对结果进行必要的处理。例如，设计变量为离散变量等情况。

9.2 轴类零件优化设计实例分析

【例 9－2】 图 9－3 是一高速旋转的三阶梯轴，轴的材料为 45 钢。轴两端段轴径一致，轴的中部安装有质量 $Q = 10\text{kg}$ 的齿轮，轴的转速 $n = 60\text{r/min}$，各阶梯段轴长度 $l = 150\text{mm}$。要求，$30 \leqslant d_1 \leqslant 60$，$50 \leqslant d_2 \leqslant 100$。已知轴材料的密度 $\rho = 7.85 \times 10^{-6}\text{kg/mm}^3$，弹性模量 $E = 200\text{GPa}$。求满足动力稳定性条件下质量最小的轴的设计方案。

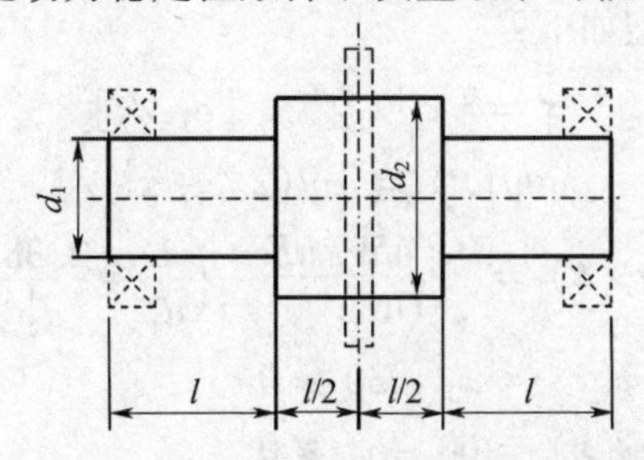

图 9－3　例 9－2 阶梯轴示意图

解 （1）设计变量的选择。根据题意，选择轴径作为设计变量，即

$$\boldsymbol{x} = [x_1, x_2]^{\mathrm{T}} = [d_1, d_2]^{\mathrm{T}}$$

（2）目标函数的建立。轴的质量可以表示为

$$W = \rho\pi l(2d_1^2 + d_2^2)/4$$

即

$$f(\boldsymbol{x}) = \rho\pi l(2x_1^2 + x_2^2)/4 \tag{9-2}$$

（3）约束条件的建立。由于轴做高速旋转，因而要保证其动力稳定性，防止其处于临界共振状态，应满足条件

$$\omega < 0.7\omega_n$$

式中 ω——轴的角速度，有

$$\omega = 2n\pi/60 = 2 \times 60\pi/60 = 2\pi\mathrm{rad/s}$$

ω_{n}——轴的横向固有频率，有

$$\omega_{\mathrm{n}} = \sqrt{g/f};$$

其中g——重力加速度；

f——轴中间截面处的静挠度，可表示为

$$f = 10.67\frac{Ql^3}{\pi E}\left(\frac{1}{d_1^4} + \frac{2.38}{d_2^4}\right)$$

这是E——材料的弹性模量。

将相关数据及公式代入得到

$$\omega < 0.7\sqrt{\frac{g\pi E}{10.67Ql^3\left(\frac{1}{d_1^4} + \frac{2.38}{d_2^4}\right)}}$$

经整理，得

$$g_1(\boldsymbol{x}) = \frac{0.0459g\pi E}{Ql^3\omega^2} - \left(\frac{1}{d_1^4} + \frac{2.38}{d_2^4}\right) \geqslant 0 \tag{9-3}$$

此外，根据结构要求，可以给出边界约束为

$$30 \leqslant d_1 \leqslant 60,\ 50 \leqslant d_2 \leqslant 100$$

统一规范得到数学模型如下：

$$\begin{aligned}
&\boldsymbol{x} = [x_1, x_2]^{\mathrm{T}} = [d_1, d_2]^{\mathrm{T}} \\
&\min f(\boldsymbol{x}) = \rho\pi l(2x_1^2 + x_2^2)/4 \\
&\text{s. t. } g_1(\boldsymbol{x}) = \frac{0.0459g\pi E}{Ql^3\omega^2} - \left(\frac{1}{d_1^4} + \frac{2.38}{d_2^4}\right) \geqslant 0 \\
&g_2(\boldsymbol{x}) = x_1 - 30 \geqslant 0 \\
&g_3(\boldsymbol{x}) = 60 - x_1 \geqslant 0 \\
&g_4(\boldsymbol{x}) = x_2 - 50 \geqslant 0 \\
&g_5(\boldsymbol{x}) = 100 - x_2 \geqslant 0
\end{aligned} \tag{9-4}$$

（4）编写 M 文件，求解优化方案。选用求解约束极小值的优化工具箱函数 fmincon。在 MATLAB 的 M 文件编辑器中编写三个 M 文件，分别是调用多维无约束优化函数的主文件 eg9_2.m、目标函数文件 eg9_2_mubiao.m 和非线性约束函数文件 eg9_2_yueshu.m。文件分别如下：

```
% 文件名 eg9_2.m
x0 =[40;70];                        % 初始点
lb =[30;50];
ub =[60;100];
[x,fn,exitflag,outflag] =…          % ...为续行号
      fmincon(@ eg9_2_mubiao,x0,[],[],[],[],lb,ub,@ eg9_2_yueshu)

% 文件名 eg9_2_mubiao.m
function f =eg9_2_mubiao(x)
p =7.85 *10^( -6); l =150;
f =p *pi *l *(2 *x(1)^2 +x(2)^2)/4;% 目标函数表达式

% 文件名 eg9_2_yueshu.m
function [g,ceq] =eg9_2_yueshu(x);
g =9.8;E =200;Q =10;l =150;w =2 *pi;
a =0.0459 *g *pi *E/Q/(l^3)/(w^2);
g(1) =(1/x(1)^4 +2.38/x(2)^4) -a;            % 非线性不等式约束
ceq =[ ];                                    % 非线性等式约束为空
```

在 MATLAB 的 Command Window 窗口中输入：

```
eg9_2
```

程序运行后得到如下结果：

```
Optimization terminated: first -order optimality measure less
than options.TolFun and maximum constraint violation is less
than options.TolCon.
Active inequalities (to within options.TolCon = 1e -006):
 lower    upper    ineqlin    ineqnonlin
                                   1
x =
   54.2778
   70.3974
fn =
   10.0323
exitflag =
        1
outflag =
        iterations: 21
         funcCount: 168
          stepsize: 1
```

```
        algorithm: [1x44 char]
   firstorderopt: 7.6377e-007
    cgiterations: []
         message: [1x144 char]
```

(5) 优化结果处理。注意到在 d_1 阶梯段的两端安装有轴承,因此 d_1 必须是以 0 或 5 结尾的整数。此外,轴的直径最好取为整数。按照凑整解法,可以得到最优方案为

$$\boldsymbol{x} = [x_1, x_2]^{\mathrm{T}} = [d_1, d_2]^{\mathrm{T}} = [55, 70]^{\mathrm{T}}$$

此时轴的质量为 10.1215kg。

9.3 连杆机构优化设计实例分析

【例 9-3】 如图 9-4 所示,*ABCD* 为一曲柄摇杆机构,*E* 为连杆 *BC* 上一点,*ee* 为预期的运动轨迹(等分数 $n=12$,轨迹点坐标值见表 9-1),*A* 点坐标(67,10),许用传动角 $[\gamma]=30°$,要求设计该曲柄摇杆机构的有关参数,使连杆上点 *E* 在曲柄转动一周中,其运动轨迹(即连杆曲线)*EE* 最佳地逼近预期轨迹 *ee*。

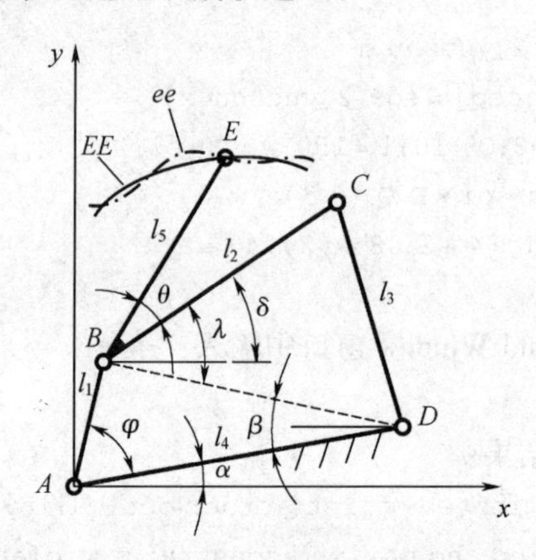

图 9-4 例 9-3 四杆机构示意图

表 9-1 轨迹 *ee* 上的点的坐标值

i	1	2	3	4	5	6	7	8	9	10	11	12
$\Delta\varphi/(°)$	0	30	60	90	120	150	180	210	240	270	300	330
x_{ei}/mm	50	48.5	42	34	29	30	34	42	48	55	56	51
y_{ei}/mm	91	111	107	90	67	45	28	17	12	14	24	52

解 (1)设计变量的选择。由图 9-4 所示几何关系,可推导得连杆上点 *E* 的坐标为

$$x_E = x_A + l_1\cos(\alpha+\varphi) + l_5\cos(\delta+\theta) \tag{9-5}$$

$$y_E = y_A + l_1\sin(\alpha+\varphi) + l_5\sin(\delta+\theta) \tag{9-6}$$

式中

$$\delta = \lambda - (\beta - \alpha) = \alpha + \lambda - \beta \tag{9-7}$$

$$\lambda = \arccos\frac{l_1^2 + l_2^2 - l_3^2 + l_4^2 - 2l_1 l_4\cos\varphi}{2l_2\sqrt{l_1^2 + l_4^2 - 2l_1 l_4\cos\varphi}} \tag{9-8}$$

$$\beta = \arctan\frac{l_1\sin\varphi}{l_4 - l_1\cos\varphi} \tag{9-9}$$

由以上分析可知,决定 E 点坐标的变量有 l_1、l_2、l_3、l_4、l_5、x_A、y_A、φ 、θ 和 α。其中 φ 为原动件曲柄 1 的转角,若取曲柄 1 的起始转角为 φ_0,任意位置与起始位置的夹角为 $\Delta\varphi$,则有 $\varphi=\varphi_0+\Delta\varphi$。其中 $\Delta\varphi$ 由已知条件给出,见表 9-1。而 x_A 和 y_A 已知,因此选设计变量如下:

$$\boldsymbol{x} = [x_1, x_2, \cdots, x_8]^{\mathrm{T}} = [l_1, l_2, l_3, l_4, l_5, \theta, \alpha, \varphi_0]^{\mathrm{T}}$$

(2) 目标函数的建立。根据表 9-1,将曲柄一周进行 12 等分,得 φ_1'、φ_2'、…、φ_n',代入上述求点 E 的坐标公式中,得对应的 E 点实际坐标 $E_i(x_{Ei}, y_{Ei})(i=1,2,\cdots,12)$。要求连杆曲线 EE 最佳地逼近预期轨迹 ee,具体可由连杆曲线上的 12 个点 $E_i(x_{Ei}, y_{Ei})$ 最佳地逼近预期轨迹上的 12 个点 $e_i(x_{ei}, y_{ei})$ 予以实现。按点距的平方和最小的原则建立如下目标函数:

$$\min f(\boldsymbol{x}) = \sum_{i=1}^{12}[(x_{Ei} - x_{ei})^2 + (y_{Ei} - y_{ei})^2] \tag{9-10}$$

式中 $x_{Ei} = 67 + x_1\cos(x_7 + x_8 + \varphi_i') + x_5\cos(\delta_i + x_6)$

$y_{Ei} = 10 + x_1\sin(x_7 + x_8 + \varphi_i') + x_5\sin(\delta_i + x_6)$

$$\delta_i = x_7 + \arccos\frac{x_1^2 + x_2^2 - x_3^2 + x_4^2 - 2x_1x_4\cos(x_8 + \varphi_i')}{2x_2\sqrt{x_1^2 + x_4^2 - 2x_1x_4\cos(x_8 + \varphi_i')}} - \arctan\frac{x_1\sin(x_8 + \varphi_i')}{x_4 - x_1\cos(x_8 + \varphi_i')}$$

(3) 约束条件的确定。

① 根据曲柄存在条件建立约束条件。由图分析知杆 1 必须是最短杆,即

$$l_1 \leqslant l_2,\ l_1 \leqslant l_2, l_1 \leqslant l_3, l_1 \geqslant e(e\text{ 为足够小的正数})$$

得约束条件为

$$g_1(\boldsymbol{x}) = x_2 - x_1 \geqslant 0 \tag{9-11}$$
$$g_2(\boldsymbol{x}) = x_3 - x_1 \geqslant 0 \tag{9-12}$$
$$g_3(\boldsymbol{x}) = x_4 - x_1 \geqslant 0 \tag{9-13}$$
$$g_4(\boldsymbol{x}) = x_1 - e \geqslant 0 \tag{9-14}$$

根据杆长条件

$$l_1 + l_2 \leqslant l_3 + l_4$$
$$l_1 + l_3 \leqslant l_2 + l_4$$
$$l_1 + l_4 \leqslant l_2 + l_3$$

得约束条件为

$$g_5(\boldsymbol{x}) = x_3 + x_4 - x_1 - x_2 \geqslant 0 \tag{9-15}$$
$$g_6(\boldsymbol{x}) = x_2 + x_4 - x_1 - x_3 \geqslant 0 \tag{9-16}$$
$$g_7(\boldsymbol{x}) = x_2 + x_3 - x_1 - x_4 \geqslant 0 \tag{9-17}$$

② 由传动角条件 $\gamma_{\min} \geqslant [\gamma] = 45°$,建立约束条件。由于最小传动角可以表示为

$$\gamma_{\min} = \arccos\frac{l_2^2 + l_3^2 - (l_4 - l_1)^2}{2l_2l_3}$$

或

$$\gamma_{\min} = 180° - \arccos\frac{l_2^2 + l_3^2 - (l_1 + l_4)^2}{2l_2 l_3}$$

因此得约束条件为

$$g_8(\boldsymbol{x}) = \arccos\frac{x_2^2 + x_3^2 - (x_4 - x_1)^2}{2x_2 x_3} - \frac{\pi}{4} \geqslant 0 \tag{9-18}$$

$$g_9(\boldsymbol{x}) = \frac{3\pi}{4} - \arccos\frac{x_2^2 + x_3^2 - (x_1 + x_4)^2}{2x_2 x_3} \geqslant 0 \tag{9-19}$$

③ 此外,考虑边界约束,可以得到如下约束:

由 $30 \leqslant l_1 \leqslant 60$ 可得

$$g_{10}(\boldsymbol{x}) = x_1 - 30 \geqslant 0, g_{11}(x) = 60 - x_1 \geqslant 0$$

由 $50 \leqslant l_2 \leqslant 150$ 可得

$$g_{12}(\boldsymbol{x}) = x_2 - 50 \geqslant 0, g_{13}(x) = 150 - x_2 \geqslant 0$$

由 $50 \leqslant l_3 \leqslant 150$ 可得

$$g_{14}(\boldsymbol{x}) = x_3 - 50 \geqslant 0, g_{15}(x) = 150 - x_3 \geqslant 0$$

由 $50 \leqslant l_4 \leqslant 150$ 可得

$$g_{16}(\boldsymbol{x}) = x_4 - 50 \geqslant 0, g_{17}(x) = 150 - x_4 \geqslant 0$$

由 $30 \leqslant l_5 \leqslant 100$ 可得

$$g_{18}(\boldsymbol{x}) = x_5 - 30 \geqslant 0, g_{19}(x) = 100 - x_5 \geqslant 0$$

由 $0 \leqslant \theta \leqslant 15$ 可得

$$g_{20}(\boldsymbol{x}) = x_6 \geqslant 0, g_{21}(x) = 15 - x_6 \geqslant 0$$

由 $-15 \leqslant \alpha \leqslant 30$ 可得

$$g_{22}(\boldsymbol{x}) = x_7 + 15 \geqslant 0, g_{23}(x) = 30 - x_7 \geqslant 0$$

由 $0 \leqslant \varphi_0 \leqslant 30$ 可得

$$g_{24}(\boldsymbol{x}) = x_8 \geqslant 0, g_{25}(x) = 30 - x_8 \geqslant 0$$

(4) 编写 M 文件,求解优化方案。这是八维非线性约束优化问题,含有 25 个约束条件,可用非线性约束优化函数 fmincon 求解。在 MATLAB 的 M 文件编辑器中编写三个 M 文件,分别是调用多维无约束优化函数的主文件 eg9_3. m、目标函数文件 eg9_3_mubiao. m 和非线性约束函数文件 eg9_3_yueshu. m。文件分别如下:

```
% 文件名 eg9_3.m
x0 = [40,100,100,100,50,10,10,10];                    % 初始方案
lb = [30,50,50,50,30,0, -15,0];                       % 设计变量下限
ub = [60,150,150,150,100,15,30,30];                   % 设计变量上限
[x,fn,exitflag,outflag] = …                           % ...为续行号
    fmincon(@ eg9_3_mubiao,x0,[],[],[],[],lb,ub,@ eg9_3_yueshu)

% 文件名 eg9_3_mubiao.m
```

```
function f = eg9_3_mubiao(x)
xA = 67;yA = 10;
xw6 = x(6) * pi/180;                    % 将第 6 个变量付给工作变量,以做弧度转换
xw7 = x(7) * pi/180;                    % 将第 7 个变量付给工作变量,以做弧度转换
xw8 = x(8) * pi/180;                    % 将第 8 个变量付给工作变量,以做弧度转换
xe = [50,48.5,42,34,29,30,34,42,48,55,56,51];
ye = [91,111,107,90,67,45,28,17,12,14,24,52];
deltafai = 0:30:330;
fai = x(8) + deltafai;
fai = fai * pi/180;                     % 转换为弧度
lamda1 = x(1)^2 + x(2)^2 - x(3)^2 + x(4)^2 - 2 * x(1) * x(4) * cos(fai);
lamda2 = 2 * x(2) * sqrt(x(1)^2 + x(4)^2 - 2 * x(1) * x(4) * cos(fai));
lamda = acos(lamda1/lamda2);
beta1 = x(1) * sin(fai);
beta2 = x(4) - x(1) * cos(fai);
beta = atan(beta1/beta2);
delta = xw7 + lamda - beta;
xE = xA + x(1) * cos(xw7 + fai) + x(5) * cos(delta + xw6);% 铰链 A 初始坐标
yE = yA + x(1) * sin(xw7 + fai) + x(5) * cos(delta + xw6);% 铰链 A 初始坐标
a = xE - xe;a = a.* a;
b = yE - ye;b = b.* b;
for i = 1:12
   c = a(i) + b(i);                     % 求目标函数值
end
f = c;                                  % 目标函数表达式

% 文件名 eg9_3_yueshu.m
function [g,ceq] = eg9_3_yueshu(x);
e = 10;
g(1) = x(1) - x(2);
g(2) = x(1) - x(3);
g(3) = x(1) - x(4);
g(4) = e - x(1);
g(5) = x(1) + x(2) - x(3) - x(4);
g(6) = x(1) + x(3) - x(2) - x(4);
g(7) = x(1) + x(4) - x(3) - x(2);
a = (x(2)^2 + x(3)^2 - (x(4) - x(1))^2)/(2 * x(2) * x(3));
g(8) = pi/4 - acos(a);
b = (x(2)^2 + x(3)^2 - (x(4) + x(1))^2)/(2 * x(2) * x(3));
g(9) = acos(b) - 3 * pi/4;
ceq = [ ];                              % 非线性等式约束为空
```

在 MATLAB 的 Command Window 窗口中输入：

```
eg9_3
```

程序运行后得到如下结果

```
Optimization terminated: magnitude of directional derivative in search
 direction less than 2*options.TolFun and maximum constraint violation
 is less than options.TolCon.
```

```
Active inequalities (to within options.TolCon = 1e-006):
  lower      upper    ineqlin    ineqnonlin
     1          7
                8
x =
  Columns 1 through 6
    30.0000  81.0073  119.5678  120.4272  31.5868  8.4843
  Columns 7 through 8
    30.0000  30.0000
fn =
    2.3792e+003
exitflag =
       5
outflag =
         iterations: 7
          funcCount: 79
           stepsize: 1
          algorithm: [1x44 char]
      firstorderopt: 3.9567e-005
       cgiterations: []
            message: [1x172 char]
```

(5) 优化结果处理

从运行结果可知,最优方案为

$$\boldsymbol{x} = \begin{bmatrix} x_1 \\ x_2 \\ x_3 \\ x_4 \\ x_5 \\ x_6 \\ x_7 \\ x_8 \end{bmatrix} = \begin{bmatrix} 30.0000 \\ 81.0073 \\ 119.5678 \\ 120.4272 \\ 31.5868 \\ 8.4843 \\ 30.0000 \\ 30.0000 \end{bmatrix}$$

取整后可得最优方案为

$$\boldsymbol{x} = \begin{bmatrix} x_1 \\ x_2 \\ x_3 \\ x_4 \\ x_5 \\ x_6 \\ x_7 \\ x_8 \end{bmatrix} = \begin{bmatrix} 30 \\ 81 \\ 120 \\ 120 \\ 32 \\ 8.5^\circ \\ 30^\circ \\ 30^\circ \end{bmatrix}$$

9.4 弹簧机构优化设计实例分析

【例 9-4】 有一气门用弹簧(图 9-5),已知安装高度 $H_1=50\text{mm}$,安装载荷 $P_1=230\text{N}$,最大工作载荷 $P_2=500\text{N}$,工作行程 $h=10\text{mm}$,弹簧丝采用油淬火的 50CrVA 钢丝,进行喷丸处理,弹簧钢丝抗拉强度 $\sigma_b=1480\text{MPa}$,弹簧材料的剪切弹性模量 $G=80000\text{MPa}$;工作温度 120°C;要求簧丝直径 $3\text{mm}\leqslant d\leqslant 8\text{mm}$,弹簧中径 $20\text{mm}\leqslant D\leqslant 50\text{mm}$,弹簧总圈数 $4\leqslant n\leqslant 50$,支承圈数 $n_0=1.75$,安全系数为 1.2;旋绕比 $C\geqslant 6$;工作频率 $f=20\text{Hz}$。试设计一个具有质量最小的结构方案。

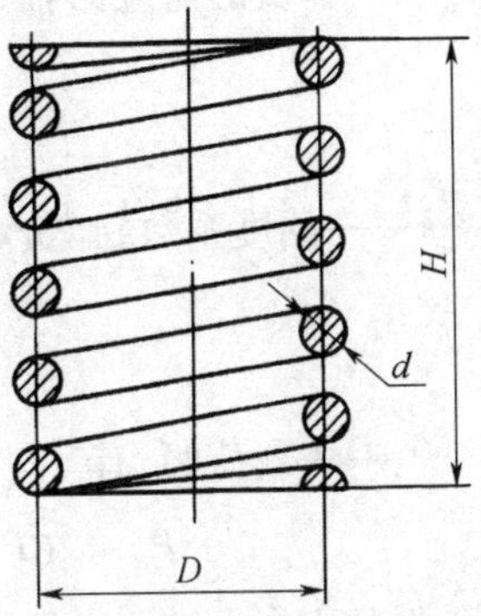

图 9-5 圆柱弹簧结构

解 (1)设计变量的选择。影响弹簧质量的参数有弹簧簧丝直径 d、弹簧中径 D 和弹簧工作圈数 n,因此设计变量选取如下:

$$x=[x_1,x_2,x_3]^T=[d,D,n]^T$$

(2)目标函数的建立。选择弹簧的质量为目标函数,为简化计算,质量仅计算工作圈数部分。

$$W=\rho\pi^2d^2Dn/4$$

式中 ρ——簧丝材料的密度,$\rho=7.8\times10^{-6}\text{kg/mm}^3$。

规范化表示目标函数为

$$f(\boldsymbol{x})=\rho\pi^2x_1^2x_2x_3/4 \tag{9-20}$$

(3)约束条件的确定。

① 弹簧的疲劳强度应满足:

$$S\geqslant S_{\min} \tag{9-21}$$

式中 $S_{\min}$——最小安全系数,按题意取 $S_{\min}=1.2$;

S——弹簧的疲劳安全系数,可表示为

$$S=\frac{\tau_0}{\left(\frac{2\tau_S-\tau_0}{\tau_S}\right)\tau_a+\left(\frac{\tau_0}{\tau_S}\right)\tau_m} \tag{9-22}$$

式中 τ_s——弹簧材料的剪切屈服极限,有

$$\tau_S=0.5\sigma_b=0.5\times1480=740(\text{MPa});$$

τ_0——弹簧实际的脉动循环疲劳极限,按下式计算:

$$\tau_0=(1+k_i)k_rk_t\tau_0' \tag{9-23}$$

其中 k_i——喷丸处理,提高性能参数,取 $k_i=10\%$;

k_r——可靠性系数,取可靠性 90% 时,$k_r=0.868$;

k_t——温度修正系数,工作温度 120°C 时,有

$$k_t=\frac{344}{273+T}=\frac{344}{273+120}=0.875$$

$\tau_0{}'$——材料的脉动疲劳极限，设弹簧的循环工作次数大于10^7，则

$$\tau'_0 = 0.3\sigma_b = 0.3 \times 1480 = 444(\text{MPa})$$

将以上数据代入式(9-23)，可得

$$\tau_0 = (1 + k_i)k_r k_t \tau_0{}' = 1.1 \times 0.868 \times 0.875 \times 444 = 370.9398(\text{MPa})$$

τ_α——弹簧的剪应力幅，按下式计算：

$$\tau_\alpha = k\frac{8P_a D}{\pi d^3} \tag{9-24}$$

其中　k——曲度系数，弹簧承受变应力时，有

$$k = \frac{4C-1}{4C-4} + \frac{0.615}{C} \approx \frac{1.6}{(D/d)^{0.14}}$$

P_α——载荷幅，有

$$P_\alpha = (P_2 - P_1)/2 = (500 - 230)/2 = 135(\text{N})$$

将数据及公式代入式(9-24)整理，得

$$\tau_\alpha = k\frac{8P_a D}{\pi d^3} = \frac{1.6}{(D/d)^{0.14}} \cdot \frac{8P_a D}{\pi d^3} = \frac{550.3185 x_2^{0.86}}{x_1^{2.86}} \tag{9-25}$$

τ_n——弹簧的平均剪应力，按下式计算：

$$\tau_m = \frac{8k_S P_m D}{\pi d^3} \tag{9-26}$$

其中　k_s——应力修正系数，$k_S = 1 + \dfrac{0.615d}{D}$

P_m——平均载荷，有

$$P_m = (P_2 + P_1)/2 = (500 + 230)/2 = 365(\text{N})$$

将数据及公式代入式(9-26)整理，得

$$\tau_m = \frac{8P_m k_s D}{\pi d^3} = \left(1 + \frac{0.615d}{D}\right)\frac{8P_m D}{\pi d^3} = \frac{929.9363 x_2}{x_1^3} + \frac{571.9108}{x_1^2} \tag{9-27}$$

将式(9-25)和式(9-26)，$\tau_0 = 370.9\text{MPa}$，$\tau_S = 740\text{MPa}$，$S_{min} = 1.2$代入式(9-21)，可得

$$g_1(\boldsymbol{x}) = \frac{370.9398}{\dfrac{824.7788 x_2^{0.86}}{x_1^{2.86}} + \dfrac{466.1494 x_2}{x_1^3} + \dfrac{286.6817}{x_1^2}} - 1.2 \geqslant 0 \tag{9-28}$$

② 根据旋绕比的要求$C = \dfrac{D}{d} \geqslant 6$，得到约束条件：

$$g_2(\boldsymbol{x}) = x_2 - 6x_1 \geqslant 0 \tag{9-29}$$

③ 为了保证弹簧在最大载荷作用下不发生并圈现象，要求弹簧在最大载荷P_2时的高度H_2应大于压并高度H_b，即$H_2 \geqslant H_b$。

$$H_2 = H_1 - h = 50 - 10 = 40$$

$$H_b = (n_1 - 0.5)d = (x_3 - 0.5)x_1$$

于是得

$$g_3(\boldsymbol{x}) = 40 - x_1x_3 - 0.5x_1 \geqslant 0 \tag{9-30}$$

④ 为了保证弹簧具有合适的刚度,要求弹簧的刚度 K_F 与设计要求的刚度 K 的误差应小于 1/10,其误差值用下式计算:

$$K_F = \frac{Gx_1^4}{8x_2^3(x_3 - 1.75)}$$

整理后得到约束条件为

$$g_5(\boldsymbol{x}) = 2.07 - \left| \frac{x_1^4 \times 10^4}{x_2^3(x_3 - 1.75)} - 20.7 \right| \geqslant 0 \tag{9-31}$$

⑤ 为避免发生共振现象,固有频率 f_0 应满足:

$$f_0 = 0.356 \times 10^6 \frac{d}{D^2 n_1} \geqslant 15f$$

于是得到约束条件:

$$g_6(\boldsymbol{x}) = 0.356 \times 10^6 x_1 x_2^{-2} x_3 - 300 \geqslant 0 \tag{9-32}$$

⑥ 根据边界约束,确定约束条件:

由 $3 \leqslant d \leqslant 8$ 可得

$$g_7(\boldsymbol{x}) = x_1 - 3 \geqslant 0, g_8(x) = 8 - x_1 \geqslant 0$$

由 $20 \leqslant D \leqslant 50$ 可得

$$g_9(\boldsymbol{x}) = x_2 - 20 \geqslant 0, g_{10}(x) = 50 - x_1 \geqslant 0$$

由 $4 \leqslant n \leqslant 50$ 可得

$$g_{11}(\boldsymbol{x}) = x_3 - 4 \geqslant 0, g_{12}(x) = 50 - x_3 \geqslant 0$$

(4) 编写 M 文件,求解优化方案。这是三维非线性约束优化问题,含有 12 个约束条件,可用非线性约束优化函数 fmincon 求解。在 MATLAB 的 M 文件编辑器中编写三个 M 文件,分别是调用多维无约束优化函数的主文件 eg9_4. m、目标函数文件 eg9_4_mubiao. m 和非线性约束函数文件 eg9_4_yueshu. m。文件分别如下:

```
% 文件名 eg9_4.m
x0 = [4,30,10];                                  % 初始点
lb = [3,20,4]; ub = [8,50,50];                   % 设计变量上下限
options = optimset('Largescale','off');          % 关闭大规模求解方式
                                                 % 如果取消本句,运行结果会出现警告

[x,fn,exitflag,outflag] = …
fmincon(@ eg9_4_mubiao,x0,[],[],[],[],lb,ub,@ eg9_4_yueshu,options)


% 文件名 eg9_4_mubiao.m
function f = eg9_4_mubiao(x)
p = 7.8 * 10^( -6);
f = p * pi * pi * x(1) * x(1) * x(2) * x(3) /4;   % 目标函数表达式
```

```
% 文件名 eg9_4_yueshu.m
function [g,ceq] = eg9_4_yueshu(x);
a = 824.7788 * x(2)^0.86 /x(1)^2.86;
b = 466.1494 * x(2) /x(1)^3;
c = 286.6817 /x(1)^2;
g(1) = 1.2 - 370.9398 /(a + b + c);
g(2) = 6 * x(1) - x(2);
g(3) = x(1) * x(3) + 0.5 * x(1) - 40;
d = (x(3) - 0.5) * x(1) + 24.1776;
g(4) = abs(x(1)^4 * 10000 /x(2)^3 /(x(3) - 1.75) - 20.7) - 2.07;
g(5) = 300 - 0.356 * 10^6 * x(1) * x(2)^( - 2) * x(3);
ceq = [ ];                                    % 非线性等式约束为空
```

在 MATLAB 的 Command Window 窗口中输入：

```
eg9_4
```

程序运行结果如下：

```
Optimization terminated: first - order optimality measure less
  than options.TolFun and maximum constraint violation is less
  than options.TolCon.
Active inequalities (to within options.TolCon = 1e - 006):
  lower    upper    ineqlin    ineqnonlin
                                    1
                                    3
                                    4

x =
    5.2369 39.4309 7.1381
fn =
    0.1486
exitflag =
     1
outflag =
          iterations: 6
           funcCount: 34
            stepsize: 1
           algorithm: [1x44 char]
       firstorderopt: 9.6240e - 009
        cgiterations: []
             message: [1x144 char]
```

$$x = \begin{bmatrix} x_1 \\ x_2 \\ x_3 \end{bmatrix} = \begin{bmatrix} 5.2369 \\ 39.4309 \\ 7.1381 \end{bmatrix}$$

取整后可得最优方案为

$$x = \begin{bmatrix} x_1 \\ x_2 \\ x_3 \end{bmatrix} = \begin{bmatrix} 5 \\ 39 \\ 7 \end{bmatrix}$$

9.5 传动系统零部件优化设计实例分析

【例9-5】 有一鼓风机用普通V带传动,所需传递的功率 $P=10\text{kW}$,采用转速 $n_1=1450\text{r/min}$ 的交流异步电动机驱动。已知鼓风机每天工作16h,传动比 $i=2.3$。并希望 $D_1\leqslant 150\text{mm}$,$a\leqslant 880\text{mm}$。原设计用B型带5根,$d_{d1}=140\text{mm}$,$d_{d2}=315\text{mm}$,带的基准长度 $L_d=2280\text{mm}$,$a=778\text{mm}$。现要求在传递功率 P、转速 n_1 和 n_2 及V带型号不变的条件下,按带的最佳传动能力设计V带传动。

解 (1)设计变量的选择。在带传动比已知的情况下,若要确定一个带传动系统,最主要的参数是小带轮的基准直径 d_{d1},带的基准长度 L_d 以及带的根数 Z。根据题意,要求最佳传动能力,带的根数越少,单根带传动能力得到越充分的利用,因此可将带的根数 Z 作为目标函数,而将另外两个参数作为设计变量,即

$$x = [x_1, x_2]^T = [d_{d1}, L_d]^T$$

(2) 目标函数的建立。根据上面分析目标函数应选择带的根数,即

$$Z = \frac{K_A P}{(P_0 + \Delta P_0) K_\alpha K_L} \tag{9-33}$$

式中 K_A——工作情况系数,根据工作机械是鼓风机,工作16h,选择 $K_A=1.2$;

P—— 带所传递的功率(kW);

P_0—— 单根V带的基本额定功率(kW),根据B型V带,传动比 $i=2.3$,有以下拟合方程:

$$P_0 = \left(\frac{K_1}{v^{0.09}} - \frac{K_2}{d_{d1}} - \frac{K_3 v^2}{10^4}\right) v \tag{9-34}$$

其中 K_1、K_2、K_3——与V带型号有关的系数,查表9-2;

v——带速(m/s),$v=n_1D_1/19100$,根据已知条件有

$$v = n_1 x_1 / 19100 = 0.0759 x_1$$

将以上数据代入(式9-35)可得

$$P_0 = \left(\frac{0.794}{(0.0759x_1)^{0.09}} - \frac{50.6}{x_1} - \frac{7.547(0.0759x_1)^2}{10^{10}}\right)(0.0759x_1) \tag{9-35}$$

ΔP_0—— 传动比 $i>1$ 时V带传递功率的增量(kW),根据B型V带,传动比 $i=2.3$,有以下拟合方程:

$$\Delta P_0 = \frac{K_2 n_1}{19100}\left(1 - \frac{1}{K_i}\right) \tag{9-36}$$

其中 K_i——传动比系数,有

$$K_i = i\left(\frac{2}{1+i^{5.3}}\right)^{\frac{1}{5.3}} = 2.3\left(\frac{2}{1+2.3^{5.3}}\right)^{\frac{1}{5.3}} = 1.137。$$

将已知数据代入式(9-36)，得

$$\Delta P_0 = \frac{50.6 \times 1450}{19100}\left(1 - \frac{1}{1.137}\right) = 0.463$$

K_α——包角系数，按下式计算：

$$K_\alpha = 1.25(1 - 5^{-\frac{\alpha_1}{180}}) \quad (9-37)$$

其中 α_1——小带轮包角(°)，按下式计算：

$$\alpha_1 = 180° - 57.3° d_{d1}\left(\frac{i-1}{a}\right) \quad (9-38)$$

将变量和数据代入式(9-38)，得

$$\alpha_1 = 180° - \frac{74.49x_1}{a} \quad (9-39)$$

这里 a——中心距，按下式计算：

$$a = \frac{2L_d - \pi d_{d1}(1+i)}{8} + \frac{1}{4}\sqrt{\left[L_d - \frac{\pi d_{d1}(1+i)}{2}\right]^2 - 2d_{d1}^2(i-1)^2} \quad (9-40)$$

将变量和数据代入式(9-40)，得

$$a = 0.25x_2 - 1.2965x_1 + 0.25(x_2^2 - 10.368x_1x_2 + 23.494x_1^2)^{0.5} \quad (9-41)$$

K_L—— V 带的长度系数，按下式计算：

$$K_L = 1 + 0.45(\lg L - \lg L_0) \quad (9-42)$$

其中 L_0——带的基准长度(mm)，查表 9-2。

将已知条件和相关变量代入式(9-42)，得

$$K_L = 1 + 0.45(\lg x_2 - \lg 2250) = 0.45\lg x_2 - 0.508482 \quad (9-43)$$

表 9-2 B 型 V 带的一些设计参数值

K_1	K_2	K_3	L_0/mm
0.794	50.6	1.31×10^{-4}	2250

因而目标函数可表示如下：

$$f(\boldsymbol{x}) = Z = \frac{12}{(P_0 + 0.463)K_\alpha K_L} \quad (9-44)$$

式中，P_0 参见式(9-35)；K_α 参见式(9-37)、式(9-39)和式(9-41)；K_L 参见式(9-43)。

(3) 约束条件的确定。

① 由带速 v 的限制条件 $5 \leqslant v \leqslant 25$ 可得约束条件：

$$g_1(\boldsymbol{x}) = 0.0759x_1 - 5 \geqslant 0 \quad (9-45)$$

$$g_2(\boldsymbol{x}) = 25 - 0.0759x_1 \geqslant 0 \quad (9-46)$$

② 由对于 B 型带小带轮直径须满足 $d_{d1} \geqslant 140$,由此得

$$g_3(\boldsymbol{x}) = x_1 - 140 \geqslant 0 \tag{9-47}$$

③ 按题意,小带轮直径须满足 $d_{d1} \geqslant 150$,由此得

$$g_4(\boldsymbol{x}) = 150 - x_1 \geqslant 0 \tag{9-48}$$

④ 由于 B 型带基准长度须满足 $670 \leqslant L_d \leqslant 5640$,由此得

$$g_5(\boldsymbol{x}) = x_2 - 670 \geqslant 0 \tag{9-49}$$

$$g_6(\boldsymbol{x}) = 5640 - x_2 \geqslant 0 \tag{9-50}$$

⑤ 由 V 带传动中心距 a 的限制条件建立约束条件。设计规范中的中心距 a 之下限条件为

$$a \geqslant 0.7D_1(i+1) = 2.311x_1$$

将式(9-41)代入上式得到约束条件为

$$g_7(\boldsymbol{x}) = 0.25x_2 + 0.25(x_2^2 - 10.368x_1x_2 + 23.494x_1^2)^{0.5} - 3.606x_1 \geqslant 0 \tag{9-51}$$

又按题意,中心距 a 的上限条件为

$$a \leqslant 880\text{mm}$$

将式(9-41)代入上式得约束条件为

$$g_8(\boldsymbol{x}) = 880 - 0.25x_2 + 1.2965x_1 - 0.25(x_2^2 - 10.368x_1x_2 + 23.494x_1^2)^{0.5} \geqslant 0 \tag{9-52}$$

⑥ 小带轮包角的限制条件为

$$\alpha_1 \geqslant 120°$$

将式(9-39)和式(9-41)代入上式得约束条件为

$$g_9(\boldsymbol{x}) = 15x_2 + 15(x_2^2 - 10.368x_1x_2 + 23.494x_1^2)^{0.5} - 152.37x_1 \geqslant 0 \tag{9-53}$$

⑦ 边界约束:由于设计变量 d_{d1} 和 L_d 在②、③和④中已经分析,因此无需单另再列出。

(4) 选择优化方法,编写程序,求解最优方案。这是两维非线性约束优化问题,含有 9 个约束条件,可用非线性约束优化函数 fmincon 求解。

选取初始点为

$$\boldsymbol{x}^0 = [140, 2280]^T$$

经优化求解后,得

$$\boldsymbol{x}^* = [149.9833076, 2547.983613]^T$$

带的根数为

$$Z = f(\boldsymbol{x}^*) = 3.091501961$$

(5) 结果处理。由于带的根数是正数,因此可以修正最优解,得到如下方案:

$$\boldsymbol{x}^* = [150, 2500]^T, Z = 3$$

9.6 机械零件结构优化设计实例分析

【例9-6】 如图9-6所示的偏置直动滚子从动件盘形凸轮机构，凸轮顺时针方向等角速度 $\omega = 10.472\text{rad/s}$ 转动，推程运动角 $\delta_0 = 110°$，推程时从动件按正弦加速度运动规律上升，其行程 $h = 40\text{mm}$，从动件导路偏置于凸轮回转中心左侧。机构有关尺寸及其他设计数据：$a = 50\text{mm}$，$c = 15\text{mm}$，$d = 160\text{mm}$，从动件质量 $m = 5\text{kg}$；凸轮轴半径 $r_s = 10\text{mm}$，外载荷 $F_Q = 400\text{N}$；弹簧初压力 $F_0 = 100\text{N}$，弹簧刚度 $K = 5\text{N/mm}$；从动件与导路接触面间摩擦系数 $f = 0.1$；凸轮理论轮廓基圆半径 r_b 与滚子半径 r_T 之比 $k = 3.5$；凸轮与滚子材料的综合弹性模量 $E = 2.1 \times 10^5\text{MPa}$；凸轮的许用接触应力 $[\sigma_H] = 600\text{MPa}$；凸轮机构推程许用压力角 $[\alpha] = 30° = 0.5236\text{rad}$。试通过优化设计使凸轮基圆半径 r_b 最小。

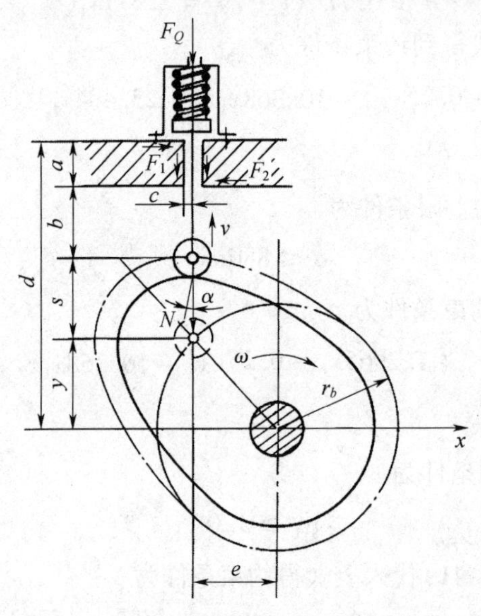

图9-6 偏置直动滚子从动件盘形凸轮机构

解 (1)设计变量的选择。由图9-6所示几何关系可知，凸轮的基圆半径 r_b 由 y、e 决定，故选设计变量：

$$\boldsymbol{x} = [x_1, x_2]^{\mathrm{T}} = [y, e]^{\mathrm{T}}$$

(2)目标函数的建立。由图9-6所示几何关系，可得到基圆半径为

$$r_b = \sqrt{y^2 + e^2}$$

故取目标函数为

$$\min f(\boldsymbol{x}) = (x_1^2 + x_2^2)^{1/2} \tag{9-54}$$

(3)约束条件的确定。

① 由凸轮机构的最大压力角 $\alpha_{\max} \leqslant [\alpha]$，建立约束条件。

凸轮机构推程压力角为

$$\alpha = \arctan \frac{v - e\omega}{(y + s)\omega} \tag{9-55}$$

式中　s——从动件的位移，根据题意，推程时从动件按正弦加速度运动规律上升，可列出从动件位移方程式为

$$s = h\left(\frac{\delta}{\delta_0} - \frac{1}{2\pi}\sin\frac{2\pi}{\delta_0}\delta\right) \tag{9-56}$$

v——从动件的速度，由从动件位移方程式(9-56)求导可得

$$v = \frac{h}{\delta_0}\omega\left(1 - \cos\frac{2\pi}{\delta_0}\delta\right) \tag{9-57}$$

最大推程压力角可能发生在 $\delta=0$ 或 $\delta=\delta_0/2$ 处。依据题意 $\delta_0=110°$，将式(9-56)和式(9-57)代入式(9-55)，得

$$\alpha_{\max} = \max\left\{\arctan\frac{-e}{y}, \arctan\frac{4h - 2e\delta_0}{(2y + h)\delta_0}\right\} \tag{9-58}$$

根据$[\alpha]=30°=0.5236\mathrm{rad}$，综合考虑式(9-58)可得约束条件：

$$g_1(\boldsymbol{x}) = 0.5236 - \max\left\{\arctan\frac{-x_2}{x_1}, \arctan\frac{4.167 - x_2}{x_1 + 20}\right\} \geqslant 0 \tag{9-59}$$

② 由凸轮接触应力条件 $\sigma_{\mathrm{Hmax}} \leqslant [\sigma_{\mathrm{H}}]$，建立约束条件。

凸轮与滚子之间的接触应力为

$$\sigma_{\mathrm{H}} = 0.418\sqrt{\frac{aEF_v}{0.75\rho_v r_b[a\cos\alpha - f(2b + a - 2fc)\sin\alpha]}} \tag{9-60}$$

式中　ρ_v——综合曲率半径，$\rho_v = \dfrac{r_{\mathrm{b}}(k\rho - r_{\mathrm{b}})}{k^2\rho}$；　(9-61)

ρ——凸轮理论轮廓上任一点的曲率半径，分别按下列表达式计算：

$$\rho = \frac{[\omega e\sin(\delta - \varphi) - v\cos(\delta - \varphi) - \omega(y + s)\cos(\delta - \varphi)]^2}{-\omega^2 e\sin(\delta - \varphi) + \ddot{s}\cos(\delta - \varphi) - 2v\omega\sin(\delta - \varphi) - \omega^2(y + s)\cos(\delta - \varphi)} \tag{9-62}$$

$$\varphi = \arctan\frac{\omega e\cos\delta + v\cos\delta - \omega(y + s)\sin\delta}{-\omega e\sin\delta - v\sin\delta - \omega(y + s)\cos\delta} + \theta \tag{9-63}$$

在式(9-63)中，当等号右端第一项的分母为负值时，取第二项 $\theta=\pi$；当分母为正值时，取 $\theta=0$。

s 见式(9-56)，$\ddot{s}$ 由式(9-56)两次求导得到

$$\ddot{s} = \frac{2\pi h}{\delta_0^2}\omega^2\sin\left(\frac{2\pi}{\delta_0}\delta\right) \tag{9-64}$$

F_v——从动件在运动方向上所受总的作用力，表示为

$$F_v = F_Q + K \cdot s + F_0 + m\ddot{s}$$

根据已知条件，$F_Q=400\mathrm{N}$，$F_0=100\mathrm{N}$，$K=5\mathrm{N/mm}$，$m=5\mathrm{kg}$，上式可写为

$$F_v = 500 + 5s + 5\ddot{s} \tag{9-65}$$

其中，s 见式(9-56)；$\ddot{s}$ 见式(9-64)。

由此得

$$g_2(\boldsymbol{x}) = [\sigma_H] - \sigma_H = 600 - \sigma_H \geqslant 0 \tag{9-66}$$

③ 建立变量 x_1 的边界约束条件。当从动件处于最高位置时，取 $b=20$mm，又此时 $s=h$，则 x_1 的上限值为

$$d - a - h - b = 50(\text{mm})$$

可得约束条件为

$$g_3(\boldsymbol{x}) = 50 - x_1 \geqslant 0 \tag{9-67}$$

当从动件处于最低位置时，x_1 的下限值为

$$x_{1\min} = \sqrt{r_{\text{bmin}}^2 - e_{\max}^2} \tag{9-68}$$

假定偏距最大值 $e_{\max}=15$mm。

又凸轮材料为钢，则最小基圆半径为

$$r_{\text{bmin}} = 1.75r_s + r_T + 4 = 1.75 \times 10 + r_{\text{bmin}}/3.5 + 4$$
$$(1 - 1/3.5)r_{\text{bmin}} = 21.5$$

求得

$$r_{\text{bmin}} = 30.1\text{mm}$$

将 $e_{\max}$、r_{bmin}代入式(9-68)求得 $x_{1\min}=26.1$。由此得约束条件为

$$g_4(\boldsymbol{x}) = x_1 - 26.25 \geqslant 0 \tag{9-69}$$

④ 建立变量 x_2 的边界约束条件。由偏距最大值 $e_{\max}=15$mm，$e_{\min}=0$，得约束条件为

$$g_5(\boldsymbol{x}) = 15 - x_2 \geqslant 0 \tag{9-70}$$

$$g_6(\boldsymbol{x}) = x_2 \geqslant 0 \tag{9-71}$$

(4) 选择优化方法，编写程序，求解最优方案。

这是两维非线性约束优化问题，含有 6 个约束条件，可用非线性约束优化函数 fmincon 求解。取初始点 $\boldsymbol{x}^0=[72,700]^T$，得到最优解 $\boldsymbol{x}^*=[48.68,698.8]^T$。

9.7 单轴圆运动振动筛优化设计实例分析

【例 9-7】 有一单轴圆运动振动筛，已知物料容重 $\rho=1.7\text{t/m}^3$，最大入料粒度为 200mm，筛孔尺寸为 13mm。现筛机生产率为 61.2t/h，试对筛机进行优化，以提高其生产率。

解法一： (1) 对于单轴圆运动振动筛，其基本运动参数有振动圆频率 ω 和振幅 λ。影响物料在振动面上运动的参数有：振动面倾角 α（振动面与水平面间所夹锐角）和物料抛掷指数 D。对于筛体来说，主要的参数有筛长 L 和筛宽 b。在考虑减小筛子振动对地基的影响时，主要的是隔振系数，也就是隔振系统的频率比 z。故取 ω、λ、α、D、L、b、z 和 δ 为设计变量：

$$\boldsymbol{x} = [\omega,\lambda,\alpha,D,L,b,z]^{\mathrm{T}} = [x_1,x_2,x_3,x_4,x_5,x_6,x_7]^{\mathrm{T}}$$

(2) 目标函数的建立。为了提高筛分速度和生产率,减少能源消耗,同时考虑减小环境噪声,目标函数选择如下:

① 物料的平均速度。图 9-7 是筛面上物料受力分析图,设沿着筛面为工作方向 x,垂直于筛面为 y 方向。当物料被抛起来后,物料沿工作面的相对加速度为

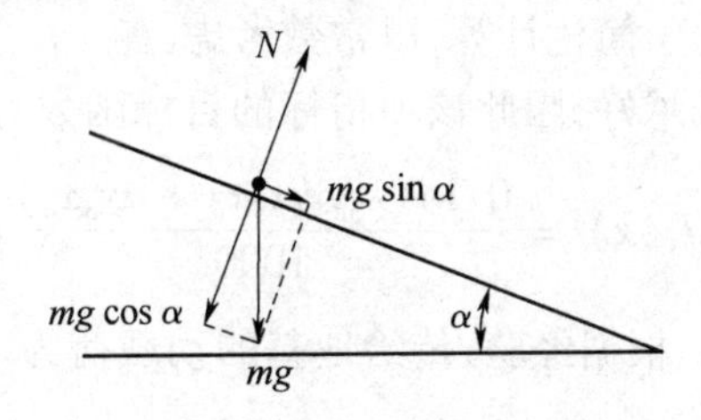

图 9-7 筛面上物料受力分析图

$$\Delta\ddot{x} = g\sin\alpha - \ddot{x} = g\sin\alpha + \omega^2\lambda\sin(\omega t + \beta)$$

对 $\Delta\ddot{x}$ 积分两次,得到相对位移,从而可求得物料的平均速度为

$$v_{\mathrm{d}} = \frac{\Delta x}{\frac{2\pi}{\omega}} = \frac{\omega\lambda}{2\pi D}\left[2\pi i_D - \sin(2\pi i_D) - \sqrt{D^2-1}\,(1-\cos(2\pi i_D)) + 2\pi^2 i_D^2\tan\alpha\right] \tag{9-72}$$

式中 α——初始相位角;

i_D——抛离系数,由已知的 D 可以查曲线得到,或可根据下式求解,即

$$D = \sqrt{\frac{2\pi^2 i_D^2 + \cos(2\pi i_D) - 1}{2\pi i_D - \sin(2\pi i_D)}} + 1 \tag{9-73}$$

本例中调用 MATLAB 中的 fzero 或 fsolve 函数,通过 D,反求出 i_D。

因为速度越快,筛分速度越快,因此要求该目标是越大越好,即

$$\max f_1(\boldsymbol{x}) = \frac{x_1x_2}{2\pi x_4}\left\{2\pi i_D - \sin(2\pi i_D) - \sqrt{x_4^2-1}\,[1-\cos(2\pi i_D)] + 2\pi^2 i_D^2\tan x_3\right\} \tag{9-74}$$

② 抛掷运动物料下落时的相对冲击速度为

$$\Delta\dot{y} = \frac{g\sin\alpha}{\omega}\left\{\sqrt{D^2-1}\,[1-\cos(2\pi i_D)] - [2\pi i_D - \sin(2\pi i_D)]\right\} \tag{9-75}$$

对不要求破碎的易碎物,应使冲击速度尽量小,即

$$\min f_2(x) = \frac{g\sin x_3}{x_1}\left\{\sqrt{x_4^2-1}\,[1-\cos(2\pi i_D)] - [2\pi i_D - \sin(2\pi i_D)]\right\} \tag{9-76}$$

③ 振动阻尼所耗功率为

$$N = \frac{1}{1000}c\omega^2\lambda^2 \tag{9-77}$$

式中　c——当量阻尼系数，表示为

$$c = 0.14(k_m \rho bLh + M);$$

其中　M——机体质量，一般说来，振动筛越大，机体质量越大，它与机体的长宽有直接关系，为了简化计算，设机体长宽等同于筛子长宽，因此有 $M = 7.85Lb(\text{t/m}^3)$；

k_m——物料结合系数，为了简化模型，通常取0.15～0.3，这里取0.2。

h——物料层厚度，为了简化计算，以常数考虑。

要求阻尼所耗功率越低越好，因此该项指标的目标函数为

$$\min f_3(\boldsymbol{x}) = \frac{0.14(k_m \rho h x_5 x_6 + a x_5 x_6)}{1000} x_1^2 x_2^2 \tag{9-78}$$

④ 传给地基的动载荷。根据经验，传给地基的动载荷为

$$F = (3 \sim 7)\sum k\lambda \tag{9-79}$$

式中　$\sum k$——隔振系统的总刚度，可表示为

$$\sum k = \frac{1}{z^2} M\omega^2 = \frac{1}{z^2} 7.85Lb\omega^2$$

其中　z——隔振系统频率比。

按照最大值7倍取该目标函数，可以表述为

$$\min f_4(\boldsymbol{x}) = \frac{54.95 x_1^2 x_2 x_5 x_6}{x_7^2} \tag{9-80}$$

⑤ 综合目标函数。这四个分目标函数中有需求最大值的，也有需求最小值的，因此宜采用乘除法将这几个目标函数统一到一个综合目标函数中去。将求最大者作为分母，最小者作为分子，有

$$f(\boldsymbol{x}) = \frac{w_2 f_2(\boldsymbol{x}) + w_3 f_3(\boldsymbol{x}) + w_4 f_4(\boldsymbol{x})}{w_1 f_1(\boldsymbol{x})} \tag{9-81}$$

其中，w_i 分别为各目标函数的加权因子。为了平衡各分目标函数在量级量纲上的差异，按容限法构造加权因子，根据经验各分目标函数的变动范围如下：

$$0.2\text{m/s} \leqslant f_1(\boldsymbol{x}) \leqslant 1\text{m/s},\ 0\text{m/s} \leqslant f_2(\boldsymbol{x}) \leqslant 1.0\text{m/s}$$
$$0.2\text{kW} \leqslant f_3(\boldsymbol{x}) \leqslant 1.2\text{kW}, 50\text{kN} \leqslant f_4(\boldsymbol{x}) \leqslant 200\text{kN}$$

那么相应的加权因子为

$$w_1 = \frac{1}{\left(\frac{1-0.2}{2}\right)^2} = 6.25, w_2 = \frac{1}{\left(\frac{1-0}{2}\right)^2} = 4$$

$$w_3 = \frac{1}{\left(\frac{1.2-0.2}{2}\right)^2} = 4, w_4 = \frac{1}{\left(\frac{200-50}{2}\right)^2} = 0.0001778$$

这样，实际目标函数为

$$f(\boldsymbol{x}) = \frac{4f_2(\boldsymbol{x}) + 4f_3(\boldsymbol{x}) + 0.0001778 f_4(\boldsymbol{x})}{6.25 f_1(\boldsymbol{x})} \tag{9-82}$$

(3) 约束条件的建立。

①对振动筛来说,有一个振动强度问题。在选用振动圆频率 ω 与振幅 λ 时,应满足许用振动强度 $[k]$ 的要求: $k=\frac{\omega^2\lambda}{g}\leqslant[k]$。这样该性能约束可以表述为

$$g_1(\boldsymbol{x}) = [k] - \frac{x_1^2 x_2}{g} \geqslant 0 \tag{9-83}$$

式中 $[k]$——许用振动强度,一般取5~10。

② 能实现物料的筛分,物料就至少要能在筛面上滑行。筛面上物料受力情况如图9-7所示,物料受到重力 mg,筛面对物料的支撑力 N,以及惯性力 $-m(\ddot{x}+\Delta\ddot{x})$。令开始滑移的滑移角为 φ_k,此时 $\Delta\ddot{x}=0$。

物料所受的支撑力为

$$N = mg\cos\alpha - m\lambda\omega^2\sin\varphi_k$$

此时在 x 方向上有

$$mg\sin\alpha - f(mg\cos\alpha - m\lambda\omega^2\sin\varphi_k) = m\lambda\omega^2\cos\varphi_k$$

设摩擦系数 $f=\tan\rho$,则上式可整理化简为

$$g(\sin\alpha\cos\rho - \cos\alpha\sin\rho) = \lambda\omega^2(\cos\varphi_k\cos\rho - \sin\varphi_k\sin\rho)$$

可以求得

$$\omega = \sqrt{\frac{g\sin(\alpha-\rho)}{\lambda\cos(\varphi_k+\rho)}}$$

通常 $\alpha<\rho$,因此,当 $\cos(\varphi_k+\rho)=-1$ 时,可得到发生滑移的最小角速度值为

$$\omega_{\min} = \sqrt{\frac{g\sin(\alpha-\rho)}{\lambda}}$$

因此该性能约束条件可表述为

$$g_2(\boldsymbol{x}) = x_1 - \sqrt{\frac{g\sin(x_3-\rho)}{x_2}} \geqslant 0 \tag{9-84}$$

③ 各设计变量的边界约束。边界约束是根据整机运动学、动力学分析及工作装置布置的可能性要求,给出各设计变量允许变化的空间范围。

由 $20\pi\leqslant\omega\leqslant50\pi$ 可得

$$g_3(\boldsymbol{x}) = x_1 - 20\pi \geqslant 0, g_4(x) = 50\pi - x_1 \geqslant 0$$

由 $2.0\leqslant\lambda\leqslant6.0$ 可得

$$g_5(\boldsymbol{x}) = x_2 - 2.0 \geqslant 0, g_6(\boldsymbol{x}) = 6.0 - x_1 \geqslant 0$$

由 $15\leqslant\alpha\leqslant25$ 可得

$$g_7(\boldsymbol{x}) = x_3 - 15 \geqslant 0, g_8(\boldsymbol{x}) = 25 - x_3 \geqslant 0$$

由 $2.5\leqslant D\leqslant3.5$ 可得

$$g_9(\boldsymbol{x}) = x_4 - 2.5 \geqslant 0, g_{10}(\boldsymbol{x}) = 3.5 - x_4 \geqslant 0$$

由 $1.5\leqslant L\leqslant4.5$ 可得

$$g_{11}(\boldsymbol{x}) = x_5 - 1.5 \geqslant 0, g_{12}(\boldsymbol{x}) = 4.5 - x_5 \geqslant 0$$

由 $1.0 \leqslant b \leqslant 2.0$ 可得

$$g_{13}(\boldsymbol{x}) = x_6 - 1 \geqslant 0, g_{14}(\boldsymbol{x}) = 2 - x_6 \geqslant 0$$

由 $3 \leqslant z \leqslant 5$ 可得

$$g_{15}(\boldsymbol{x}) = x_7 - 3 \geqslant 0, g_{16}(\boldsymbol{x}) = 5 - x_7 \geqslant 0$$

(4) 选择优化方法,编写程序,求解最优方案。这是七维非线性约束优化问题,含有16个约束条件,可用非线性约束优化函数 fmincon 求解。

解法二:本题也可直接调用 MATLAB 中多目标优化函数 fgoalattain 函数进行求解。

(1) 数学模型的建立。数学模型建立过程与方法同上,但需要注意的是第一个目标函数是物料运行速度。在解法一中,直接求函数最大值即可。但由于 MATLAB 中的 fgoalattain 函数求解多目标问题时,每个分目标都是求极小值,因此将该目标函数转化为

$$\min f_1(\boldsymbol{x}) = \left\{\frac{x_1 x_2}{2\pi x_4}\left[2\pi i_D - \sin(2\pi i_D) - \sqrt{x_4^2 - 1}\,(1 - \cos(2\pi i_D)) + 2\pi^2 i_D^2 \tan x_3\right]\right\}^{-1} \tag{9-85}$$

其余三个目标函数不变,分别为式(9-76)、式(9-78)和式(9-80)。

(2) 确定分目标及其权重。各分目标的权重采用容限法,各分目标的变化范围为

$$1 \leqslant f_1(x) \leqslant 5,\ 0 \leqslant f_2(x) \leqslant 1.0, 0.2 \leqslant f_3(x) \leqslant 1.2, 50 \leqslant f_4(x) \leqslant 200$$

因而各自的权重为

$$w_1 = \frac{1}{\left(\frac{5-1}{2}\right)^2} = 0.25, w_2 = \frac{1}{\left(\frac{1-0}{2}\right)^2} = 4$$

$$w_3 = \frac{1}{\left(\frac{1.2-0.2}{2}\right)^2} = 0.25, w_4 = \frac{1}{\left(\frac{200-50}{2}\right)^2} = 0.0001778$$

(3) 在 MATLAB 的 M 文件编辑器中编写 M 文件,进行求解。在 MATLAB 的 M 文件编辑器中共编写三个 M 文件,分别是调用多目标优化函数的主文件 eg9_7.m、目标函数文件 eg9_7_mubiao.m 和非线性约束函数文件 eg9_7_yueshu.m。文件分别如下:

```
% 文件名 eg9_7.m
x0 =[32 * pi,4,20,2.92,3,1.2,4];                 % 初始点
goal =[2,0.5,0.5,200];                           % 分目标预期值
w =[0.25,4,4,0.0001778];                         % 分目标加权系数
lb =[20 * pi,2,15,2.5,1.5,1,3];
ub =[50 * pi,6,25,3.5,4.5,2,5];
options = optimset('Largescale','off');
[x,fn,attainfactor,exitflag] =…
fgoalattain(@ eg9_7_mubiao,x0,goal,w,[],[],[],[],lb,ub,@ eg9_7_yueshu,op-
tions)

% 文件名 eg9_7_mubiao.m
```

```
function f = eg9_7_mubiao(y)
g = 9.8;
km = 0.2;                                    % 物料结合系数
p = 7.1 * 10^3;                              % 物料容重
q = 7850;                                    % 筛体材料密度
h = 0.3;                                     % 料层厚度
D = y(4);
fy = inline('sqrt((2 * pi^2 * x^2 + cos(2 * pi * x) - 1)/(2 * pi * x - sin(2 * pi * x))
+1) - D','x','a');
% 上句构造内联函数,函数式为式(9 - 73)
id = fzero(fy,0.8,[],D);% 用 fzero 函数,通过抛掷指数 D 反求 iD
b = 2 * pi * id;
f(1) = y(1) * y(2)/1000/(2 * pi * y(4)) * (b - sin(b) - sqrt(y(4)^2 - 1) * ...
        (1 - cos(b)) + b * b/sqrt(2) * tan(y(3) * pi/180));
% 求物料运行速度。
% 注意 y(2)为振幅变量,单位是 mm,因此将其除以 1000,进行单位换算
f(1) = 1/f(1);                               % 物料运行速度倒数,以求最小值为目标
f(2) = g * sin(y(3) * pi/180)/y(1) * ( sqrt(y(4)^2 - 1) * (1 - cos(b)) - b + sin
(b));
                                             % 冲撞速度
f(2) = abs(f(2));                            % 冲撞速度越接近于 0 越好
f(3) = 0.14 * (km * p * h * y(5) * y(6) + q * y(5) * y(6)) * y(1)^2 * y(2)^2/1000/
1000/1000;
% 注意 y(2)为振幅变量,单位是 mm,因此将其除以 1000,进行单位换算
f(4) = 54.95 * y(1)^2 * y(2) * y(5) * y(6)/y(7)^2/1000;

% 文件名 eg9_7_yueshu.m
function[g,ceq] = eg9_7_yueshu(x)
gc = 9.8;k = 10;
g(1) = x(1)^2 * x(2)/1000/gc - k;
mocajiao = 20 * pi/180;
x3hudu = x(3) * pi/180;
g(2) = sqrt(abs(gc * sin(x3hudu - mocajiao)/(x(2)/1000))) - x(1);
ceq = [];
% 说明,本文件中要注意将变量 x(2),即振幅变量作单位变换
```

在 MATLAB 的 Command Window 窗口中输入:

```
eg9_7
```

程序运行结果如下:

```
Optimization terminated: magnitude of directional derivative in search
  direction less than 2 * options.TolFun and maximum constraint violation
  is less than options.TolCon.
Active inequalities (to within options.TolCon = 1e-006):
```

```
  lower    upper    ineqlin    ineqnonlin
                                    4
                                    5
x =
   100.6944  3.3336  18.9859  2.9524  2.2893  1.0024  4.7932
fn =
   0.8616  0.2996  0.2996  185.5158
attainfactor =
     -0.0501
exitflag =
     5
```

(4) 结果分析。从运行结果,exitflag >0,可知求优过程收敛。整理优化方案如下:

$$x^0 = [\omega,\lambda,\alpha,D,L,b,z]^T = [100.48,4,20,2.92,3,1.2,4]^T$$

$$x^* = [\omega,\lambda,\alpha,D,L,b,z]^T = [100.6944,3.5,19,2.95,2.3,1.0,4.8]^T$$

习 题

9-1 试说明机械优化设计中应注意的问题以及一般过程。

9-2 已知某二级圆柱齿轮减速器,输入功率 $P=7\text{kW}$,输入转速 $n_1=1120\text{r/min}$,总传动比 $i=18$。大齿轮为45钢调质220HBS~240HBS,小齿轮为40Cr。要求合适分配传动比,使减速器结构紧凑。试确定优化方案。

9-3 由两钢管组成的人字架状桁架。已知钢管承载 $F=50\text{kg}$,在保证桁架稳定性的前提下,使钢管质量尽量小,试设计此钢管。已知 $E=21000\text{kg/mm}^2$,$\sigma_y=70.3\text{kg/mm}^2$。

参考文献

[1] 孙靖民,梁迎春．机械优化设计(第4版)[M]．北京:机械工业出版社,2009.
[2] 刘惟信．机械最优化设计[M]．北京:清华大学出版社,1994.
[3] 郭仁生．基于MATLAB和Pro/ENGINEER优化设计实例解析[M]．北京:机械工业出版社,2007.
[4] 龚纯,王正林．精通MATLAB最优化计算[M]．北京:电子工业出版社,2009.
[5] 倪勤．最优化方法与程序设计[M]．北京:科学出版社,2009.
[6] 罗中华．最优化方法及其在机械行业中的应用[M]．北京:电子工业出版社,2008.
[7] 高建．机械优化设计基础[M]．北京:科学出版社,2006.
[8] 解可新,韩立兴,林友联．最优化方法[M]．天津:天津大学出版社,1997.
[9] 何坚勇．最优化方法[M]．北京:清华大学出版社,2007.
[10] 张鄂．机械与工程优化设计[M]．北京:科学出版社,2008.
[11] 王国安,韩定海．机械工程优化设计理论与方法[M]．西安:陕西科学技术出版社,1997.
[12] 陈立周．机械优化设计方法[M]．北京:冶金工业出版社,1997.
[13] 马昌凤．最优化方法及其MATLAB程序设计[M]．北京:科学出版社,2010.
[14] 褚洪生,杜增吉,阎金华．MATLAB7.2优化设计实例指导教程[M]．北京:机械工业出版社,2007.
[15] 孙全颖．机械优化设计[M]．哈尔滨:哈尔滨工业大学出版社,2007.
[16] 王安麟,刘广军,姜涛．广义机械优化设计[M]．武汉:华中科技大学出版社．
[17] 万耀青．机械优化设计建模与优化方法评价[M]．北京:北京理工大出版社,1995.
[18] 张志涌．精通MATLAB6.5版[M]．北京:北京航空航天大学,2003.
[19] 徐金明,张孟喜,丁涛．MATLAB实用教程[M]．北京:清华大学出版社,北京交通大学出版社,2005.
[20] 周金平．MATLAB6.5图形图像处理与应用实例[M]．北京:科学出版社,2003.
[21] 二代龙震工作室．Pro/ENGINEER Wildfire5.0高级设计[M]．北京:清华大学出版社,2010,9.
[22] 詹友刚．Pro/ENGINEER中文野火版5.0高级应用教程[M]．北京:机械工业出版社,2010,4.
[23] 王国业,王国军,故仁喜,等．Pro/ENGINEER Wildfire5.0机械设计从入门到精通[M]．北京:机械工业出版社,2009.
[24] 单泉,陈砚,汪殿龙等．Pro/ENGINEER中文版Wildfire4.0参数化设计从入门到精通[M]．北京:机械工业出版社,2008.
[25] 蒲良贵,纪名刚．机械设计(第八版)[M]．北京:高等教育出版社,2006.
[26] 杨可桢,程光蕴,李仲生．机械设计基础(第五版)[M]．北京:高等教育出版社,2006.
[27] 孙桓,陈作模．机械原理(第七版)[M]．北京:高等教育出版社,2006.
[28] 闻邦椿,刘凤翘．振动机械的理论及应用[M]．北京:机械工业出版社,1982.
[29] 闻邦椿,刘凤翘,刘杰．振动筛振动机振动输送机的设计与调试[M]．北京:化学工业出版社,1989.
[30] 史丽晨．振动筛的优化设计[D]．西安建筑科技大学,1998.
[31] 郭瑞峰,史丽晨,阎浩,等．圆运动单轴惯性振动筛整机参数多目标模糊优化设计[J]．矿山机械,2007,35.
[32] 史丽晨,齐圆圆,关红明．轧管机运动稳定性分析及其优化[J]．冶金设备,2007,163.
[33] 潘玉清．中型载货汽车变速箱结构优化设计[J]．机械传动,2010,34(9).
[34] 陈叶林,丁晓红,郭春星,等．机床床身结构优化设计方法[J]．机械设计,2010,27(8).
[35] 王安麟,蒋涛,昝鹏宇,等．大型行星齿轮系统可靠性设计的多目标优化[J]．中国工程机械学报,2009,7(3).
[36] 谌霖霖．变刚度圆柱螺旋弹簧多目标优化设计及参数化实体建模．机电工程技术,2010,39(8).
[37] 金全意,孟航．基于MATLAB的圆柱齿轮减速器优化设计．辽宁工程技术大学学报(自然科学版),2010,29.

[38] 段志善,张鸿. 振动筛筛分效率的计算与确定筛面长度的方法. 西安冶金建筑学院学报,1991,6.

[39] Broyden C G. The Convergence of a Class of Double – Rank Minimization Algorithms. Journal Inst. Math. Applic., 1970,6:76 – 90.

[40] Coleman T F, Y Li. An Interior, Trust Region Approach for Nonlinear Minimization Subject to Bounds. SIAM Journal on Optimization, 1996,6:418 – 445.

[41] Coleman T F, Y. Li. On the Convergence of Reflective Newton Methods for Large – Scale Nonlinear Minimization Subject to Bounds. Mathematical Programming,1994,67:189 – 224.

[42] Davidon W C. Variable Metric Method for Minimization. A. E. C. Research and Development Report, ANL – 5990, 1959.

[43] Fletcher R. A New Approach to Variable Metric Algorithms. Computer Journal,1970,13:317 – 322.

[44] Fletcher R. Practical Methods of Optimization. Vol. 1, Unconstrained Optimization, John Wiley and Sons, 1980.

[45] Shanno D F. Conditioning of Quasi – Newton Methods for Function Minimization. Mathematics of Computing,1970,24:647 – 656.

[46] Mikulas Luptacik. Mathematical optimization and economic analysis. New York:Springer, 2010.

[47] David W A Rees. Mechanics of optimal structural design. Chichester U. K: John Wiley & Sons, 2009.